Rolf Wunderer

Führung in Management und Märchen

Rolf Wunderer

Führung in Management und Märchen
Unternehmerische Kompetenzen und Leitsätze

eine Marke von Wolters Kluwer Deutschland

Bibliografische Information der Deutschen Nationalbibliothek
Die Deutsche Nationalbibliothek verzeichnet diese Publikation in der Deutschen Nationalbibliografie; detaillierte bibliografische Daten sind im Internet über http://dnb.d-nb.de abrufbar.

ISBN 978-3-472-07584-4

www.wolterskluwer.de
www.personalwirtschaft.de

Alle Rechte vorbehalten.
Luchterhand – eine Marke der Wolters Kluwer Deutschland GmbH
© 2010 Wolters Kluwer Deutschland GmbH, Köln

Das Werk einschließlich aller seiner Teile ist urheberrechtlich geschützt. Jede Verwertung außerhalb der engen Grenzen des Urheberrechtsgesetzes ist ohne Zustimmung des Verlages unzulässig und strafbar. Das gilt insbesondere für Vervielfältigungen, Übersetzungen, Mikroverfilmungen und die Einspeicherung und Verarbeitung in elektronischen Systemen.

Produktmanagement: Andrea Porschen
Programmleitung: Jürgen Scholl
Herstellung: Michael Dullau

Umschlaggestaltung: Konzeption & Design, Köln
Cover-Illustration: Ute Helmbold, Essen
Satz: RG-Datenservice, Darmstadt
Lektorat: Ambros Truffer, St. Gallen
Druck: Wilhelm & Adam OHG, Heusenstamm

Gedruckt auf säurefreiem, alterungsbeständigem und chlorfreiem Papier.

Geleitwort: Märchen und Lebens-Führung

Märchen und Management – diese beiden »Welten« miteinander zu verbinden, das ist ein ungewöhnliches und abenteuerliches Vorhaben. Zumindest auf den ersten Blick geht es doch um gänzlich verschiedene Bereiche. Management, Personal- und Betriebsführung, ja der ganze Bereich der Ökonomie gilt doch als Inbegriff »knallharter« Realität; Märchen hingegen gelten als ganz und gar irreale und fantastische, manchmal heimelige, manchmal seltsam grausame Geschichten für Kinder und Leichtgläubige.

Ob die Ökonomie wirklich so rational und realitätsbezogen ist, kann man mit gutem Grund bezweifeln, nicht nur aufgrund der Wirtschaftskrise. Gier und Größenwahn scheinen in manchen Unternehmen eine nicht geringere Rolle zu spielen als nüchterne Kalkulation. Und ganz ohne »Querdenker« mag eine Behörde existieren, ob ein Unternehmen am Markt so überleben kann, erscheint mir fraglich.

Märchen sind ganz gewiss nicht harmlos und heimelig, sondern Mutmacher-Geschichten, die von Krisen erzählen und von ihrer Bewältigung. Manchmal entstammen die märchenhaften Einsichten zur Lebens-Führung dem gesunden Menschenverstand, der weiß, dass man weder wie Gott sein kann noch mit 20-prozentiger Rendite rechnen soll; manchmal sind diese Einsichten eher surreal – wie die Träume, die uns ja durchaus etwas mitteilen können über das, was uns innerlich bewegt und berührt. Und immer wurden Märchen nicht nur zur Unterhaltung erzählt, sondern auch als Lebens-Entwürfe. »Formative Ethik« nennt man das, wenn zu »richtigem Leben« nicht nur mit Appellen aufgefordert wird, sondern wenn mit verdichteten Gestalten Sympathie für bestimmte Lebensformen erzeugt und so zu nicht gleichem, aber ähnlichem Verhalten eingeladen wird. Die beiden großen »fantastischen Erzählungen« der Postmoderne, Tolkiens »Herr der Ringe« und die Romane um Harry Potter, sind Beispiele solcher formativer oder narrativer Ethik, aber ebenso, wenn auch älter und viel knapper, die Märchen.

Dass Märchen für die Kindererziehung und für die Persönlichkeitsentwicklung nicht Rezepte, aber Anstöße und Reflexionsflächen bieten, ist lange bekannt und findet sowohl auf dem Büchermarkt wie in Seminarangeboten Zuspruch. Aber dass Märchen auch das Nachdenken über angemessenes Management und Personalführung anregen und bereichern können, das ist eine höchst originelle Idee und Erfahrung von Rolf Wunderer – ungewöhnlich, abenteuerlich, etwas ver-rückt. Aber wie sollten wir weiterkommen ohne Vordenker und Kundschafter, die ab und an die üblichen Blickwinkel und Fragestellungen ver-rücken?

In den alten Zeiten, wo das Wünschen noch geholfen hat – mit diesem Satz beginnt das Märchen vom Froschkönig und damit zugleich die berühmteste und meistgedruckte Märchensammlung der Welt, die der Brüder Grimm, auf die sich auch Professor Wunderer in diesem Buch bezieht. Märchen erzählen von hilfreichen Wünschen, aber hilfreich sind die Wünsche nur, wenn sie uns in Bewegung setzen, sodass wir uns dem Wunsch-Ziel mit all unseren Möglichkeiten nähern – Utopie oder Vision nennt man solche Wünsche auch. Märchen warnen vor Verwünschung, und verwünschen bedeutet »falsch wünschen«. Es gibt Menschen und vielleicht auch Organisationen, die meinen, sie wären ver-wünscht worden, dabei haben sie sich selbst verwünscht. Klassische Ver-Wünschungen, die mir im Gespräch über individuelle Lebenskrisen begegnen, sind etwa »ich muss perfekt sein«, »ich kann mich nur auf mich selbst verlassen«, aber auch »andere sind dafür verantwortlich, dass ich glücklich werde«. Es könnte sein, dass auch Unternehmen mit Märchen etwas lernen können über richtige Wünsche, die Zukunft eröffnen, und Ver-Wünschungen, die in Stagnation und Bankrott führen.

Ich jedenfalls habe als jemand, der nicht nur Märchen liebt, erzählt und mit unterschiedlichsten Menschengruppen ihr Sinn-Reservoir zu erkunden sucht, sondern auch ein »Bildungsunternehmen« mit 84 Mitarbeitern/-innen managen muss, von den Fragestellungen und Perspektiven Professor Wunderers viel gelernt. Ich bin vielleicht nicht in jedem Einzelfall seiner Meinung, was die Sinnspitze eines Märchens betrifft, aber ich finde es großartig, dass und wie Rolf Wunderer den Realitätsgehalt der Märchen für einen Lebens-Bereich herausarbeitet, der meines Wissens bislang nie im Spiegel der Märchen so reflektiert wurde, der aber – wie mir scheint – eine ungewöhnliche und nicht unkritische Reflexion seiner Handlungsmaximen gut gebrauchen kann.

Cloppenburg, *Dr. Heinrich Dickerhoff*
im März 2010 Präsident der Europäischen Märchengesellschaft

Geleitwort: Märchen und Management

*Führung ist die Kunst, eine Welt zu gestalten,
der andere gern angehören wollen.*

Daniel F. Pinnow

Ein Goldesel hilft in der Finanzkrise, eine zauberhafte Fee rettet in unlösbaren Situationen, und Hexen oder böse Wölfe werden entweder verzaubert oder ertränkt. Die Welt der Märchen würde für manchen Manager pragmatische Lösungen für unlösbare Aufgaben bieten. Dies wären traumhaft einfache Wege in einer Realität, die manchmal eher an Kafka als an eine Märchenwelt erinnert.

Management und Führung sind in der Betriebswirtschaft besonders in den letzten Jahrzehnten ein wichtiger Bestandteil der Forschung und Lehre geworden. Die vergleichende Märchenforschung hingegen begann schon im 19. Jahrhundert und nun liegt mit diesem Buch ein Versuch vor, die Schnittmenge beider Bereiche zu analysieren. Brauchen wir dieses Wissen?

In der Regel werden in Märchen Gut und Böse klar voneinander getrennt. Jedes Kind wächst mit dem Wissen auf, welche Figuren böse sind, und lernt früh, dass es meist die vordergründig Schwachen sind, die zu Helden werden. Sie erzählen von Freundschaft, Toleranz, Hilfsbereitschaft und Wahrheitsliebe und sind Übermittler unserer Gesellschaftswerte. Aber eines sollte gesagt sein: Am Ende eines Märchens wird das Gute immer belohnt und das Böse immer bestraft – das werden Sie in einem Unternehmen so nicht immer finden.

Es gibt heutzutage kaum noch Unternehmen ohne Leitbilder, Visionen oder Missionen. Sie sollen Führungskräften und Mitarbeitern als Orientierung dienen und können bei guter Kommunikation und Akzeptanz maßgeblich zum Unternehmenserfolg beitragen. Voraussetzung dafür ist das grundlegende Verständnis des Wertesystems, aus dem sich soziale Normen ableiten lassen. Der Erfüllung dieser Prämisse wird mit diesem Buch von Rolf Wunderer geholfen. Er holt den Leser dort ab, wo die Kindheit den Unterbau geschaffen hat, und erleichtert das Lernen der Führungsqualitäten, die heutzutage leider zu gerne hinter fachlichen Kompetenzen verschwinden. Denn »*ein Kind, dem nie Märchen erzählt worden sind, wird ein Stück Feld in seinem Gemüt behalten, das in späteren Jahren nicht mehr angebaut werden kann*« (Johann Gottfried Herder).

Freuen Sie sich auf dieses Buch!

Hamburg,
im März 2010

Joachim Sauer, Geschäftsführer Personal
und Arbeitsdirektor der Airbus Operations GmbH

Vorwort

Wenn irgendwo in schön geliebtem Hause
Herkömmliches mit Kommendem sich mischt,
von Misstraun fern und ferne von Applause:
Wie atmet man, wie segnet man die Pause,
wie dankt man dann, erinnert und erfrischt.

Rainer Maria Rilke (2002: 1022)

Die Verbindung zwei bisher ferner Disziplinen und daraus erhoffte Diskurse war ein Teil meiner Mission zu diesem Thema, das mich bald zehn Jahre fesselt und bei dem »Herkömmliches mit Kommendem sich mischt«. Daran möchte ich nach dankbarer Pause weiter wirken – in Kooperation mit der geschätzten Alma Mater und dem mit ihr 1988 gegründeten Institut für Führung und Personalmanagement.

Dieses Werk behandelt vergleichend (mit-)unternehmerische Kompetenzen mit relevanten Leitsätzen aus Management und Märchen. Dazu wurden je 70 von Unternehmen sowie den »Kinder- und Hausmärchen« (KHM) der Brüder Grimm ausgewählt. Mentale, emotionale sowie ethische Qualifikationen und Motive stehen dabei im Zentrum. Diese sind ebenso für die ausgewählten Märchenheldinnen und -helden charakteristisch und erfolgsbestimmend, auch deren Defizite bei »Antihelden« (oft Könige, Prinzessinnen, Eltern), meist im sozio-emotionalen und ethischen Bereich. Die Lehr- und Lernbarkeit dieser Kompetenzen wird immer wieder diskutiert. Soweit sie die Persönlichkeitsstruktur bilden, betonen neurowissenschaftliche Forschungen die eminente Bedeutung ihrer frühen Prägung.

In Kapitel A sind 16 Märchen der KHM meist im Originaltext bewusst an den Anfang gestellt und den Hauptkapiteln thematisch zugeordnet. Weitere vier Leitmärchen sind in den Hauptkapiteln abgedruckt. Empfohlen wird, sich erst in diese kleine Auswahl einzulesen.

Kapitel B führt zunächst in Management und Märchen ein. Es folgen Konzept und Kompetenzen (inklusive Portfolios) zu internem Unternehmertum – vertieft mit dem Leitmärchen *Der gestiefelte Kater*. Den Schluss bilden Funktionen und Beispiele von Verhaltensleitsätzen. Dazu dienen vergleichende Auswertungen von 63 der 201 Grimmschen Erzählungen und von Führungs- und Kooperationsgrundsätzen aus 43 Unternehmen sowie daraus abgeleitete gemeinsame Kernleitsätze zu zentralen Qualifikationen und Tugenden für Führung und Kooperation.

Kapitel C behandelt mentale Kompetenzen, zunächst kreatives Problemlösen in Management und Märchen, anschließend Fehlerkultur und Fehlerlernen in beiden Disziplinen. Als Leitmärchen dient *Die kluge Bauerntochter*.

Kapitel D diskutiert das anspruchsvolle und komplexe Thema sozio-emotionaler Kompetenzen mit dem Leitmärchen *Die weiße Schlange*. Auch dazu werden theoretische Ansätze vorgestellt und kommentiert mit Beispielen aus den Erzählungen wie den Firmenleitbildern.

Kapitel E konzentriert sich auf sozialethische Kompetenzen. Den Schwerpunkt bildet Wort- und Vertragstreue. Leitmärchen ist *Der Froschkönig oder der eiserne Heinrich* mit seinem bekannten Leitsatz: »Was Du versprochen hast, das musst Du auch halten.«

IX

Vorwort

Didaktisch wurde Wert auf ausführliche Zusammenfassungen, Reflexionen und Folgerungen nach jedem Hauptteil sowie auf dezentrale Quellenangaben gelegt. So kann man die Kapitel in sich geschlossen und selektiv lesen, auch wenn das zuweilen zu Redundanzen führt. Ein zentrales Literatur- und Stichwortverzeichnis am Ende des Buches unterstützt die gezielte Suche. Eindrückliche Illustrationen neuerer Märcheneditionen fördern den visuellen Zugang; dazu empfohlene Auswahlbände und ihre Illustrationen finden sich in Kapitel B I.

Grundlage für ausgewählte Managementaspekte und Abbildungen war mein Lehrbuch »Führung und Zusammenarbeit – eine unternehmerische Führungslehre«, 8. Auflage 2009. Gleiches galt schon für mein erstes Buch zu Management und Märchen »Der gestiefelte Kater als Unternehmer«, das Ende 2007 bei Gabler erschien. Sehr unterstützt wurde es von der Schweizerischen Gesellschaft für Organisation und ihrem Präsidenten Dr. Markus Sulzberger sowie seinem Vertreter Prof. Dr. Robert Zaugg. Damit wurde auch der Wunsch erfüllt, nach der Emeritierung diesen Forschungs- und Publikationsschwerpunkt zu entwickeln.

Dieses Werk diskutiert weiterführende Themen beim Luchterhand-Verlag, mit dem ich schon acht Bücher publizierte. Diesmal unterstützten der neuen Ansätzen stets aufgeschlossene Verlagsbereichsleiter Jürgen Scholl, Dr. Andrea Porschen als kompetente, gründliche und mitdenkende Produkmanagerin sowie Heiner Gerbig vom RG-Datenservice, Darmstadt. In St. Gallen halfen wieder meine Frau Barbara mit ihrer philologischen und pädagogischen Kompetenz sowie Ambros Truffer als unverzichtbar-findige Stütze in technischen Gestaltungsfragen und Lektoratsfunktionen.

Weiter förderten ausführliche Diskussionen im von der Schweizerischen Märchengesellschaft (SMG) 2008 gegründeten »Arbeitskreis Märchen und Management«. Die letzte Präsidentin der SMG, Irene Briner, engagierte sich seit unserem ersten Kontakt für das Thema und leitet mit mir den Arbeitskreis, der Führungskräfte und Märchenexperten zusammenführt. Dazu kamen diverse Aktivitäten mit der Europäischen Märchengesellschaft und ihrem dafür von Beginn an aufgeschlossenen Präsidenten und Mentor Dr. Heinrich Dickerhoff sowie Vorträge in Hochschulen, Unternehmen und Fachvereinigungen.

Das Buch will Freunden der Management- und Märchenliteratur den Zugang zu gemeinsamen Kernkompetenzen und Leitbildern erschließen. So verstehen Märchenexperten besser die Wirtschaft und ihre Führungskräfte, und Personalprofis wie Manager können gezielter Märchen für die Auswahl, Platzierung sowie Aus-, Fort- und Weiterbildung einbeziehen. Und andere wollen Erzählungen unter Managementaspekten einmal anders lesen und interpretieren als Jahre zuvor – etwa nach Stefan Zweig:

> »Märchen kann man in seinem Leben zweimal und zwiefach lesen. Zuerst einfältig als Kind mit dem naiven Glauben, dass die belebt bunte Welt ihrer Geschehnisse eine wahrhaftige sei, und dann, viel, viel später, mit dem vollen Bewusstsein ihrer Erfindung.«

St. Gallen, im Februar 2010 *Rolf Wunderer*

Hinweise für die Leser

Zur Orientierung und praktischen Verwendung dieses Buches dienen folgende **Lesehilfen**:

Inhaltsübersicht
Neben einer Inhaltsübersicht dient ein detailliertes Inhaltsverzeichnis der besseren Orientierung.

Märchentexte
16 der für Management zentralen Märchen der Brüder Grimm sind in Kapitel A abgedruckt; hinzu kommen vier Leitmärchen in den Kapiteln C bis E. Weitere 32 Märchen werden meist über Leitsätze zitiert.

Abbildungen
Die Abbildungen sind jeweils pro Kapitel fortlaufend nummeriert. Im Text wird direkt auf die Abbildungen Bezug genommen. Allein 32 Abbildungen stammen aus der aktuellen achten Auflage des Grundlagenwerks *Führung und Zusammenarbeit – Eine unternehmerische Führungslehre* von Rolf Wunderer. Die 24 verwendeten Märchenillustrationen sind in einem ausführlichen Bildnachweis am Ende des Buches belegt.

Literaturquellen und Literaturverzeichnisse
Die Quellen werden im Text nur durch den Nachnamen der Autoren bzw. Herausgeber und durch das Erscheinungsjahr benannt. Detailliert sind sie nach jedem Kapitel sowie im Gesamtliteraturverzeichnis am Ende des Buches angegeben.

Stichwortverzeichnis
Dieses Buch wurde für Management- wie für Märchenexperten geschrieben. Deshalb enthält das umfangreiche und detaillierte Sachregister viele Stichworte beider Disziplinen. Es dient dem schnellen Auffinden von Begriffen, Konzepten, Instrumenten sowie von Praxis- oder Märchenbeispielen im Text.

Synonyme Begriffsverwendung
Wenn von Unternehmungen, Betrieben oder Organisationen gesprochen wird, sind damit meist auch öffentliche Verwaltungen und Institutionen gemeint.

Geschlechtsneutrale Interpretation
Bei Substantiven wird aus Stil- und Platzgründen meist die männliche Form verwendet; es ist damit aber immer zugleich die weibliche Form angesprochen (z. B. der Vorgesetzte, Mitarbeiter, Mitunternehmer, Kunde; andererseits: die Führungskraft).

Inhaltsübersicht

Inhaltsverzeichnis

Kapitel A Grimms Märchen – Kleine Managementausgabe mit »Executive Summary«		1
Übersicht		3
Die ausgewählten Märchen		5
Kapitel B Einführung und Grundlagen		47
I	**Management- und Märchenforschung**	49
	1 Zur Entwicklungsgeschichte	49
	2 Zur heutigen Rezeption	51
	3 Vermittlungs- und Rezeptionstendenzen	52
	4 Zur Management- und Märchenforschung	53
	5 Märchen als Fallstudien	55
	6 Literatur	56
II	**Internes Unternehmertum**	57
	1 Vorbemerkungen	57
	2 Thesen zum internen Unternehmertum	58
	3 Literatur	71
III	**Führungs- und Kooperationsleitsätze**	73
	1 Verhaltensleitsätze im Management	74
	1.1 Zur Entwicklungsgeschichte	74
	1.2 Begriffliche und konzeptionelle Abklärung	74
	1.3 Ergebnisse zur Wirksamkeit von Führungsgrundsätzen	77
	2 Verhaltensleitsätze in Märchen	78
	2.1 Wirkungen von Leitsätzen	78
	2.2 Kernleitsätze aus Märchen der Brüder Grimm und Firmenleitbildern	78
	2.3 Sanktionen in Leitsätzen	79
	2.4 Beispiele zu Leitsätzen in Märchen und Management	80
	3 Mitarbeiterförderung über Leitbilder in Management und Märchen	82
	4 Lessons Learned	83
	5 Literatur	85
Kapitel C Problemlösungskompetenz		87
I	**Kreatives Problemlösen**	89
	1 Unternehmerische Kreativität als innovative Problemlösungskompetenz	89
	2 Analyse kreativen Problemlösungsverhaltens	90
	2.1 Eigenschaftskriterien	90
	2.2 Verhaltenskriterien	90
	2.3 Ergebniskriterien	91

		2.4 Continuous Improvement im Ideenmanagement	91
	3	Problemlösung als Schlüsselkompetenz	92
		3.1 Innovative Problemlösung als (mit-)unternehmerische Kompetenz	92
		3.2 Kreative Problemlösungskompetenz in Märchen – Der gestiefelte Kater (KHM 33, 1812) als Leitmärchen	93
	4	Kreativitätsanalysen mit einem Portfolioansatz	96
		4.1 Kreative Problemlösung im Portfolioansatz	96
		4.2 Sechs Portfoliorepräsentanten aus Grimms Märchen	97
	5	Lessons Learned	100
	6	Literatur	102
II	**Fehlerkultur**...		103
	1	Die kluge Bauerntochter (KHM 94) als Leitmärchen	103
	2	Definition und theoretische Grundlagen zu Lernen aus Fehlern..	106
		2.1 Theorien zum Fehlerlernen mit Märchenbezug	106
		2.2 Verhaltensleitsätze in Märchen	107
	3	»Lerne aus Fehlern« in Führungs- und Märchenleitsätzen	108
		3.1 »Lerne aus Fehlern« in Führungsgrundsätzen der Unternehmen (Auswahl)................................	108
		3.2 »Lerne aus Fehlern« in Märchen – Schwerpunkt Selbstreflexion..	110
		3.3 »Lerne aus Fehlern« in Märchen – Schwerpunkt Fremderziehung	110
	4	Lernansätze im Management	111
		4.1 Selbstentwicklung als gefördertes Lernen aus eigener Erfahrung	111
		4.2 Instrumente zur Selbstentwicklung	111
		4.3 Allgemeine Fördermöglichkeiten	114
		4.4 Qualitätsmanagement als spezifische Lernfunktion	114
	5	Unternehmerische Schlüsselkompetenzen für fördernde Lernprozesse...................................	116
	6	Ein Märchenportfolio zu Lernkompetenzen	119
	7	Zur Entwicklung einer Lernkultur...........................	120
		7.1 Was könnten Führungskräfte aus Märchen zur Fehlerkultur lernen?...................................	120
		7.2 Was könnten Märchenhelden vom heutigen Management lernen?....................................	122
	8	Lessons Learned..	123
	9	Literatur	126

Kapitel D Sozio-emotionale Kompetenz 129
  1 Die weiße Schlange (KHM 17) als Leitmärchen 132
  2 Kommentierung 134
    2.1 Kommentierung aus Märchensicht 134
    2.2 Kommentierung aus Managementsicht 136
  3 Leitsätze aus Management und Märchen zu
    sozio-emotionalem Verhalten 138
    3.1 Acht Kernleitsätze aus je 70 Verhaltensleitsätzen von
        Märchen und Unternehmen 138
    3.2 Leitsätze zu sozio-emotionalem Verhalten in
        Management und Märchen 139
    3.3 Führungs- und Kooperationsgrundsätze
        von Unternehmen 142
  4 Emotionale Intelligenz – Begriff, Bedeutung
    und Forschungsansätze 144
    4.1 Seit wann wird emotionale Intelligenz (EI) erforscht
        und diskutiert? 144
    4.2 Was wird unter emotionaler Intelligenz verstanden? 144
  5 Testinventare zu sozio-emotionalen Kompetenzen 152
    5.1 Das Big-Five-Persönlichkeitsmodell 152
    5.2 Weitere Konstrukte und Testinventare zu
        emotionalen Kompetenzen 153
    5.3 Verbindung von emotionaler und sozialer Kompetenz 154
    5.4 Sozial intelligentes und kompetentes Verhalten 156
    5.5 Unternehmens- und Märchenleitsätze zu EI –
        strukturiert nach Süss/Goleman 157
  6 Soziales Kapital durch sozio-emotionales Netzwerk 158
    6.1 Bourdieus Differenzierung 158
    6.2 Das empirische Netzwerkmodell von Lin 160
    6.3 Zum Netzwerk-Sozialkapital in Märchen 161
    6.4 Co-opetition als Steuerungskonfiguration
        mit hohem Netzwerkanteil 161
  7 Kann man Sozialkompetenz lehren und lernen? 165
    7.1 Welche Modelle und Merkmale der Persönlichkeits-
        entwicklung sind relevant? 165
    7.2 Wie weit werden emotional-soziale Kompetenzen als
        veränderbar angesehen? 166
  8 Ein »Investmentmodell« zur emotionalen
    Persönlichkeitsentwicklung 167
  9 Lessons Learned 169
  10 Lessons to Learn 172
  11 Literatur 174

Kapitel E Ethische Kompetenz 177
    1   Der Froschkönig oder der eiserne Heinrich (KHM 1)
        als Leitmärchen 180
    2   Verhaltensleitsätze in Management und Märchen 182
        2.1 Vorbemerkungen 182
        2.2 Kernleitsätze aus Management und Märchen 183
    3   Wort- und Vertragstreue in Märchen- und Führungsleitsätzen 185
        3.1 »Halte, was Du versprochen hast« –
            Verhaltensleitsätze dazu in Märchen (Auswahl) 185
        3.2 »Halte Dein Wort« in Führungsgrundsätzen
            von Unternehmen (Auswahl) 186
        3.3 Sanktionen zur Regeleinhaltung (Compliance) 187
        3.4 Commitment als freiwillige Selbstbindung 188
        3.5 Vertrauen zur Verminderung von Entscheidungs-
            und Beziehungsrisiken 190
        3.6 Vertragstheorien als Grundlage der Vertragstreue 190
    4   Der Froschkönig als Fallbeispiel zum Leitsatz »Walk the talk« 191
        4.1 Interpretationen der Vertragstreue aus verschiedenen
            Disziplinen 191
        4.2 Der Vertragsprozess aus Managementsicht –
            ein episodengeleiteter Ansatz 192
        4.3 Mögliche Vertragsfolgen aus Managementsicht 196
        4.4 Lessons Learned 197
    5   Überlegungen zur Frühsozialisation von Vertragstreue
        über Leitsätze 199
        5.1 Zitate zu Grimms Märchen als »Erziehungsmittel« 199
        5.2 Pädagogische Folgerungen aus heutiger Sicht 199
    6   Lessons to Learn 200
    7   Literatur 203

Gesamtliteraturverzeichnis 207

Stichwortverzeichnis 217

Bildnachweis der Märchenillustrationen 223

Grimms Märchen – Kleine Managementausgabe mit »Executive Summary«

A Grimms Märchen – Kleine Managementausgabe mit »Executive Summary«

Sie interessieren sich für Management und Märchen. Aber vielleicht haben Sie die hier ausgewählten nicht zur Hand oder Erzählungen aus den 201 Kinder- und Hausmärchen (KHM) der Brüder Grimm sind nicht mehr präsent. Deshalb empfehle ich aus langer Erfahrung zu diesem Problem, zunächst einige dieser ausgewählten Märchen zu lesen, die sich für Führung, Kooperation und Personalmanagement besonders eignen. Sie sind in der Originalversion »letzter Hand« von 1857 mit Dank aus Uther, H. J. (2004) übernommen. Die KHM wurden als Weltkulturerbe ausgezeichnet und gelten als das meist publizierte deutschsprachige Werk mit Übersetzung in 116 Ländern in hohen Auflagen. Sie bestechen durch Inhalte, Aufbau und den besonderen Stil. Mit jeder Auflage verstärkten die Grimms diese Volksmärchen als »Erziehungsmittel« und fügten dafür auch Leitsätze ein.

Hier finden Sie 16 der einschlägigen Märchen; sie wurden den Schwerpunkten der Kapitel B bis E zugeordnet und mit sehr verkürzten »headlines« versehen. In die folgende Übersicht sind außerdem vier weitere als Leitmärchen der Kapitel integriert: *Der gestiefelte Kater, Die kluge Bauerntochter, Die weiße Schlange* sowie *Der Froschkönig oder der eiserne Heinrich*. Zusätzlich wird in den Texten auf weitere 32 Märchen aus der Sammlung Grimm verwiesen. In Kapitel B I dieses Buches sind noch besonders schön illustrierte Gesamt- und Auswahlausgaben empfohlen.

Der Appetit kommt mit dem Lesen – genießen Sie aus folgender Lesekarte.

Abb. 1: Der gestiefelte Kater
Illustration von Svend Otto S. (Bildnachweis S. 223)

Übersicht

Märchen mit Schwerpunkt (Mit-)Unternehmertum

- Der gestiefelte Kater (KHM 33, 1812) als Leitmärchen
  Ambitionierter Kater mit ausgeprägten unternehmerischen Kernkompetenzen gewinnt Königreich und Prinzessin für seinen »Herrn« (siehe S. 93 ff.).

- Aschenputtel (KHM 21)
  Gemobbte Stieftochter emanzipiert sich zur (Mit-)Unternehmerin (siehe S. 5 ff.).

- Das tapfere Schneiderlein (KHM 20)
  Kreativ-listenreicher, narzisstischer Intrapreneur wird und bleibt König (siehe S. 9 ff.).

- Hans im Glück (KHM 83)
  Marktversager, aber resilienter Glücksökonom über Dissonanzreduzierung und kurzfristiges Glücksmaximieren (siehe S. 14 ff.).

- Die sieben Schwaben (KHM 119)
  Mental und sozial Überforderte mit hehrer unternehmerischer Vision und tödlichem »groupthink« (siehe S. 17 f.).

Märchen mit Schwerpunkt mentale Kompetenz

- Die kluge Bauerntochter (KHM 94) als Leitmärchen
  Mental, sozial wie ethisch kompetente Bäuerin gewinnt und behält einen König (siehe S. 103 ff.).

- Der Hase und der Igel (KHM 187)
  Listenreicher und standesbewusster Igel schlägt arroganten Hasen vernichtend (siehe S. 19 f.).

- Das Meerhäschen (KHM 191)
  Chancenorientiert-sozialkompetenter Netzwerker überlistet und gewinnt Prinzessin (siehe S. 21 f.).

- Hänsel und Gretel (KHM 15)
  Ein outgesourctes, sich optimal ergänzendes Team mit wechselnden Führungsrollen. Hänsel entwickelt erst zwei gute Ideen, später übertrifft ihn Gretel mit ihren klugen wie mutigen Entscheidungen (siehe S. 23 ff.).

Märchen mit Schwerpunkt sozio-emotionale Kompetenz

- Die weiße Schlange (KHM 17) als Leitmärchen
  Diener erschleicht ein Zaubermittel, bildet sozialkompetent ein Helfernetzwerk und gewinnt damit »seine« Prinzessin (siehe S. 132 ff.).

- Die drei Brüder (KHM 124)
  Drei autonome wie kooperative Brüder lösen ein Nachfolgeproblem optimal (siehe S. 27).

A Grimms Märchen – Kleine Managementausgabe mit »Executive Summary«

- Die Bremer Stadtmusikanten (KHM 27)
  Outgesourcte Mitarbeiter bilden eine optimale Gruppe mit einer Vision mit raschem Verfallsdatum und starkem Change (siehe S. 28 f.).

- Rotkäppchen (KHM 26)
  Prosoziales Mädchen emanzipiert sich zu reflektierender und mutiger Helferin (siehe S. 30 f.).

- König Drosselbart (KHM 52)
  Ein verspotteter König sozialisiert über »Tit for tat« eine Prinzessin durch hartes Coaching (siehe S. 31 ff.).

- Meister Pfriem (KHM 178)
  Ausbund eines selbstgerechten, autokratischen und lernunfähigen Chefs (siehe S. 34 ff.).

- Von dem Fischer und seiner Frau (KHM 19)
  Karrieresüchtige Ilsebill fällt nach steilem Aufstieg tief (siehe S. 36 ff.).

Märchen mit Schwerpunkt normativ-ethische Kompetenz

- Der Froschkönig oder der eiserne Heinrich (KHM 1) als Leitmärchen
  Frosch schließt asymmetrischen Vertrag mit wortbrüchiger Prinzessin, ihr Vater fordert Vertragstreue. Froschkönig assistiert mit Whistleblowing und Harassment, wird dennoch erlöst und vermählt. Und sein Diener brilliert mit emotionalem Commitment (siehe S. 180 ff.).

- Sechse kommen durch die ganze Welt (KHM 71)
  Ein sich komplementär ergänzendes Team bildet eine »Wir-GmbH« und enteignet treulosen wie wortbrüchigen König (siehe S. 41 ff.).

- Frau Holle (KHM 24)
  Arbeitsethos und sozio-emotionale Kompetenz werden geprüft, dann belohnt bzw. bestraft (siehe S. 44 f.).

- Der alte Großvater und der Enkel (KHM 78)
  Ein Vierjähriger lehrt seine Eltern die »goldene Regel« (siehe S. 46).

Die ausgewählten Märchen

Aschenputtel (KHM 21)

Einem reichen Manne, dem wurde seine Frau krank, und als sie fühlte, daß ihr Ende herankam, rief sie ihr einziges Töchterlein zu sich ans Bett und sprach »liebes Kind, bleibe fromm und gut, so wird dir der liebe Gott immer beistehen, und ich will vom Himmel auf dich herabblicken, und will um dich sein.« Darauf tat sie die Augen zu und verschied. Das Mädchen ging jeden Tag hinaus zu dem Grabe der Mutter und weinte, und blieb fromm und gut. Als der Winter kam, deckte der Schnee ein weißes Tüchlein auf das Grab, und als die Sonne im Frühjahr es wieder herabgezogen hatte, nahm sich der Mann eine andere Frau.

Die Frau hatte zwei Töchter mit ins Haus gebracht, die schön und weiß von Angesicht waren, aber garstig und schwarz von Herzen. Da ging eine schlimme Zeit für das arme Stiefkind an. »Soll die dumme Gans bei uns in der Stube sitzen!« sprachen sie, »wer Brot essen will, muß es verdienen: hinaus mit der Küchenmagd.« Sie nahmen ihm seine schönen Kleider weg, zogen ihm einen grauen alten Kittel an, und gaben ihm hölzerne Schuhe. »Seht einmal die stolze Prinzessin, wie sie geputzt ist!« riefen sie, lachten und führten es in die Küche. Da mußte es von Morgen bis Abend schwere Arbeit tun, früh vor Tag aufstehn, Wasser tragen, Feuer anmachen, kochen und waschen. Obendrein taten ihm die Schwestern alles ersinnliche Herzeleid an, verspotteten es und schütteten ihm die Erbsen und Linsen in die Asche, so daß es sitzen und sie wieder auslesen mußte. Abends, wenn es sich müde gearbeitet hatte, kam es in kein Bett, sondern mußte sich neben den Herd in die Asche legen. Und weil es darum immer staubig und schmutzig aussah, nannten sie es Aschenputtel.

Es trug sich zu, daß der Vater einmal in die Messe ziehen wollte, da fragte er die beiden Stieftöchter, was er ihnen mitbringen sollte. »Schöne Kleider,« sagte die eine, »Perlen und Edelsteine,« die zweite. »Aber du, Aschenputtel,« sprach er, »was willst du haben?« »Vater, das erste Reis, das Euch auf Eurem Heimweg an den Hut stößt, das brecht für mich ab.« Er kaufte nun für die beiden Stiefschwestern schöne Kleider, Perlen und Edelsteine, und auf dem Rückweg, als er durch einen grünen Busch ritt, streifte ihn ein Haselreis und stieß ihm den Hut ab. Da brach er das Reis ab und nahm es mit. Als er nach Haus kam, gab er den Stieftöchtern, was sie sich gewünscht hatten, und dem Aschenputtel gab er das Reis von dem Haselbusch. Aschenputtel dankte ihm, ging zu seiner Mutter Grab und pflanzte das Reis darauf, und weinte so sehr, daß die Tränen darauf niederfielen und es begossen. Es wuchs aber, und ward ein schöner Baum. Aschenputtel ging alle Tage dreimal darunter, weinte und betete, und allemal kam ein weißes Vöglein auf den Baum, und wenn es einen Wunsch aussprach, so warf ihm das Vöglein herab, was es sich gewünscht hatte.

Es begab sich aber, daß der König ein Fest anstellte, das drei Tage dauern sollte, und wozu alle schönen Jungfrauen im Lande eingeladen wurden, damit sich sein Sohn eine Braut aussuchen möchte. Die zwei Stiefschwestern, als sie hörten, daß sie auch dabei erscheinen sollten, waren guter Dinge, riefen Aschenputtel und sprachen »kämm uns die Haare, bürste uns die Schuhe und mache uns die Schnallen fest, wir gehen zur Hochzeit auf des Königs Schloß.« Aschenputtel gehorchte, weinte aber, weil es auch gern zum Tanz mitgegangen wäre, und bat die Stiefmutter, sie möchte es ihm erlauben. »Du Aschenputtel,« sprach sie, »bist voll Staub und Schmutz, und willst zur Hochzeit? du hast keine Kleider und Schuhe, und willst tanzen!« Als es aber mit Bitten anhielt, sprach sie endlich »da habe ich dir eine Schüssel Linsen in die Asche geschüttet, wenn du die Linsen in zwei Stunden wieder ausgelesen hast, so sollst du mitgehen.« Das Mädchen ging durch die Hintertür nach dem Garten und rief »ihr zahmen Täubchen, ihr Turteltäubchen, all ihr Vöglein unter dem Himmel, kommt und helft mir lesen,

> die guten ins Töpfchen,
> die schlechten ins Kröpfchen.«

Da kamen zum Küchenfenster zwei weiße Täubchen herein, und danach die Turteltäubchen, und endlich schwirrten und schwärmten alle Vöglein unter dem Himmel herein und ließen sich um die Asche nieder. Und die Täubchen nickten mit den Köpfchen und fingen an pick, pick, pick, pick, und da fingen die übrigen auch an pick, pick, pick, pick, und lasen alle guten Körnlein in die Schüssel. Kaum war eine Stunde herum, so waren sie schon fertig und flogen alle wieder hinaus. Da brachte das Mädchen die Schüssel der Stiefmutter, freute sich und glaubte, es dürfte nun mit auf die Hochzeit gehen. Aber sie sprach »nein, Aschenputtel, du hast keine Kleider, und kannst nicht tanzen: du wirst nur ausgelacht.« Als es nun weinte, sprach sie »wenn du mir zwei Schüsseln voll Linsen in einer Stunde aus der Asche rein lesen kannst, so sollst du mitgehen,« und dachte »das kann es ja nimmermehr.« Als sie die zwei Schüsseln Linsen in die Asche geschüttet hatte, ging das Mädchen durch die Hintertür nach dem Garten und rief »ihr zahmen Täubchen, ihr Turteltäubchen, all ihr Vöglein unter dem Himmel, kommt und helft mir lesen,

> die guten ins Töpfchen,
> die schlechten ins Kröpfchen.«

Da kamen zum Küchenfenster zwei weiße Täubchen herein und danach die Turteltäubchen, und endlich schwirrten und schwärmten alle Vögel unter dem Himmel herein und ließen sich um die Asche nieder. Und die Täubchen nickten mit ihren Köpfchen und fingen an pick, pick, pick, pick, und da fingen die übrigen auch an pick, pick, pick, pick, und lasen alle guten Körner in die Schüsseln. Und ehe eine halbe Stunde herum war, waren sie schon fertig, und flogen alle wieder hinaus. Da trug das Mädchen die Schüsseln zu der Stiefmutter, freute sich und glaubte, nun dürfte es mit auf die Hochzeit gehen. Aber sie sprach »es hilft dir alles nichts: du kommst nicht mit, denn du hast keine Kleider und kannst nicht tanzen; wir müßten uns deiner schämen.« Darauf kehrte sie ihm den Rücken zu und eilte mit ihren zwei stolzen Töchtern fort.

Als nun niemand mehr daheim war, ging Aschenputtel zu seiner Mutter Grab unter den Haselbaum und rief

> »Bäumchen, rüttel dich und schüttel dich,
> wirf Gold und Silber über mich.«

Da warf ihm der Vogel ein golden und silbern Kleid herunter und mit Seide und Silber ausgestickte Pantoffeln. In aller Eile zog es das Kleid an und ging zur Hochzeit. Seine Schwestern aber und die Stiefmutter kannten es nicht und meinten, es müsse eine fremde Königstochter sein, so schön sah es in dem goldenen Kleide aus. An Aschenputtel dachten sie gar nicht und dachten, es säße daheim im Schmutz und suchte die Linsen aus der Asche. Der Königssohn kam ihm entgegen, nahm es bei der Hand und tanzte mit ihm. Er wollte auch sonst mit niemand tanzen, also daß er ihm die Hand nicht losließ, und wenn ein anderer kam, es aufzufordern, sprach er »das ist meine Tänzerin.«

Es tanzte, bis es Abend war, da wollte es nach Haus gehen. Der Königssohn aber sprach »ich gehe mit und begleite dich,« denn er wollte sehen, wem das schöne Mädchen angehörte. Sie entwischte ihm aber und sprang in das Taubenhaus. Nun wartete der Königssohn, bis der Vater kam, und sagte ihm, das fremde Mädchen wär in das Taubenhaus gesprungen. Der Alte dachte »sollte es Aschenputtel sein?« und sie mußten ihm Axt und Hacken bringen, damit er das Taubenhaus entzweischlagen konnte: aber es war niemand darin. Und als sie ins Haus kamen, lag Aschenputtel in seinen schmutzigen Kleidern in der Asche, und ein trübes Öllämpchen brannte im Schornstein; denn Aschenputtel war geschwind aus dem Taubenhaus hinten herabgesprungen, und war zu dem Haselbäumchen gelaufen: da hatte es die schönen Kleider abgezogen und aufs Grab gelegt, und der Vogel hatte sie wieder weggenommen, und dann hatte es sich in seinem grauen Kittelchen in die Küche zur Asche gesetzt. Am andern Tag, als das Fest von neuem anhub, und die Eltern und Stiefschwestern wieder fort waren, ging Aschenputtel zu dem Haselbaum und sprach

>>Bäumchen, rüttel dich und schüttel dich,
wirf Gold und Silber über mich.<<

Da warf der Vogel ein noch viel stolzeres Kleid herab als am vorigen Tag. Und als es mit diesem Kleide auf der Hochzeit erschien, erstaunte jedermann über seine Schönheit. Der Königssohn aber hatte gewartet, bis es kam, nahm es gleich bei der Hand und tanzte nur allein mit ihm. Wenn die andern kamen und es aufforderten, sprach er >>das ist meine Tänzerin.<< Als es nun Abend war, wollte es fort, und der Königssohn ging ihm nach und wollte sehen, in welches Haus es ging: aber es sprang ihm fort und in den Garten hinter dem Haus. Darin stand ein schöner großer Baum, an dem die herrlichsten Birnen hingen, es kletterte so behend wie ein Eichhörnchen zwischen die Äste, und der Königssohn wußte nicht, wo es hingekommen war. Er wartete aber, bis der Vater kam, und sprach zu ihm >>das fremde Mädchen ist mir entwischt, und ich glaube, es ist auf den Birnbaum gesprungen.<< Der Vater dachte >>sollte es Aschenputtel sein?<< ließ sich die Axt holen und hieb den Baum um, aber es war niemand darauf. Und als sie in die Küche kamen, lag Aschenputtel da in der Asche, wie sonst auch, denn es war auf der andern Seite vom Baum herabgesprungen, hatte dem Vogel auf dem Haselbäumchen die schönen Kleider wiedergebracht und sein graues Kittelchen angezogen.

Am dritten Tag, als die Eltern und Schwestern fort waren, ging Aschenputtel wieder zu seiner Mutter Grab und sprach zu dem Bäumchen

>>Bäumchen, rüttel dich und schüttel dich,
wirf Gold und Silber über mich.<<

Nun warf ihm der Vogel ein Kleid herab, das war so prächtig und glänzend, wie es noch keins gehabt hatte, und die Pantoffeln waren ganz golden. Als es in dem Kleid zu der Hochzeit kam, wußten sie alle nicht, was sie vor Verwunderung sagen sollten. Der Königssohn tanzte ganz allein mit ihm, und wenn es einer aufforderte, sprach er >>das ist meine Tänzerin.<<

Als es nun Abend war, wollte Aschenputtel fort, und der Königssohn wollte es begleiten, aber es entsprang ihm so geschwind, daß er nicht folgen konnte. Der Königssohn hatte aber eine List gebraucht, und hatte die ganze Treppe mit Pech bestreichen lassen: da war, als es hinabsprang, der linke Pantoffel des Mädchens hängen geblieben. Der Königssohn hob ihn auf, und er war klein und zierlich und ganz golden. Am nächsten Morgen ging er damit zu dem Mann und sagte zu ihm >>keine andere soll meine Gemahlin werden als die, an deren Fuß dieser goldene Schuh paßt.<< Da freuten sich die beiden Schwestern, denn sie hatten schöne Füße. Die älteste ging mit dem Schuh in die Kammer und wollte ihn anprobieren, und die Mutter stand dabei. Aber sie konnte mit der großen Zehe nicht hineinkommen, und der Schuh war ihr zu klein, da reichte ihr die Mutter ein Messer und sprach >>hau die Zehe ab: wann du Königin bist, so brauchst du nicht mehr zu Fuß zu gehen.<< Das Mädchen hieb die Zehe ab, zwängte den Fuß in den Schuh, verbiß den Schmerz und ging heraus zum Königssohn. Da nahm er sie als seine Braut aufs Pferd und ritt mit ihr fort. Sie mußten aber an dem Grabe vorbei, da saßen die zwei Täubchen auf dem Haselbäumchen und riefen

>>rucke di guck, rucke di guck,
Blut ist im Schuck (Schuh):

> Der Schuck ist zu klein,
> die rechte Braut sitzt noch daheim.«

Da blickte er auf ihren Fuß und sah, wie das Blut herausquoll. Er wendete sein Pferd um, brachte die falsche Braut wieder nach Hause und sagte, das wäre nicht die rechte, die andere Schwester solle den Schuh anziehen. Da ging diese in die Kammer und kam mit den Zehen glücklich in den Schuh, aber die Ferse war zu groß. Da reichte ihr die Mutter ein Messer und sprach »hau ein Stück von der Ferse ab: wann du Königin bist, brauchst du nicht mehr zu Fuß zu gehen.« Das Mädchen hieb ein Stück von der Ferse ab, zwängte den Fuß in den Schuh, verbiß den Schmerz und ging heraus zum Königssohn. Da nahm er sie als seine Braut aufs Pferd und ritt mit ihr fort. Als sie an dem Haselbäumchen vorbeikamen, saßen die zwei Täubchen darauf und riefen

> »rucke di guck, rucke di guck,
> Blut ist im Schuck (Schuh):
> Der Schuck ist zu klein,
> die rechte Braut sitzt noch daheim.«

Er blickte nieder auf ihren Fuß und sah, wie das Blut aus dem Schuh quoll und an den weißen Strümpfen ganz rot heraufgestiegen war. Da wendete er sein Pferd und brachte die falsche Braut wieder nach Haus. »Das ist auch nicht die rechte,« sprach er, »habt ihr keine andere Tochter?« »Nein,« sagte der Mann, »nur von meiner verstorbenen Frau ist noch ein kleines verbuttetes Aschenputtel da: das kann unmöglich die Braut sein.« Der Königssohn sprach, er sollte es heraufschicken, die Mutter aber antwortete »ach nein, das ist viel zu schmutzig, das darf sich nicht sehen lassen.« Er wollte es aber durchaus haben, und Aschenputtel mußte gerufen werden. Da wusch es sich erst Hände und Angesicht rein, ging dann hin und neigte sich vor dem Königssohn, der ihm den goldenen Schuh reichte. Dann setzte es sich auf einen Schemel, zog den Fuß aus dem schweren Holzschuh und steckte ihn in den Pantoffel, der war wie angegossen. Und als es sich in die Höhe richtete und der König ihm ins Gesicht sah, so erkannte er das schöne Mädchen, das mit ihm getanzt hatte, und rief »das ist die rechte Braut.« Die Stiefmutter und die beiden Schwestern erschraken und wurden bleich vor Ärger: er aber nahm Aschenputtel aufs Pferd und ritt mit ihm fort. Als sie an dem Haselbäumchen vorbeikamen, riefen die zwei weißen Täubchen

> »rucke di guck, rucke di guck,
> kein Blut im Schuck:
> Der Schuck ist nicht zu klein,
> die rechte Braut, die führt er heim.«

Und als sie das gerufen hatten, kamen sie beide herabgeflogen und setzten sich dem Aschenputtel auf die Schultern, eine rechts, die andere links, und blieben da sitzen.

Als die Hochzeit mit dem Königssohn sollte gehalten werden, kamen die falschen Schwestern, wollten sich einschmeicheln und teil an seinem Glück nehmen. Als die Brautleute nun zur Kirche gingen, war die älteste zur rechten, die jüngste zur linken Seite: da pickten die Tauben einer jeden das eine Auge aus. Hernach, als sie herausgingen, war die älteste zur linken und die jüngste zur rechten: da pickten die Tauben einer jeden das andere Auge aus. Und waren sie also für ihre Bosheit und Falschheit mit Blindheit auf ihr Lebtag bestraft.

Das tapfere Schneiderlein (KHM 20)

»An einem Sommermorgen saß ein Schneiderlein auf seinem Tisch am Fenster, war guter Dinge und nähte aus Leibeskräften. Da kam eine Bauersfrau die Straße herab und rief ›gut Mus feil! gut Mus feil!‹ Das klang dem Schneiderlein lieblich in die Ohren, er steckte sein zartes Haupt zum Fenster hinaus und rief ›hier herauf, liebe Frau, hier wird sie ihre Waare los.‹ Die Frau stieg die drei Treppen mit ihrem schweren Korbe zu dem Schneider herauf und mußte die Töpfe sämmtlich vor ihm auspacken. Er besah sie alle, hob sie in die Höhe, hielt die Nase dran und sagte endlich ›das Mus scheint mir gut, wieg sie mir doch vier Loth ab, liebe Frau, wenns auch ein Viertelpfund ist, kommt es mir nicht darauf an.‹ Die Frau, welche gehofft hatte einen guten Absatz zu finden, gab ihm was er verlangte, gieng aber ganz ärgerlich und brummig fort. ›Nun, das Mus soll mir Gott gesegnen,‹ rief das Schneiderlein, ›und soll mir Kraft und Stärke geben,‹ holte das Brot aus dem Schrank, schnitt sich ein Stück über den ganzen Laib und strich das Mus darüber. ›Das wird nicht bitter schmecken,‹ sprach er, ›aber erst will ich den Wams fertig machen, eh ich anbeiße.‹ Er legte das Brot neben sich, nähte weiter und machte vor Freude immer größere Stiche. Indes stieg der Geruch von dem süßen Mus hinauf an die Wand, wo die Fliegen in großer Menge saßen, so daß sie heran gelockt wurden und sich scharenweiß darauf nieder ließen. ›Ei, wer hat euch eingeladen?‹ sprach das Schneiderlein, und jagte die ungebetenen Gäste fort. Die Fliegen aber, die kein deutsch verstanden, ließen sich nicht abweisen, sondern kamen in immer größerer Gesellschaft wieder. Da lief dem Schneiderlein endlich, wie man sagt, die Laus über die Leber, es langte aus seiner Hölle nach einem Tuchlappen, und ›wart, ich will es euch geben!‹ schlug es unbarmherzig drauf. Als es abzog und zählte, so lagen nicht weniger als sieben vor ihm todt und streckten die Beine. ›Bist du so ein Kerl?‹ sprach er, und mußte selbst seine Tapferkeit bewundern, ›das soll die ganze Stadt erfahren.‹ Und in der Hast schnitt sich das Schneiderlein einen Gürtel, nähte ihn und stickte mit großen Buchstaben darauf: ›siebene auf einen Streich!‹ ›Ei was Stadt!‹ sprach er weiter, ›die ganze Welt solls erfahren!‹ und sein Herz wackelte ihm vor Freude wie ein Lämmerschwänzchen.

Der Schneider band sich den Gürtel um den Leib, und wollte in die Welt hinaus, weil er meinte die Werkstätte sei zu klein für seine Tapferkeit. Eh er abzog, suchte er im Haus herum ob nichts da wäre, was er mitnehmen könnte, er fand aber nichts als einen alten Käs, den steckte er ein. Vor dem Thore bemerkte er einen Vogel, der sich im Gesträuch gefangen hatte, der mußte zu dem Käse in die Tasche. Nun nahm er den Weg tapfer zwischen die Beine, und weil er leicht und behend war, fühlte er keine Müdigkeit. Der Weg führte ihn auf einen Berg, und als er den höchsten Gipfel erreicht hatte, so saß da ein gewaltiger Riese und schaute sich ganz gemächlich um. Das Schneiderlein gieng beherzt auf ihn zu, redete ihn an und sprach ›guten Tag, Kamerad, gelt, du sitzest da, und besiehst dir die weitläuftige Welt? ich bin eben auf dem Wege dahin und will mich versuchen. Hast du Lust mit zu gehen?‹ Der Riese sah den Schneider verächtlich an und sprach ›du Lump! du miserabler Kerl!‹ ›Das wäre!‹ antwortete das Schneiderlein, knöpfte den Rock auf und zeigte dem Riesen den Gürtel, ›da kannst du lesen was ich für ein Mann bin.‹ Der Riese las ›siebene auf einen Streich,‹ meinte das wären Menschen gewesen, die der Schneider erschlagen hätte, und kriegte ein wenig Respekt vor dem kleinen Kerl. Doch wollte er ihn erst prüfen, nahm einen Stein in die Hand, und drückte ihn zusammen daß das Wasser heraus tropfte. ›Das mach mir nach,‹ sprach der Riese, ›wenn du Stärke hast.‹ ›Ists weiter nichts?‹ sagte das Schneiderlein, ›das ist bei unser einem Spielwerk,‹ griff in die Tasche, holte den weichen Käs und drückte ihn daß der Saft heraus lief. ›Gelt,‹ sprach er, ›das war ein wenig besser?‹ Der Riese wußte nicht was er sagen sollte, und konnte es von dem Männlein nicht glauben. Da hob der Riese einen Stein auf und warf ihn so hoch, daß man ihn mit Augen kaum noch sehen konnte: ›nun, du Erpelmännchen, das thu mir nach.‹ ›Gut geworfen,‹ sagte der Schneider, ›aber der Stein hat doch wieder zur Erde herabfallen müssen, ich will dir einen werfen, der soll gar nicht wieder kommen;‹ griff in die Tasche, nahm den Vogel und warf ihn in die Luft. Der Vogel, froh über seine Freiheit, stieg auf, flog fort und kam nicht wieder. ›Wie gefällt dir das Stückchen, Kamerad?‹ fragte der Schneider. ›Werfen kannst du wohl,‹ sagte der Riese, ›aber nun wollen wir sehen ob du im Stande bist etwas ordentliches zu tragen.‹ Er führte das Schneiderlein zu einem mächtigen Eichbaum, der da gefällt auf dem Boden lag, und sagte ›wenn du stark genug bist, so hilf mir den Baum aus dem Walde heraus tragen.‹ ›Gerne,‹ antwortete der kleine Mann, ›nimm du nur den Stamm auf deine Schulter, ich will die Äste mit dem Gezweig aufheben und tragen, das ist doch das schwerste.‹ Der Riese nahm den Stamm auf die Schulter, der Schneider aber setzte sich auf einen Ast, und der Riese, der sich nicht umsehen konnte, mußte den ganzen Baum und das Schneiderlein noch obendrein forttragen. Es war da hinten ganz lustig und guter Dinge, pfiff das Liedchen ›es ritten drei Schneider zum Thore hinaus,‹ als wäre das Baumtragen ein Kinderspiel. Der Riese, nachdem er ein Stück Wegs die schwere Last fortgeschleppt hatte, konnte nicht weiter und rief ›hör, ich muß den Baum fallen lassen.‹ Der Schneider sprang behendiglich herab, faßte den Baum mit beiden Armen, als wenn er ihn getragen hätte, und sprach zum Riesen ›du bist ein so großer Kerl und kannst den Baum nicht einmal tragen.‹

Sie giengen zusammen weiter, und als sie an einem Kirschbaum vorbei kamen, faßte der Riese die Krone des Baums, wo die zeitigsten Früchte hiengen, bog sie herab, gab sie dem Schneider in die Hand und hieß ihn essen. Das Schneiderlein aber war viel zu schwach um den Baum zu halten, und als der Riese los ließ, fuhr der Baum in die Höhe, und der Schneider ward mit in die Luft geschnellt. Als er wieder ohne Schaden herabgefallen war, sprach der Riese ›was ist das, hast du nicht Kraft die schwache Gerte zu halten?‹ ›An der Kraft fehlt es nicht,‹ antwortete das Schneiderlein, ›meinst du das wäre etwas für einen, der siebene mit einem Streich getroffen hat? ich bin über den Baum gesprungen, weil die Jäger da unten in das Gebüsch schießen. Spring nach, wenn dus vermagst.‹ Der Riese machte den Versuch, konnte aber nicht über den Baum kommen, sondern blieb in den Ästen hängen, also daß das Schneiderlein auch hier die Oberhand behielt.

Der Riese sprach ›wenn du ein so tapferer Kerl bist, so komm mit in unsere Höhle und übernachte bei uns.‹ Das Schneiderlein war bereit und folgte ihm. Als sie in der Höhle anlangten, saßen da noch andere Riesen beim Feuer, und jeder hatte ein gebratenes Schaf in der Hand und aß davon. Das Schneiderlein sah sich um und dachte ›es ist doch hier viel weitläuftiger als in meiner Werkstatt.‹ Der Riese wies ihm ein Bett an und sagte er sollte sich hineinlegen und ausschlafen. Dem Schneiderlein war aber das Bett zu groß, er legte sich nicht hinein, sondern kroch in eine Ecke. Als es Mitternacht war, und der Riese meinte das Schneiderlein läge in tiefem Schlafe, so stand er auf, nahm eine große Eisenstange und schlug das Bett mit einem Schlag durch, und meinte er hätte dem Grashüpfer den Garaus gemacht. Mit dem frühsten Morgen giengen die Riesen in den Wald und hatten das Schneiderlein ganz vergessen, da kam es auf einmal ganz lustig und verwegen daher geschritten. Die Riesen erschracken, fürchteten es schlüge sie alle todt und liefen in einer Hast fort.

Das Schneiderlein zog weiter, immer seiner spitzen Nase nach. Nachdem es lange gewandert war, kam es in den Hof eines königlichen Palastes, und da es Müdigkeit empfand, so legte es sich ins Gras und schlief ein. Während es da lag, kamen die Leute, betrachteten es von allen Seiten und lasen auf dem Gürtel ›siebene auf einen Streich.‹ ›Ach,‹ sprachen sie, ›was will der große Kriegsheld hier mitten im Frieden? Das muß ein mächtiger Herr sein.‹ Sie giengen und meldeten es dem König, und meinten wenn Krieg ausbrechen sollte, wäre das ein wichtiger und nützlicher Mann, den man um keinen Preis fortlassen dürfte. Dem König gefiel der Rath und er schickte einen von seinen Hofleuten an das Schneiderlein ab, der sollte ihm, wenn es aufgewacht wäre, Kriegsdienste anbieten. Der Abgesandte blieb bei dem Schläfer stehen, wartete bis er seine Glieder streckte und die Augen aufschlug, und brachte dann seinen Antrag vor. ›Eben deshalb bin ich hierher gekommen,‹ antwortete er, ›ich bin bereit in des Königs Dienste zu treten.‹ Also ward er ehrenvoll empfangen und ihm eine besondere Wohnung angewiesen.

Die Kriegsleute aber waren dem Schneiderlein aufgesessen und wünschten es wäre tausend Meilen weit weg. ›Was soll daraus werden?‹ sprachen sie untereinander, ›wenn wir Zank mit ihm kriegen und er haut zu, so fallen auf jeden Streich siebene. Da kann unser einer nicht bestehen.‹ Also faßten sie einen Entschluß, begaben sich allesammt zum König und baten um ihren Abschied. ›Wir sind nicht gemacht,‹ sprachen sie, ›neben einem Mann auszuhalten, der siebene auf einen Streich schlägt.‹ Der König war traurig daß er um des Einen willen alle seine treuen Diener verlieren sollte, wünschte daß seine Augen ihn nie gesehen hätten und wäre ihn gerne wieder los gewesen. Aber er getrauete sich nicht ihm den Abschied zu geben, weil er fürchtete er möchte ihn sammt seinem Volke todt schlagen und sich auf den königlichen Thron setzen. Er sann lange hin und her, endlich fand er einen Rath. Er schickte zu dem Schneiderlein und ließ ihm sagen, weil er ein so großer Kriegsheld wäre, so wollte er ihm ein Anerbieten machen. In einem Walde seines Landes hausten zwei Riesen, die mit Rauben Morden Sengen und Brennen großen Schaden stifteten: niemand dürfte sich ihnen nahen ohne sich in Lebensgefahr zu setzen. Wenn er diese beiden Riesen überwände und tödtete, so wollte er ihm seine einzige Tochter zur Gemahlin geben und das halbe Königreich zur Ehesteuer; auch sollten hundert Reiter mit ziehen und ihm Beistand leisten. ›Das wäre so etwas für einen Mann, wie du bist,‹ dachte das Schneiderlein, ›eine schöne Königstochter und ein halbes Königreich wird einem nicht alle Tage angeboten.‹ ›O ja,‹ gab er zur Antwort, ›die Riesen will ich schon bändigen, und habe die hundert Reiter dabei nicht nöthig: wer siebene auf einen Streich trifft, braucht sich vor zweien nicht zu fürchten.‹

Das Schneiderlein zog aus, und die hundert Reiter folgten ihm. Als er zu dem Rand des Waldes kam, sprach er zu seinen Begleitern ›bleibt hier nur halten, ich will schon allein mit den Riesen fertig werden.‹ Dann sprang er in den Wald hinein und schaute sich rechts und links um. Über ein Weilchen erblickte er beide Riesen: sie lagen unter einem Baume und schliefen und schnarchten dabei, daß sich die Äste auf und nieder bogen. Das Schneiderlein, nicht faul, las beide Taschen voll Steine und stieg damit auf den Baum. Als es in der Mitte war, rutschte es auf einem Ast bis es gerade über die Schläfer zu sitzen kam, und ließ dem einen Riesen einen Stein nach dem andern auf die Brust fallen. Der Riese spürte lange nichts, doch endlich wachte er auf, stieß seinen Gesellen an und sprach ›was schlägst du mich.‹ ›Du träumst,‹ sagte der andere, ›ich schlage dich nicht.‹ Sie legten sich wieder zum Schlaf, da warf der Schneider auf den zweiten einen Stein herab. ›Was soll das?‹ rief der andere, ›warum wirfst du mich?‹ ›Ich werfe dich nicht,‹ antwortete der erste und brummte. Sie zankten sich eine Weile herum, doch weil sie müde waren, ließen sies gut sein, und die Augen fielen ihnen wieder zu. Das Schneiderlein fieng sein Spiel von neuem an, suchte den dicksten Stein aus und warf ihn dem ersten Riesen mit aller Gewalt auf die Brust. ›Das ist zu arg!‹ schrie er, sprang wie ein Unsinniger auf und stieß seinen Gesellen wider den Baum daß dieser zitterte. Der Andere zahlte mit gleicher Münze, und sie geriethen in solche Wuth, daß sie Bäume ausrissen, auf einander los schlugen, so lang bis sie endlich beide zugleich todt auf die Erde fielen. Nun sprang das Schneiderlein herab. ›Ein Glück nur,‹ sprach es, ›daß sie den Baum, auf dem ich saß, nicht ausgerissen haben, sonst hätte ich wie ein Eichhörnchen auf einen andern springen müssen: doch unser einer ist flüchtig!‹ Es zog sein Schwert und versetzte jedem ein paar tüchtige Hiebe in die Brust, dann gieng es hinaus zu den Reitern und sprach ›die Arbeit ist gethan, ich habe beiden den Garaus gemacht: aber hart ist es hergegangen, sie haben in der Noth Bäume ausgerissen und sich gewehrt, doch das hilft alles nichts wenn einer kommt wie ich, der siebene auf einen Streich schlägt.‹ ›Seid ihr denn nicht verwundet?‹ fragten die Reiter. ›Das hat gute Wege,‹ antwortete der Schneider, ›kein Haar haben sie mir gekrümmt.‹ Die Reiter wollten ihm keinen Glauben beimessen und ritten in den Wald hinein: da fanden sie die Riesen in ihrem Blute schwimmend, und rings herum lagen die ausgerissenen Bäume.

Das Schneiderlein verlangte von dem König die versprochene Belohnung, den aber reute sein Versprechen und er sann aufs neue wie er sich den Helden vom Halse schaffen könnte. ›Ehe du meine Tochter und das halbe Reich erhältst,‹ sprach er zu ihm, ›mußt du noch eine Heldenthat vollbringen. In dem Walde läuft ein Einhorn, das großen Schaden anrichtet, das mußt du erst einfangen.‹ ›Vor einem Einhorne fürchte ich mich noch weniger als vor zwei Riesen; siebene auf einen Streich, das ist meine Sache.‹ Er nahm sich einen Strick und eine Axt mit, gieng hinaus in den Wald, und hieß abermals die, welche ihm zugeordnet waren, außen warten. Er brauchte nicht lange zu suchen, das Einhorn kam bald daher, und sprang geradezu auf den Schneider los, als wollte es ihn ohne Umstände aufspießen. ›Sachte, sachte,‹ sprach er, ›so geschwind geht das nicht,‹ blieb stehen und wartete bis das Thier ganz nahe war, dann sprang er behendiglich hinter den Baum. Das Einhorn rannte mit aller Kraft gegen den Baum und spießte sein Horn so fest in den Stamm, daß es nicht Kraft genug hatte es wieder heraus zu ziehen, und so war es gefangen. ›Jetzt hab ich das Vöglein,‹ sagte der Schneider, kam hinter dem Baum hervor, legte dem Einhorn den Strick erst um den Hals, dann hieb er mit der Axt das Horn aus dem Baum und als alles in Ordnung war führte er das Thier ab und brachte es dem König.

Der König wollte ihm den verheißenen Lohn noch nicht gewähren, und machte eine dritte Forderung. Der Schneider sollte ihm vor der Hochzeit erst ein Wildschwein fangen, das in dem Wald großen Schaden that; die Jäger sollten ihm Beistand leisten. ›Gerne,‹ sprach der Schneider, ›das ist ein Kinderspiel.‹ Die Jäger nahm er nicht mit in den Wald, und sie warens wohl zufrieden, denn das Wildschwein hatte sie schon mehrmals so empfangen daß sie keine Lust hatten ihm nachzustellen. Als das Schwein den Schneider erblickte, lief es mit schäumendem Munde und wetzenden Zähnen auf ihn zu, und wollte ihn zur Erde werfen: der flüchtige Held aber sprang in eine Kapelle, die in der Nähe war, und gleich oben zum Fenster in einem Satze wieder hinaus. Das Schwein war hinter ihm her gelaufen, er aber hüpfte außen herum und schlug die Thüre hinter ihm zu; da war das wüthende Thier gefangen, das viel zu schwer und unbehilflich war, um zu dem Fenster hinaus zu springen. Das Schneiderlein rief die Jäger herbei, die mußten den Gefangenen mit eigenen Augen sehen: der Held aber begab sich zum Könige, der nun, er mochte wollen oder nicht, sein Versprechen halten mußte und ihm seine Tochter und das halbe Königreich übergab. Hätte er gewußt daß kein Kriegsheld sondern ein Schneiderlein vor ihm stand, es wäre ihm noch mehr zu Herzen gegangen. Die Hochzeit ward also mit großer Pracht und kleiner Freude gehalten, und aus einem Schneider ein König gemacht.

Nach einiger Zeit hörte die junge Königin in der Nacht wie ihr Gemahl im Traume sprach ›Junge, mach mir den Wams und flick mir die Hosen, oder ich will dir die Elle über die Ohren schlagen.‹ Da merkte sie in welcher Gasse der junge Herr geboren war, klagte am andern Morgen ihrem Vater ihr Leid und bat er möchte ihr von dem Manne helfen, der nichts anders als ein Schneider wäre. Der König sprach ihr Trost zu und sagte ›laß in der nächsten Nacht deine Schlafkammer offen, meine Diener sollen außen stehen und, wenn er eingeschlafen ist, hineingehen, ihn binden und auf ein Schiff tragen, das ihn in die weite Welt führt.‹ Die Frau war damit zufrieden, des Königs Waffenträger aber, der alles mit angehört hatte, war dem jungen Herrn gewogen und hinterbrachte ihm den ganzen Anschlag. ›Dem Ding will ich einen Riegel vorschieben,‹

sagte das Schneiderlein. Abends legte es sich zu gewöhnlicher Zeit mit seiner Frau zu Bett: als sie glaubte er sei eingeschlafen, stand sie auf, öffnete die Thüre und legte sich wieder. Das Schneiderlein, das sich nur stellte als wenn es schlief, fieng an mit heller Stimme zu rufen ›Junge, mach mir den Wams und flick mir die Hosen, oder ich will dir die Elle über die Ohren schlagen! ich habe siebene mit einem Streich getroffen, zwei Riesen getödtet, ein Einhorn fortgeführt, und ein Wildschwein gefangen, und sollte mich vor denen fürchten, die draußen vor der Kammer stehen!‹ Als diese den Schneider also sprechen hörten, überkam sie eine große Furcht, sie liefen als wenn das wilde Heer hinter ihnen wäre, und keiner wollte sich mehr an ihn wagen. Also war und blieb das Schneiderlein sein Lebtag ein König.«

Abb. 2: Das tapfere Schneiderlein
Illustration von H. Leupin (Bildnachweis S. 223)

Hans im Glück (KHM 83)

Hans hatte sieben Jahre bei seinem Herrn gedient, da sprach er zu ihm »Herr, meine Zeit ist herum, nun wollte ich gerne wieder heim zu meiner Mutter, gebt mir meinen Lohn.« Der Herr antwortete »du hast mir treu und ehrlich gedient, wie der Dienst war, so soll der Lohn sein,« und gab ihm ein Stück Gold, das so groß als Hansens Kopf war. Hans zog ein Tüchlein aus der Tasche, wickelte den Klumpen hinein, setzte ihn auf die Schulter und machte sich auf den Weg nach Haus. Wie er so dahinging und immer ein Bein vor das andere setzte, kam ihm ein Reiter in die Augen, der frisch und fröhlich auf einem muntern Pferd vorbeitrabte. »Ach,« sprach Hans ganz laut, »was ist das Reiten ein schönes Ding! da sitzt einer wie auf einem Stuhl, stößt sich an keinen Stein, spart die Schuh, und kommt fort, er weiß nicht wie.« Der Reiter, der das gehört hatte, hielt an und rief »ei, Hans, warum laufst du auch zu Fuß?« »Ich muß ja wohl,« antwortete er, »da habe ich einen Klumpen heim zu tragen: es ist zwar Gold, aber ich kann den Kopf dabei nicht gerad halten, auch drückt mirs auf die Schulter.« »Weißt du was,« sagte der Reiter, »wir wollen tauschen: ich gebe dir mein Pferd, und du gibst mir deinen Klumpen.« »Von Herzen gern,« sprach Hans, »aber ich sage Euch, Ihr müßt Euch damit schleppen.« Der Reiter stieg ab, nahm das Gold und half dem Hans hinauf, gab ihm die Zügel fest in die Hände und sprach »wenns nun recht geschwind soll gehen, so mußt du mit der Zunge schnalzen und hopp hopp rufen.«

Hans war seelenfroh, als er auf dem Pferde saß und so frank und frei dahinritt. Über ein Weilchen fiels ihm ein, es sollte noch schneller gehen, und fing an mit der Zunge zu schnalzen und hopp hopp zu rufen. Das Pferd setzte sich in starken Trab, und ehe sichs Hans versah, war er abgeworfen und lag in einem Graben, der die Äcker von der Landstraße trennte. Das Pferd wäre auch durchgegangen, wenn es nicht ein Bauer aufgehalten hätte, der des Weges kam und eine Kuh vor sich hertrieb. Hans suchte seine Glieder zusammen und machte sich wieder auf die Beine. Er war aber verdrießlich und sprach zu dem Bauer »es ist ein schlechter Spaß, das Reiten, zumal, wenn man auf so eine Mähre gerät, wie diese, die stößt und einen herabwirft, daß man den Hals brechen kann; ich setze mich nun und nimmermehr wieder auf. Da lob ich mir Eure Kuh, da kann einer mit Gemächlichkeit hinterhergehen, und hat obendrein seine Milch, Butter und Käse jeden Tag gewiß. Was gäb ich darum, wenn ich so eine Kuh hätte!« »Nun,« sprach der Bauer, »geschieht Euch so ein großer Gefallen, so will ich Euch wohl die Kuh für das Pferd vertauschen.« Hans willigte mit tausend Freuden ein: der Bauer schwang sich aufs Pferd und ritt eilig davon.

Hans trieb seine Kuh ruhig vor sich her und bedachte den glücklichen Handel. »Hab ich nur ein Stück Brot, und daran wird mirs noch nicht fehlen, so kann ich, sooft mirs beliebt, Butter und Käse dazu essen; hab ich Durst, so melk ich meine Kuh und trinke Milch. Herz, was verlangst du mehr?« Als er zu einem Wirtshaus kam, machte er halt, aß in der großen Freude alles, was er bei sich hatte, sein Mittags- und Abendbrot, rein auf, und ließ sich für seine letzten paar Heller ein halbes Glas Bier einschenken. Dann trieb er seine Kuh weiter, immer nach dem Dorfe seiner Mutter zu. Die Hitze ward drückender, je näher der Mittag kam, und Hans befand sich in einer Heide, die wohl noch eine Stunde dauerte. Da ward es ihm ganz heiß, so daß ihm vor Durst die Zunge am Gaumen klebte. »Dem Ding ist zu helfen,« dachte Hans, »jetzt will ich meine Kuh melken und mich an der Milch laben.« Er band sie an einen dürren Baum, und da er keinen Eimer hatte, so stellte er seine Ledermütze unter, aber wie er sich auch bemühte, es kam kein Tropfen Milch zum Vorschein. Und weil er sich ungeschickt dabei anstellte, so gab ihm das ungeduldige Tier endlich mit einem der Hinterfüße einen solchen Schlag vor den Kopf, daß er zu Boden taumelte und eine Zeitlang sich gar nicht besinnen konnte, wo er war. Glücklicherweise kam gerade ein Metzger des Weges, der auf einem Schubkarren ein junges Schwein liegen hatte. »Was sind das für Streiche!« rief er und half dem guten Hans auf. Hans erzählte, was vorgefallen war. Der

Metzger reichte ihm seine Flasche und sprach »da trinkt einmal und erholt Euch. Die Kuh will wohl keine Milch geben, das ist ein altes Tier, das höchstens noch zum Ziehen taugt oder zum Schlachten.« »Ei, ei,« sprach Hans und strich sich die Haare über den Kopf, »wer hätte das gedacht! es ist freilich gut, wenn man so ein Tier ins Haus abschlachten kann, was gibts für Fleisch! aber ich mache mir aus dem Kuhfleisch nicht viel, es ist mir nicht saftig genug. Ja, wer so ein junges Schwein hätte! das schmeckt anders, dabei noch die Würste.« »Hört, Hans,« sprach da der Metzger, »Euch zuliebe will ich tauschen und will Euch das Schwein für die Kuh lassen.« »Gott lohn Euch Eure Freundschaft,« sprach Hans, übergab ihm die Kuh, ließ sich das Schweinchen vom Karren losmachen und den Strick, woran es gebunden war, in die Hand geben.

Hans zog weiter und überdachte, wie ihm doch alles nach Wunsch ginge, begegnete ihm ja eine Verdrießlichkeit, so würde sie doch gleich wieder gutgemacht. Es gesellte sich danach ein Bursch zu ihm, der trug eine schöne weiße Gans unter dem Arm. Sie boten einander die Zeit, und Hans fing an, von seinem Glück zu erzählen, und wie er immer so vorteilhaft getauscht hätte. Der Bursch erzählte ihm, daß er die Gans zu einem Kindtaufschmaus brächte. »Hebt einmal,« fuhr er fort und packte sie bei den Flügeln, »wie schwer sie ist, die ist aber auch acht Wochen lang genudelt worden. Wer in den Braten beißt, muß sich das Fett von beiden Seiten abwischen.« »Ja,« sprach Hans, und wog sie mit der einen Hand, »die hat ihr Gewicht, aber mein Schwein ist auch keine Sau.« Indessen sah sich der Bursch nach allen Seiten ganz bedenklich um, schüttelte auch wohl mit dem Kopf. »Hört,« fing er darauf an, »mit Eurem Schweine mags nicht ganz richtig sein. In dem Dorfe, durch das ich gekommen bin, ist eben dem Schulzen eins aus dem Stall gestohlen worden. Ich fürchte, ich fürchte, Ihr habts da in der Hand. Sie haben Leute ausgeschickt, und es wäre ein schlimmer Handel, wenn sie Euch mit dem Schwein erwischten: das Geringste ist, daß Ihr ins finstere Loch gesteckt werdet.« Dem guten Hans ward bang, »ach Gott,« sprach er, »helft mir aus der Not, Ihr wißt hier herum bessern Bescheid, nehmt mein Schwein da und laßt mir Eure Gans.« »Ich muß schon etwas aufs Spiel setzen,« antwortete der Bursche, »aber ich will doch nicht schuld sein, daß Ihr ins Unglück geratet.« Er nahm also das Seil in die Hand und trieb das Schwein schnell auf einen Seitenweg fort: der gute Hans aber ging, seiner Sorgen entledigt, mit der Gans unter dem Arme der Heimat zu. »Wenn ichs recht überlege,« sprach er mit sich selbst, »habe ich noch Vorteil bei dem Tausch: erstlich den guten Braten, hernach die Menge von Fett, die herausträufeln wird, das gibt Gänsefettbrot auf ein Vierteljahr, und endlich die schönen weißen Federn, die laß ich mir in mein Kopfkissen stopfen, und darauf will ich wohl ungewiegt einschlafen. Was wird meine Mutter eine Freude haben!«

Als er durch das letzte Dorf gekommen war, stand da ein Scherenschleifer mit seinem Karren, sein Rad schnurrte, und er sang dazu.

> »ich schleife die Schere und drehe geschwind,
> und hänge mein Mäntelchen nach dem Wind.«

Hans blieb stehen und sah ihm zu; endlich redete er ihn an und sprach »Euch gehts wohl, weil Ihr so lustig bei Eurem Schleifen seid.« »Ja,« antwortete der Scherenschleifer, »das Handwerk hat einen güldenen Boden. Ein rechter Schleifer ist ein Mann, der, sooft er in die Tasche greift, auch Geld darin findet. Aber wo habt Ihr die schöne Gans gekauft?« »Die hab ich nicht gekauft, sondern für mein Schwein eingetauscht.« »Und das Schwein?« »Das hab ich für eine Kuh gekriegt.« »Und die Kuh?« »Die hab ich für ein Pferd bekommen.« »Und das Pferd?« »Dafür hab ich einen Klumpen Gold, so groß als mein Kopf, gegeben.« »Und das Gold?« »Ei, das war mein Lohn für sieben Jahre Dienst.« »Ihr habt Euch jederzeit zu helfen gewußt,« sprach der Schleifer, »könnt Ihrs nun dahin bringen, daß Ihr das Geld in der Tasche springen hört, wenn Ihr aufsteht, so habt Ihr Euer Glück gemacht.« »Wie soll ich das anfangen?« sprach Hans. »Ihr müßt ein Schleifer werden wie ich; dazu gehört eigentlich nichts als ein Wetzstein, das andere findet sich schon von selbst. Da hab ich einen, der ist zwar ein wenig schadhaft, dafür sollt Ihr mir aber auch weiter nichts als Eure Gans geben; wollt Ihr das?« »Wie könnt Ihr noch fragen,« antwortete Hans, »ich werde ja zum glücklichsten Menschen auf Erden; habe ich Geld, sooft ich in die Tasche greife, was brauche ich da länger zu sorgen?« reichte ihm die Gans hin, und nahm den Wetzstein in Empfang. »Nun,« sprach der Schleifer und hob einen gewöhnlichen schweren Feldstein, der neben ihm lag, auf, »da habt Ihr noch einen tüchtigen Stein dazu, auf dem sichs gut schlagen läßt und Ihr Eure alten Nägel gerade klopfen könnt. Nehmt ihn und hebt ihn ordentlich auf.«

Hans lud den Stein auf und ging mit vergnügtem Herzen weiter; seine Augen leuchteten vor Freude, »ich muß in einer Glückshaut geboren sein,« rief er aus »alles, was ich wünsche, trifft mir ein, wie einem Sonntagskind.« Indessen, weil er seit Tagesanbruch auf den Beinen gewesen war, begann er müde zu werden; auch plagte ihn der Hunger, da er allen Vorrat auf einmal in der Freude über die erhandelte Kuh aufgezehrt hatte. Er konnte endlich nur mit Mühe weitergehen und mußte jeden Augenblick halt machen; dabei drückten ihn die Steine ganz erbärmlich. Da konnte er sich des Gedankens nicht erwehren, wie gut es wäre, wenn er sie gerade jetzt nicht zu tragen brauchte. Wie eine Schnecke kam er zu einem Feldbrunnen geschlichen, wollte da ruhen und sich mit einem frischen Trunk laben: damit er aber die Steine im Niedersitzen nicht beschädigte, legte er sie bedächtig neben sich auf den Rand des Brunnens. Darauf setzte er sich nieder und wollte sich zum Trinken bücken, da versah ers, stieß ein klein wenig an, und beide Steine plumpten hinab. Hans, als er sie mit seinen Augen in die Tiefe hatte versinken sehen, sprang vor Freuden auf, kniete dann nieder und dankte Gott mit Tränen in den Augen, daß er ihm auch diese Gnade noch erwiesen und ihn auf eine so gute Art, und ohne daß er sich einen Vorwurf zu machen brauchte, von den schweren Steinen befreit hätte, die ihm allein noch hinderlich gewesen wären. »So glücklich wie ich,« rief er aus, »gibt es keinen Menschen unter der Sonne.« Mit leichtem Herzen und frei von aller Last sprang er nun fort, bis er daheim bei seiner Mutter war.

Die sieben Schwaben (KHM 119)

»Einmal waren sieben Schwaben beisammen, der erste war der Herr Schulz, der zweite der Jackli, der dritte der Marli, der vierte der Jergli, der fünfte der Michal, der sechste der Hans, der siebente der Veitli; die hatten alle siebene sich vorgenommen die Welt zu durchziehen, Abenteuer zu suchen und große Thaten zu vollbringen. Damit sie aber auch mit bewaffneter Hand und sicher giengen, sahen sies für gut an, daß sie sich zwar nur einen einzigen aber recht starken und langen Spieß machen ließen. Diesen Spieß faßten sie alle siebene zusammen an, vorn gieng der kühnste und männlichste, das mußte der Herr Schulz sein, und dann folgten die andern nach der Reihe und der Veitli war der letzte. Nun geschah es, als sie im Heumonat eines Tags einen weiten Weg gegangen waren, auch noch ein gut Stück bis in das Dorf hatten, wo sie über Nacht bleiben mußten, daß in der Dämmerung auf einer Wiese ein großer Roßkäfer oder eine Hornisse nicht weit von ihnen hinter einer Staude vorbeiflog und feindlich brummelte. Der Herr Schulz erschrack, daß er fast den Spieß hätte fallen lassen und ihm der Angstschweiß am ganzen Leibe ausbrach. ›Horcht, horcht,‹ rief er seinen Gesellen, ›Gott, ich höre eine Trommel!‹ Der Jackli, der hinter ihm den Spieß hielt und dem ich weiß nicht was für ein Geruch in die Nase kam, sprach ›etwas ist ohne Zweifel vorhanden, denn ich schmeck das Pulver und den Zündstrick.‹ Bei diesen Worten hub der Herr Schulz an die Flucht zu ergreifen, und sprang im Hui über einen Zaun, weil er aber gerade auf die Zinken eines Rechen sprang, der vom Heumachen da liegen geblieben war, so fuhr ihm der Stiel ins Gesicht und gab ihm einen ungewaschenen Schlag. ›O wei, o wei,‹ schrie der Herr Schulz, ›nimm mich gefangen, ich ergeb mich, ich ergeb mich!‹ Die andern sechs hüpften auch alle einer über den andern herzu und schrien ›gibst du dich, so geb ich mich auch, gibst du dich, so geb ich mich auch.‹ Endlich, wie kein Feind da war, der sie binden und fortführen wollte, merkten sie daß sie betrogen waren: und damit die Geschichte nicht unter die Leute käme, und sie nicht genarrt und gespottet würden, verschwuren sie sich unter einander so lang davon still zu schweigen, bis einer unverhofft das Maul aufthäte. Hierauf zogen sie weiter.

Die zweite Gefährlichkeit, die sie erlebten, kann aber mit der ersten nicht verglichen werden. Nach etlichen Tagen trug sie ihr Weg durch ein Brachfeld, da saß ein Hase in der Sonne und schlief, streckte die Ohren in die Höhe, Da erschraken sie bei dem Anblick des grausamen und wilden Thieres insgesammt und hielten Rath was zu thun das wenigst gefährliche wäre. Denn so sie fliehen wollten, war zu besorgen, das Ungeheuer setzte ihnen nach und verschlänge sie alle mit Haut und Haar. Also sprachen sie ›wir müssen einen großen und gefährlichen Kampf bestehen, frisch gewagt ist halb gewonnen!‹ faßten alle siebene den Spieß an, der Herr Schulz vorn und der Veitli hinten. Der Herr Schulz wollte den Spieß noch immer anhalten, der Veitli aber war hinten ganz muthig geworden, wollte losbrechen und rief ›stoß zu in aller Schwabe Name, sonst wünsch i, daß ihr möcht erlahme.‹ Aber der Hans wußt ihn zu treffen und sprach ›beim Element, du hascht gut schwätze, bischt stets der letscht beim Drachehetze.‹ Der Michal rief ›es wird nit fehle um ei Haar, so ischt es wohl der Teufel gar.‹ Drauf kam an den Jergli die Reihe der sprach ›ischt er es nit, so ischts sei Muter oder des Teufels Stiefbruder.‹ Der Marli hatte da einen guten Gedanken und sagte zum Veitli ›gang, Veitli, gang, gang du voran, i will dahinte vor di stahn.‹ Der Veitli hörte aber nicht drauf und der Jackli sagte ›der Schulz, der muß der erschte sei, denn ihm gebührt die Ehr allei.‹ Da nahm sich der Herr Schulz ein Herz und sprach gravitätisch ›so zieht denn herzhaft in den Streit, hieran erkennt man tapfre Leut.‹ Da giengen sie insgesammt auf den Drachen los. Der Herr Schulz segnete sich und rief Gott um Beistand an: wie aber das alles nicht helfen wollte und er dem Feind immer näher kam, schrie er in großer Angst ›hau! hurlehau! hau! hauhau!‹ Davon erwachte der Has, erschrack und sprang eilig davon. Als ihn der Herr Schulz so feldflüchtig sah, da rief er voll Freude ›potz, Veitli, lueg, lueg, was isch das? das Ungehüer ischt a Has.‹

Der Schwabenbund suchte aber weiter Abenteuer und kam an die Mosel, ein mosiges, stilles und tiefes Wasser, darüber nicht viel Brücken sind, sondern man an mehrern Orten sich muß in Schiffen überfahren lassen. Weil die sieben Schwaben dessen unberichtet waren, riefen sie einem Mann, der jenseits des Wassers seine Arbeit vollbrachte, zu, wie man doch hinüber kommen könnte. Der Mann verstand wegen der Weite und wegen ihrer Sprache nicht was sie wollten, und fragte auf sein trierisch ›wat? wat?‹ Da meinte der Herr Schulz er spräche nicht anders als ›wade, wade durchs Wasser,‹ und hub an, weil er der Vorderste war, sich auf den Weg zu machen und in die Mosel hineinzugehen. Nicht lang, so versank er in den Schlamm und in die antreibenden tiefen Wellen, seinen Hut aber jagte der Wind hinüber an das jenseitige Ufer, und ein Frosch setzte sich dabei und quackte ›wat, wat, wat.‹ Die sechs andern hörten das drüben und sprachen ›unser Gesell, der Herr Schulz, ruft uns, kann er hinüber waden, warum wir nicht auch?‹ Sprangen darum eilig alle zusammen in das Wasser und ertranken, also daß ein Frosch ihrer sechse ums Leben brachte, und niemand von dem Schwabenbund wieder nach Haus kam.«

Abb. 3: Die sieben Schwaben
Illustration von M. Wulff (Bildnachweis S. 223)

Der Hase und der Igel (KHM 187)

Diese Geschichte ist eigentlich gelogen, Kinder, aber wahr ist sie doch, denn mein Großvater, von dem ich sie habe, pflegte immer, wenn er sie erzählte, zu sagen: »Wahr muß sie sein, mein Sohn, sonst könnte man sie ja nicht erzählen.« Die Geschichte aber hat sich so zugetragen.

Es war an einem Sonntagmorgen im Herbst, gerade als der Buchweizen blühte; die Sonne war am Himmel aufgegangen, und der Wind strich warm über die Stoppeln, die Lerchen sangen hoch in der Luft, und die Bienen summten im Buchweizen. Die Leute gingen in ihrem Sonntagsstaat zur Kirche, und alle Geschöpfe waren vergnügt, auch der Igel. Er stand vor seiner Tür, hatte die Arme verschränkt, er guckte in den Morgenwind hinaus und trällerte ein kleines Liedchen vor sich hin, so gut und so schlecht wie am Sonntagmorgen ein Igel eben zu singen pflegt. Während er nun so vor sich hinsang, fiel ihm plötzlich ein, er könnte doch, während seine Frau die Kinder wusch und ankleidete, ein bißchen im Feld spazierengehen und nachsehen, wie die Steckrüben standen. Die Steckrüben waren ganz nah bei seinem Haus, und er pflegte sie mit seiner Familie zu essen, darum sah er sie auch als die seinigen an.

Gedacht, getan. Er schloß die Haustür hinter sich und schlug den Weg zum Feld ein. Er war noch nicht sehr weit und wollte gerade um den Schlehenbusch herum, der vor dem Feld stand, als er den Hasen erblickte, der in ähnlichen Geschäften ausgegangen war, nämlich um seinen Kohl zu besehen. Als der Igel den Hasen sah, wünschte er ihm freundlich einen guten Morgen. Der Hase aber, der auf seine Weise ein vornehmer Herr war und grausam hochfahrend noch dazu, antwortete gar nicht auf des Igels Gruß, sondern sagte mit höhnischer Miene: »Wie kommt es, daß du hier schon so am frühen Morgen im Feld herumläufst?« »Ich gehe spazieren«, sagte der Igel. »Spazieren?« lachte der Hase. »Du könntest deine Beine schon zu besseren Dingen gebrauchen.« Diese Antwort verdroß den Igel sehr. Alles kann er vertragen, aber auf seine Beine läßt er nichts kommen, gerade weil sie von Natur aus krumm sind. »Du bildest dir wohl ein, du könntest mit deinen Beinen mehr ausrichten?« sagte er. »Das will ich meinen«, sagte der Hase. »Nun, das kommt auf einen Versuch an«, meinte der Igel. »Ich wette, wenn wir um die Wette laufen, ich lauf schneller als du.« »Du – mit deinen krummen Beinen?« sagte der Hase. »Das ist ja zum Lachen. Aber wenn du so große Lust hast – was gilt die Wette?« »Einen Golddukaten und eine Flasche Branntwein«, sagte der Igel. »Angenommen«, sagte der Hase, »schlag ein, und dann kann es gleich losgehen.« »Nein, so große Eile hat es nicht«, meinte der Igel, »ich hab' noch gar nichts gegessen; erst will ich nach Hause gehen und ein bißchen was frühstücken. In einer Stunde bin ich wieder hier.« Damit ging er, und der Hase war es zufrieden. Unterwegs aber dachte der Igel bei sich: »Der Hase verläßt sich auf seine langen Beine, aber ich will ihn schon kriegen. Er ist zwar ein vornehmer Herr, aber doch ein dummer Kerl, und das soll er bezahlen.« Als er nun nach Hause kam, sagte er zu seiner Frau: »Frau, zieh dich rasch an, du mußt mit mir ins Feld hinaus.« »Was gibt es denn?« fragte die Frau. »Ich habe mit dem Hasen um einen Golddukaten und eine Flasche Branntwein gewettet, daß ich mit ihm um die Wette laufen will. Und da sollst du dabei sein.« »O mein Gott, Mann«, begann die Frau loszuschreien, »hast du denn ganz den Verstand verloren? Wie willst du mit dem Hasen um die Wette laufen?« »Halt das Maul, Weib«, sagte der Igel, »das ist meine Sache. Misch dich nicht in Männergeschäfte! Marsch, zieh dich an und komm mit!« Was sollte also die Frau des Igels tun? Sie mußte gehorchen, ob sie wollte oder nicht.

Als sie miteinander unterwegs waren, sprach der Igel zu seiner Frau: »Nun paß auf, was ich dir sage. Dort auf dem langen Acker will ich unseren Wettlauf machen. Der Hase läuft in einer Furche, und ich in der anderen, und dort oben fangen wir an. Du hast nun weiter nichts zu tun, als daß du dich hier unten in die Furche stellst, und wenn der Hase in seiner Furche daherkommt, so rufst du ihm entgegen: »Ich bin schon da!« So kamen sie zu dem Acker, der Igel wies seiner Frau ihren Platz an und ging den Acker hinauf. Als er oben ankam, war der Hase schon da. »Kann es losgehen?« fragte er. »Jawohl«, erwiderte der Igel. »Dann nur zu.« Damit stellte sich jeder in seine Furche. Der Hase zählte: »Eins, zwei, drei«, und los ging er wie ein Sturmwind den Acker hinunter. Der Igel aber lief nur etwa drei Schritte, dann duckte er sich in die Furche hinein und blieb ruhig sitzen.

Und als der Hase im vollen Lauf am Ziel unten am Acker ankam, rief ihm die Frau des Igels entgegen: »Ich bin schon da!« Der Hase war nicht wenig erstaunt, glaubte er doch nichts anderes, als daß er den Igel selbst vor sich hatte. Bekanntlich sieht die Frau Igel genauso aus wie ihr Mann. »Das geht nicht mit rechten Dingen zu«, rief er. »Noch einmal gelaufen, in die andere Richtung!« Und fort ging es wieder wie der Sturmwind, daß ihm die Ohren am Kopf flogen. Die Frau des Igels aber blieb ruhig an ihrem Platz sitzen, und als der Hase oben ankam, rief ihm der Herr Igel entgegen: »Ich bin schon da!« Der Hase war ganz außer sich vor Ärger und schrie: »Noch einmal gelaufen, noch einmal herum!« »Meinetwegen«, gab der Igel zurück. »Sooft du Lust hast.« So lief der Hase dreiundsiebzigmal, und der Igel hielt immer mit. Und jedesmal, wenn der Hase oben oder unten am Ziel ankam, sagten der Igel oder seine Frau: »Ich bin schon da.« Beim vierundsiebzigsten Male aber kam der Hase nicht mehr ans Ziel. Mitten auf dem Acker fiel er zu Boden, das Blut floß ihm aus der Nase, und er blieb tot liegen. Der Igel aber nahm seinen gewonnenen Golddukaten und die Flasche Branntwein, rief seine Frau von ihrem Platz am Ende der Furche, und vergnügt gingen beide nach Hause. Und wenn sie nicht gestorben sind, leben sie heute noch. So geschah es, daß auf der Buxtehuder Heide der Igel den Hasen zu Tode gelaufen hatte, und seit jener Zeit hat kein Hase mehr gewagt, mit dem Buxtehuder Igel um die Wette zu laufen.

Die Lehre aus dieser Geschichte aber ist erstens, daß sich keiner, und wenn er sich auch noch so vornehm dünkt, einfallen lassen soll, sich über einen kleinen Mann lustig zu machen, und wäre es auch nur ein Igel. Und zweitens, daß es gut ist, wenn einer heiratet, daß er sich eine Frau von seinem Stand nimmt, die geradeso aussieht wie er. Wer also ein Igel ist, der muß darauf sehen, daß auch seine Frau ein Igel ist.

Das Meerhäschen (KHM 191)

Es war einmal eine Königstochter, die hatte in ihrem Schloß hoch unter der Zinne einen Saal mit zwölf Fenstern, die gingen nach allen Himmelsgegenden, und wenn sie hinaufstieg und umherschaute, so konnte sie ihr ganzes Reich übersehen. Aus dem ersten sah sie schon schärfer als andere Menschen, in dem zweiten noch besser, in dem dritten noch deutlicher, und so immer weiter, bis in dem zwölften, wo sie alles sah, was über und unter der Erde war, und ihr nichts verborgen bleiben konnte. Weil sie aber stolz war, sich niemand unterwerfen wollte und die Herrschaft allein behalten, so ließ sie bekanntmachen, es sollte niemand ihr Gemahl werden, der sich nicht so vor ihr verstecken könnte, daß es ihr unmöglich wäre, ihn zu finden. Wer es aber versuche und sie entdecke ihn, so werde ihm das Haupt abgeschlagen und auf einen Pfahl gesteckt. Es standen schon siebenundneunzig Pfähle mit toten Häuptern vor dem Schloß, und in langer Zeit meldete sich niemand. Die Königstochter war vergnügt und dachte »ich werde nun für mein Lebtag frei bleiben.« Da erschienen drei Brüder vor ihr und kündigten ihr an, daß sie ihr Glück versuchen wollten. Der älteste glaubte sicher zu sein, wenn er in ein Kalkloch krieche, aber sie erblickte ihn schon aus dem ersten Fenster, ließ ihn herausziehen und ihm das Haupt abschlagen. Der zweite kroch in den Keller des Schlosses, aber auch diesen erblickte sie aus dem ersten Fenster, und es war um ihn geschehen: sein Haupt kam auf den neunundneunzigsten Pfahl. Da trat der jüngste vor sie hin und bat, sie möchte ihm einen Tag Bedenkzeit geben, auch so gnädig sein, es ihm zweimal zu schenken, wenn sie ihn entdecke: mißlinge es ihm zum drittenmal, so wolle er sich nichts mehr aus seinem Leben machen. Weil er so schön war und so herzlich bat, so sagte sie »ja, ich will dir das bewilligen, aber es wird dir nicht glücken.«

Den folgenden Tag sann er lange nach, wie er sich verstecken wollte, aber es war vergeblich. Da ergriff er seine Büchse und ging hinaus auf die Jagd. Er sah einen Raben und nahm ihn aufs Korn; eben wollte er losdrücken, da rief der Rabe »schieß nicht, ich will dirs vergelten!« Er setzte ab, ging weiter und kam an einen See, wo er einen großen Fisch überraschte, der aus der Tiefe herauf an die Oberfläche des Wassers gekommen war. Als er angelegt hatte, rief der Fisch »schieß nicht, ich will dirs vergelten!« Er ließ ihn untertauchen, ging weiter und begegnete einem Fuchs, der hinkte. Er schoß und verfehlte ihn, da rief der Fuchs »komm lieber her und zieh mir den Dorn aus dem Fuß.« Er tat es zwar, wollte aber dann den Fuchs töten und ihm den Balg abziehen. Der Fuchs sprach »laß ab, ich will dirs vergelten!« Der Jüngling ließ ihn laufen, und da es Abend war, kehrte er heim.

Am andern Tag sollte er sich verkriechen, aber wie er sich auch den Kopf darüber zerbrach, er wußte nicht wohin. Er ging in den Wald zu dem Raben und sprach »ich habe dich leben lassen, jetzt sage mir, wohin ich mich verkriechen soll, damit mich die Königstochter nicht sieht.« Der Rabe senkte den Kopf und bedachte sich lange. Endlich schnarrte er »ich habs heraus!« Er holte ein Ei aus seinem Nest, zerlegte es in zwei Teile und schloß den Jüngling hinein: dann machte er es wieder ganz und setzte sich darauf. Als die Königstochter an das erste Fenster trat, konnte sie ihn nicht entdecken, auch nicht in den folgenden, und es fing an ihr bange zu werden, doch im elften erblickte sie ihn. Sie ließ den Raben schießen, das Ei holen und zerbrechen, und der Jüngling mußte herauskommen. Sie sprach »einmal ist es dir geschenkt, wenn du es nicht besser machst, so bist du verloren.«

Am folgenden Tag ging er an den See, rief den Fisch herbei und sprach »ich habe dich leben lassen, nun sage, wohin soll ich mich verbergen, damit mich die Königstochter nicht sieht.« Der Fisch besann sich, endlich rief er »ich habs heraus! ich will dich in meinem Bauch verschließen.« Er verschluckte ihn und fuhr hinab auf den Grund des Sees. Die Königstochter blickte durch ihre Fenster, auch im elften sah sie ihn nicht und war bestürzt, doch endlich im zwölften entdeckte sie ihn. Sie ließ den Fisch fangen und töten, und der Jüngling kam zum Vorschein. Es kann sich jeder denken, wie ihm zumut war. Sie sprach »zweimal ist dirs geschenkt, aber dein Haupt wird wohl auf den hundertsten Pfahl kommen.«

An dem letzten Tag ging er mit schwerem Herzen aufs Feld und begegnete dem Fuchs. »Du weißt alle Schlupfwinkel zu finden,« sprach er, »ich habe dich leben lassen, jetzt rat mir, wohin ich mich verstecken soll, damit mich die Königstochter nicht findet.« »Ein schweres Stück,« antwortete der Fuchs und machte ein bedenkliches Gesicht. Endlich rief er »ich habs heraus!« Er ging mit ihm zu einer Quelle, tauchte sich hinein und kam als ein Marktkrämer und Tierhändler heraus. Der Jüngling mußte sich auch in das Wasser tauchen, und ward in ein kleines Meerhäschen verwandelt. Der Kaufmann zog in die Stadt und zeigte das artige Tierchen. Es lief viel Volk zusammen, um es anzusehen. Zuletzt kam auch die Königstochter, und weil sie großen Gefallen daran hatte, kaufte sie es und gab dem Kaufmann viel Geld dafür. Bevor er es ihr hinreichte, sagte er zu ihm »wenn die Königstochter ans Fenster geht, so krieche schnell unter ihren Zopf.« Nun kam die Zeit, wo sie ihn suchen sollte. Sie trat nach der Reihe an die Fenster vom ersten bis zum elften und sah ihn nicht. Als sie ihn auch bei dem zwölften nicht sah, war sie voll Angst und Zorn und schlug es so gewaltig zu, daß das Glas in allen Fenstern in tausend Stücke zersprang und das ganze Schloß erzitterte. Sie ging zurück und fühlte das Meerhäschen unter ihrem Zopf, da packte sie es, warf es zu Boden und rief »fort mir aus den Augen!« Es lief zum Kaufmann, und beide eilten zur Quelle, wo sie sich untertauchten und ihre wahre Gestalt zurückerhielten. Der Jüngling dankte dem Fuchs und sprach »der Rabe und der Fisch sind blitzdumm gegen dich, du weißt die rechten Pfiffe, das muß wahr sein!«

Der Jüngling ging geradezu in das Schloß. Die Königstochter wartete schon auf ihn und fügte sich ihrem Schicksal. Die Hochzeit ward gefeiert, und er war jetzt der König und Herr des ganzen Reichs. Er erzählte ihr niemals, wohin er sich zum drittenmal versteckt und wer ihm geholfen hatte, und so glaubte sie, er habe alles aus eigener Kunst getan und hatte Achtung vor ihm, denn sie dachte bei sich »der kann doch mehr als du!«

Hänsel und Grethel (KHM 15)

»Vor einem großen Walde wohnte ein armer Holzhacker mit seiner Frau und seinen zwei Kindern; das Bübchen hieß Hänsel und das Mädchen Grethel. Er hatte wenig zu beißen und zu brechen, und einmal, als große Theurung ins Land kam, konnte er auch das täglich Brot nicht mehr schaffen. Wie er sich nun Abends im Bette Gedanken machte und sich vor Sorgen herum wälzte, seufzte er und sprach zu seiner Frau ›was soll aus uns werden? wie können wir unsere armen Kinder ernähren, da wir für uns selbst nichts mehr haben?‹ ›Weißt du was, Mann,‹ antwortete die Frau, ›wir wollen Morgen in aller Frühe die Kinder hinaus in den Wald führen, wo er am dicksten ist: da machen wir ihnen ein Feuer an und geben jedem noch ein Stückchen Brot, dann gehen wir an unsere Arbeit und lassen sie allein. Sie finden den Weg nicht wieder nach Haus und wir sind sie los.‹ ›Nein, Frau,‹ sagte der Mann, ›das thue ich nicht; wie sollt ichs übers Herz bringen meine Kinder im Walde allein zu lassen, die wilden Thiere würden bald kommen und sie zerreißen.‹ ›O du Narr,‹ sagte sie, ›dann müssen wir alle viere Hungers sterben, du kannst nur die Bretter für die Särge hobeln,‹ und ließ ihm keine Ruhe bis er einwilligte. ›Aber die armen Kinder dauern mich doch‹ sagte der Mann. Die zwei Kinder hatten vor Hunger auch nicht einschlafen können und hatten gehört was die Stiefmutter zum Vater gesagt hatte. Grethel weinte bittere Thränen und sprach zu Hänsel ›nun ists um uns geschehen.‹ ›Still, Grethel,‹ sprach Hänsel, ›gräme dich nicht, ich will uns schon helfen.‹ Und als die Alten eingeschlafen waren, stand er auf, zog sein Röcklein an, machte die Unterthüre auf und schlich sich hinaus. Da schien der Mond ganz helle, und die weißen Kieselsteine, die vor dem Haus lagen, glänzten wie lauter Batzen. Hänsel bückte sich und steckte so viel in sein Rocktäschlein, als nur hinein wollten. Dann gieng er wieder zurück, sprach zu Grethel ›sei getrost, liebes Schwesterchen und schlaf nur ruhig ein, Gott wird uns nicht verlassen,‹ und legte sich wieder in sein Bett.

Als der Tag anbrach, noch ehe die Sonne aufgegangen war, kam schon die Frau und weckte die beiden Kinder, ›steht auf, ihr Faullenzer, wir wollen in den Wald gehen und Holz holen.‹ Dann gab sie jedem ein Stückchen Brot und sprach ›da habt ihr etwas für den Mittag, aber eßts nicht vorher auf, weiter kriegt ihr nichts.‹ Grethel nahm das Brot unter die Schürze, weil Hänsel die Steine in der Tasche hatte. Danach machten sie sich alle zusammen auf den Weg nach dem Wald. Als sie ein Weilchen gegangen waren, stand Hänsel still und guckte nach dem Haus zurück und that das wieder und immer wieder. Der Vater sprach ›Hänsel, was guckst du da und bleibst zurück, hab Acht und vergiß deine Beine nicht.‹ ›Ach, Vater,‹ sagte Hänsel, ›ich sehe nach meinem weißen Kätzchen, das sitzt oben auf dem Dach und will mir Ade sagen.‹ Die Frau sprach ›Narr, das ist dein Kätzchen nicht, das ist die Morgensonne, die auf den Schornstein scheint.‹ Hänsel aber hatte nicht nach dem Kätzchen gesehen, sondern immer einen von den blanken Kieselsteinen aus seiner Tasche auf den Weg geworfen. Als sie mitten in den Wald gekommen waren, sprach der Vater ›nun sammelt Holz, ihr Kinder, ich will ein Feuer anmachen, damit ihr nicht friert.‹ Hänsel und Grethel trugen Reisig zusammen, einen kleinen Berg hoch. Das Reisig ward angezündet, und als die Flamme recht hoch brannte, sagte die Frau ›nun legt euch ans Feuer, ihr Kinder und ruht euch aus, wir gehen in den Wald und hauen Holz. Wenn wir fertig sind, kommen wir wieder und holen euch ab.‹ Hänsel und Grethel saßen am Feuer, und als der Mittag kam, aß jedes sein Stücklein Brot. Und weil sie die Schläge der Holzaxt hörten, so glaubten sie ihr Vater wäre in der Nähe. Es war aber nicht die Holzaxt, es war ein Ast, den er an einen dürren Baum ge bunden hatte und den der Wind hin und her schlug. Und als sie so lange gesessen hatten, fielen ihnen die Augen vor Müdigkeit zu, und sie schliefen fest ein. Als sie endlich erwachten, war es schon finstere Nacht. Grethel fieng an zu weinen und sprach ›wie sollen wir nun aus dem Wald kommen!‹ Hänsel aber tröstete sie, ›wart nur ein Weilchen, bis der Mond aufgegangen ist, dann wollen wir den Weg schon finden.‹ Und als der volle Mond aufgestiegen war, so nahm Hänsel sein Schwesterchen an der Hand und gieng den Kieselsteinen nach, die schimmerten wie neu geschlagene Batzen und zeigten ihnen den Weg. Sie giengen die ganze Nacht hindurch und kamen bei anbrechendem Tag wieder zu ihres Vaters Haus. Sie klopften an die Thür, und als die Frau aufmachte und sah daß es Hänsel und Grethel war, sprach sie ›ihr bösen Kinder, was habt ihr so lange im Walde geschlafen, wir haben geglaubt ihr wolltet gar nicht wieder kommen.‹ Der Vater aber freute sich, denn es war ihm zu Herzen gegangen daß er sie so allein zurück gelassen hatte.

Nicht lange danach war wieder Noth in allen Ecken, und die Kinder hörten wie die Mutter Nachts im Bette zu dem Vater sprach ›alles ist wieder aufgezehrt, wir haben noch einen halben Laib Brot, hernach hat das Lied ein Ende. Die Kinder müssen fort, wir wollen sie tiefer in den Wald hineinführen, damit sie den Weg nicht wieder heraus finden; es ist sonst keine Rettung für uns.‹ Dem Mann fiels schwer aufs Herz und er dachte ›es wäre besser, daß du den letzten Bissen mit deinen Kindern theiltest.‹ Aber die Frau hörte auf nichts, was er sagte, schalt ihn und machte ihm Vorwürfe. Wer A sagt muß auch B sagen, und weil er das erste Mal nachgegeben hatte, so mußte er es auch zum zweiten Mal. Die Kinder waren aber noch wach gewesen und hatten das Gespräch mit angehört. Als die Alten schliefen, stand Hänsel wieder auf, wollte hinaus und Kieselsteine auflesen, wie das vorigemal, aber die Frau hatte die Thür verschlossen, und Hänsel konnte nicht heraus. Aber er tröstete sein Schwesterchen und sprach ›weine nicht, Grethel, und schlaf nur ruhig, der liebe Gott wird uns schon helfen.‹ Am frühen Morgen kam die Frau und holte die Kinder aus dem Bette. Sie erhielten ihr Stückchen Brot, das war aber noch kleiner als das vorigemal. Auf dem Wege nach dem Wald bröckelte es Hänsel in der Tasche, stand oft still und warf ein Bröcklein auf die Erde. ›Hänsel, was stehst du und guckst dich um,‹ sagte der Vater, ›geh deiner Wege.‹ ›Ich sehe nach meinem Täubchen, das sitzt auf dem Dache und will mir Ade sagen,‹ antwortete Hänsel. ›Narr,‹ sagte die Frau, ›das ist dein Täubchen nicht, das ist die Morgensonne, die auf den Schornstein oben scheint.‹ Hänsel aber warf nach und nach alle Bröcklein auf den Weg. Die Frau führte die Kinder noch tiefer in den Wald, wo sie ihr Lebtag noch nicht gewesen waren. Da ward wieder ein großes Feuer angemacht, und die Mutter sagte ›bleibt nur da sitzen, ihr Kinder, und wenn ihr müde seid, könnt ihr ein wenig schlafen: wir gehen in den Wald und hauen Holz, und Abends, wenn wir fertig sind, kommen wir und holen euch ab.‹ Als es Mittag war, theilte Grethel ihr Brot mit Hänsel, der sein Stück auf den Weg gestreut hatte. Dann schliefen sie ein, und der Abend vergieng, aber niemand kam zu den armen Kindern. Sie erwachten erst in der finstern Nacht, und Hänsel tröstete sein Schwesterchen und sagte, ›wart nur, Grethel, bis der Mond aufgeht, dann werden wir die Brotbröcklein sehen, die ich ausgestreut habe, die zeigen uns den Weg nach Haus.‹ Als der Mond kam, machten sie sich auf, aber sie fanden kein Bröcklein mehr, denn die viel tausend Vögel, die im Walde und im Felde umher fliegen, die hatten sie weggepickt. Hänsel sagte zu Grethel ›wir werden den Weg schon finden,‹ aber sie fanden ihn nicht. Sie giengen die ganze Nacht und noch einen Tag von Morgen bis Abend, aber sie kamen aus dem Wald nicht heraus, und waren so hungrig, denn sie hatten nichts als die paar Beeren, die auf der Erde standen. Und weil sie so müde waren daß die Beine sie nicht mehr tragen wollten, so legten sie sich unter einen Baum und schliefen ein. Nun wars schon der dritte Morgen, daß sie ihres Vaters Haus verlassen hatten. Sie fiengen wieder an zu gehen, aber sie geriethen immer tiefer in den Wald und wenn nicht bald Hilfe kam, so mußten sie verschmachten.

Als es Mittag war, sahen sie ein schönes schneeweißes Vöglein auf einem Ast sitzen, das sang so schön, daß sie stehen blieben und ihm zuhörten. Und als es fertig war, schwang es seine Flügel und flog vor ihnen her, und sie giengen ihm nach, bis sie zu einem Häuschen gelangten, auf dessen Dach es sich setzte, und als sie ganz nah heran kamen, so sahen sie daß das Häuslein aus Brot gebaut war, und mit Kuchen gedeckt; aber die Fenster waren von hellem Zucker. ›Da wollen wir uns dran machen,‹ sprach Hänsel, ›und eine gesegnete Mahlzeit halten. Ich will ein Stück vom Dach essen, Grethel, du kannst vom Fenster essen, das schmeckt süß.‹ Hänsel reichte in die Höhe und brach sich ein wenig vom Dach ab, um zu versuchen wie es schmeckte, und Grethel stellte sich an die Scheiben und knuperte daran. Da rief eine feine Stimme aus der Stube heraus ›knuper, knuper, kneischen, wer knupert an meinem Häuschen?‹ die Kinder antworteten ›der Wind, der Wind, das himmlische Kind,‹ und aßen weiter, ohne sich irre machen zu lassen. Hänsel, dem das Dach sehr gut schmeckte, riß sich ein großes Stück davon herunter, und Grethel stieß eine ganze runde Fensterscheibe heraus, setzte sich nieder, und that sich wohl damit. Da gieng auf einmal die Thüre auf, und eine steinalte Frau, die sich auf eine Krücke stützte, kam heraus geschlichen. Hänsel und Grethel erschracken so gewaltig, daß sie fallen ließen was sie in den Händen hielten. Die Alte aber wackelte mit dem Kopfe und sprach ›ei, ihr lieben Kinder, wer hat euch hierher gebracht? kommt nur herein und bleibt bei mir, es geschieht euch kein Leid.‹ Sie faßte beide an der Hand und führte sie in ihr Häuschen. Da ward gutes Essen aufgetragen, Milch und Pfannekuchen mit Zucker, Äpfel und Nüsse. Hernach wurden zwei schöne Bettlein weiß gedeckt, und Hänsel und Grethel legten sich hinein und meinten sie wären im Himmel. Die Alte hatte sich nur so freundlich angestellt, sie war aber eine böse Hexe, die den Kindern auflauerte, und hatte das Brothäuslein bloß gebaut, um sie herbeizulocken. Wenn eins in ihre Gewalt kam, so machte sie es todt, kochte es und aß es, und das war ihr ein Festtag. Die Hexen haben rothe Augen und können nicht weit sehen, aber sie haben eine feine Witterung, wie die Thiere, und merkens wenn Menschen heran kommen. Als Hänsel und Grethel in ihre Nähe kamen, da lachte sie boshaft und sprach höhnisch ›die habe ich, die sollen mir nicht wieder entwischen.‹ Früh Morgens, ehe die Kinder erwacht waren, stand sie schon auf, und als sie beide so lieblich ruhen sah, mit den vollen rothen Backen, so murmelte sie vor sich hin ›das wird ein guter Bissen werden.‹

Da packte sie Hänsel mit ihrer dürren Hand und trug ihn in einen kleinen Stall und sperrte ihn mit einer Gitterthüre ein; er mochte schreien wie er wollte, es half ihm nichts. Dann gieng sie zur Grethel, rüttelte sie wach und rief ›steh auf, Faullenzerin, trag Wasser und koch deinem Bruder etwas gutes, der sitzt draußen im Stall und soll fett werden. Wenn er fett ist, so will ich ihn essen.‹ Grethel fieng an bitterlich zu weinen, aber es war alles vergeblich, sie mußte thun was die böse Hexe verlangte. Nun ward dem armen Hänsel das beste Essen gekocht, aber Grethel bekam nichts als Krebsschalen. Jeden Morgen schlich die Alte zu dem Ställchen und rief ›Hänsel, streck deine Finger heraus, damit ich fühle ob du bald fett bist.‹ Hänsel streckte ihr aber ein Knöchlein heraus, und die Alte, die trübe Augen hatte, konnte es nicht sehen, und meinte es wären Hänsels Finger, und verwunderte sich daß er gar nicht fett werden wollte. Als vier Wochen herum waren und Hänsel immer mager blieb, da übernahm sie die Ungeduld, und sie wollte nicht länger warten. ›Heda, Grethel,‹ rief sie dem Mädchen zu, ›sei flink und trag Wasser: Hänsel mag fett oder mager sein, morgen will ich ihn schlachten und kochen.‹ Ach, wie jammerte das arme Schwesterchen, als es das Wasser tragen mußte, und wie flossen ihm die Thränen über die Backen herunter! ›Lieber Gott, hilf uns doch,‹ rief sie aus, ›hätten uns nur die wilden Thiere im Wald gefressen, so wären wir doch zusammen gestorben.‹ ›Spar nur dein Geblärre,‹ sagte die Alte, ›es hilft dir alles nichts.‹ Früh Morgens mußte Grethel heraus, den Kessel mit Wasser aufhängen und Feuer anzünden. ›Erst wollen wir backen‹ sagte die Alte, ›ich habe den Backofen schon eingeheizt und den Teig geknätet.‹ Sie stieß das arme Grethel hinaus zu dem Backofen, aus dem die Feuerflammen schon heraus schlugen. ›Kriech hinein,‹ sagte die Hexe, ›und sieh zu ob recht eingeheizt ist, damit wir das Brot hineinschießen können.‹ Und wenn Grethel darin war, wollte sie den Ofen zumachen, und Grethel sollte darin braten, und dann wollte sies auch aufessen. Aber Grethel merkte was sie im Sinn hatte und sprach ›ich weiß nicht, wie ichs machen soll; wie komm ich da hinein?‹ ›Dumme Gans,‹ sagte die Alte, ›die Öffnung ist groß genug, siehst du wohl, ich könnte selbst hinein,‹ krappelte heran und steckte den Kopf in den Backofen. Da gab ihr Grethel einen Stoß daß sie weit hinein fuhr, machte die eiserne Thür zu und schob den Riegel vor. Hu! da fieng sie an zu heulen, ganz grauselich; aber Grethel lief fort, und die gottlose Hexe mußte elendiglich verbrennen.

Grethel aber lief schnurstracks zum Hänsel, öffnete sein Ställchen und rief ›Hänsel, wir sind erlöst, die alte Hexe ist todt.‹ Da sprang Hänsel heraus, wie ein Vogel aus dem Käfig, wenn ihm die Thüre aufgemacht wird. Wie haben sie sich gefreut, sind sich um den Hals gefallen, sind herumgesprungen und haben sich geküßt! Und weil sie sich nicht mehr zu fürchten brauchten, so giengen sie in das Haus der Hexe hinein, da standen in allen Ecken Kasten mit Perlen und Edelsteinen. ›Die sind noch besser als Kieselsteine‹ sagte Hänsel und steckte in seine Taschen was hinein wollte, und Grethel sagte ›ich will auch etwas mit nach Haus bringen‹ und füllte sich sein Schürzchen voll. ›Aber jetzt wollen wir fort,‹ sagte Hänsel, ›damit wir aus dem Hexenwald herauskommen.‹ Als sie aber ein paar Stunden gegangen waren, gelangten sie an ein großes Wasser. ›Wir können nicht hinüber,‹ sprach Hänsel, ›ich sehe keinen Steg und keine Brücke.‹ ›Hier fährt auch kein Schiffchen,‹ antwortete Grethel, ›aber da schwimmt eine weiße Ente, wenn ich die bitte, so hilft sie uns hinüber.‹ Da rief sie ›Entchen, Entchen, da steht Grethel und Hänsel. Kein Steg und keine Brücke, nimm uns auf deinen weißen Rücken.‹ Das Entchen kam auch heran, und Hänsel setzte sich auf und bat sein Schwesterchen sich zu ihm zu setzen. ›Nein,‹ antwortete Grethel, ›es wird dem Entchen zu schwer, es soll uns nach einander hinüber bringen.‹ Das that das gute Thierchen, und als sie glücklich drüben waren und ein Weilchen fortgiengen, da kam ihnen der Wald immer bekannter und immer bekannter vor, und endlich erblickten sie von weitem ihres Vaters Haus. Da fiengen sie an zu laufen, stürzten in die Stube hinein und fielen ihrem Vater um den Hals. Der Mann hatte keine frohe Stunde gehabt, seitdem er die Kinder im Walde gelassen hatte, die Frau aber war gestorben. Grethel schüttete sein Schürzchen aus daß die Perlen und Edelsteine in der Stube herumsprangen, und Hänsel warf eine Handvoll nach der andern aus seiner Tasche dazu. Da hatten alle Sorgen ein Ende, und sie lebten in lauter Freude zusammen. Mein Märchen ist aus, dort lauft eine Maus, wer sie fängt, darf sich eine große große Pelzkappe daraus machen.«

Abb. 4: Hänsel und Gretel
Illustration von Svend Otto S. (Bildnachweis S. 223)

Die drei Brüder (KHM 124)

»Es war ein Mann, der hatte drei Söhne und weiter nichts im Vermögen als das Haus, worin er wohnte. Nun hätte jeder gerne nach seinem Tode das Haus gehabt, dem Vater war aber einer so lieb als der andere, da wußte er nicht wie ers anfangen sollte, daß er keinem zu nahe thät; verkaufen wollte er das Haus auch nicht, weils von seinen Voreltern war, sonst hätte er das Geld unter sie getheilt. Da fiel ihm endlich ein Rath ein und er sprach zu seinen Söhnen ›geht in die Welt und versucht euch und lerne jeder sein Handwerk, wenn ihr dann wiederkommt, wer das beste Meisterstück macht, der soll das Haus haben.‹

Das waren die Söhne zufrieden, und der älteste wollte ein Hufschmied, der zweite ein Barbier, der dritte aber ein Fechtmeister werden. Darauf bestimmten sie eine Zeit, wo sie wieder nach Haus zusammen kommen wollten, und zogen fort. Es traf sich auch, daß jeder einen tüchtigen Meister fand, wo er was rechtschaffenes lernte. Der Schmied mußte des Königs Pferde beschlagen und dachte ›nun kann dirs nicht fehlen, du kriegst das Haus.‹ Der Barbier rasierte lauter vornehme Herren und meinte auch das Haus wäre schon sein. Der Fechtmeister kriegte manchen Hieb, biß aber die Zähne zusammen und ließ sichs nicht verdrießen, denn er dachte bei sich ›fürchtest du dich vor einem Hieb, so kriegst du das Haus nimmermehr.‹

Als nun die gesetzte Zeit herum war, kamen sie bei ihrem Vater wieder zusammen; sie wußten aber nicht wie sie die beste Gelegenheit finden sollten, ihre Kunst zu zeigen, saßen beisammen und rathschlagten. Wie sie so saßen, kam auf einmal ein Hase übers Feld daher gelaufen. ›Ei,‹ sagte der Barbier, ›der kommt wie gerufen,‹ nahm Becken und Seife, schaumte so lange, bis der Hase in die Nähe kam, dann seifte er ihn in vollem Laufe ein, und rasierte ihm auch in vollem Laufe ein Stutzbärtchen, und dabei schnitt er ihn nicht und that ihm an keinem Haare weh. ›Das gefällt mir,‹ sagte der Vater, ›wenn sich die andern nicht gewaltig angreifen, so ist das Haus dein.‹ Es währte nicht lang, so kam ein Herr in einem Wagen daher gerennt in vollem Jagen. ›Nun sollt ihr sehen, Vater, was ich kann,‹ sprach der Hufschmied, sprang dem Wagen nach, riß dem Pferd, das in einem fort jagte, die vier Hufeisen ab und schlug ihm auch im Jagen vier neue wieder an. ›Du bist ein ganzer Kerl,‹ sprach der Vater, ›du machst deine Sachen so gut, wie dein Bruder; ich weiß nicht wem ich das Haus geben soll.‹ Da sprach der dritte ›Vater, laßt mich auch einmal gewähren,‹ und weil es anfing zu regnen, zog er seinen Degen und schwenkte ihn in Kreuzhieben über seinen Kopf, daß kein Tropfen auf ihn fiel: und als der Regen stärker ward, und endlich so stark, als ob man mit Mulden vom Himmel göße, schwang er den Degen immer schneller und blieb so trocken, als säß er unter Dach und Fach. Wie der Vater das sah, erstaunte er und sprach ›du hast das beste Meisterstück gemacht, das Haus ist dein.‹ Die beiden andern Brüder waren damit zufrieden, wie sie vorher gelobt hatten, und weil sie sich einander so lieb hatten, blieben sie alle drei zusammen im Haus und trieben ihr Handwerk; und da sie so gut ausgelernt hatten und so geschickt waren, verdienten sie viel Geld. So lebten sie vergnügt bis in ihr Alter zusammen, und als der eine krank ward und starb, grämten sich die zwei andern so sehr darüber, daß sie auch krank wurden und bald starben. Da wurden sie, weil sie so geschickt gewesen waren und sich so lieb gehabt hatten, alle drei zusammen in ein Grab gelegt.«

A Grimms Märchen – Kleine Managementausgabe mit »Executive Summary«

Die Bremer Stadtmusikanten (KHM 27)

›Es hatte ein Mann einen Esel, der schon lange Jahre die Säcke unverdrossen zur Mühle getragen hatte, dessen Kräfte aber nun zu Ende giengen, so daß er zur Arbeit immer untauglicher ward. Da dachte der Herr daran, ihn aus dem Futter zu schaffen, aber der Esel merkte daß kein guter Wind wehte, lief fort und machte sich auf den Weg nach Bremen: dort, meinte er, könnte er ja Stadtmusikant werden. Als er ein Weilchen fortgegangen war, fand er einen Jagdhund auf dem Wege liegen, der jappte wie einer, der sich müde gelaufen hat. ›Nun, was jappst du so, Packan?‹ fragte der Esel. ›Ach,‹ sagte der Hund, ›weil ich alt bin und jeden Tag schwächer werde, auch auf der Jagd nicht mehr fort kann, hat mich mein Herr wollen todt schlagen, da hab ich Reißaus genommen; aber womit soll ich nun mein Brot verdienen?‹ ›Weißt du was,‹ sprach der Esel, ›ich gehe nach Bremen und werde dort Stadtmusikant, geh mit und laß dich auch bei der Musik annehmen. Ich spiele die Laute, und du schlägst die Pauken.‹ Der Hund wars zufrieden, und sie giengen weiter. Es dauerte nicht lange, so saß da eine Katze an dem Weg und machte ein Gesicht wie drei Tage Regenwetter. ›Nun, was ist dir in die Quere gekommen, alter Bartputzer?‹ sprach der Esel. ›Wer kann da lustig sein, wenns einem an den Kragen geht,‹ antwortete die Katze, ›weil ich nun zu Jahren komme, meine Zähne stumpf werden, und ich lieber hinter dem Ofen sitze und spinne, als nach Mäusen herum jage, hat mich meine Frau ersäufen wollen; ich habe mich zwar noch fortgemacht, aber nun ist guter Rath theuer: wo soll ich hin?‹ ›Geh mit uns nach Bremen, du verstehst dich doch auf die Nachtmusik, da kannst du ein Stadtmusikant werden.‹ Die Katze hielt das für gut und gieng mit. Darauf kamen die drei Landesflüchtigen an einem Hof vorbei, da saß auf dem Thor der Haushahn und schrie aus Leibeskräften. ›Du schreist einem durch Mark und Bein,‹ sprach der Esel, ›was hast du vor?‹ ›Da hab ich gut Wetter prophezeit,‹ sprach der Hahn, ›weil unserer lieben Frauen Tag ist, wo sie dem Christkindlein die Hemdchen gewaschen hat und sie trocknen will; aber weil Morgen zum Sonntag Gäste kommen, so hat die Hausfrau doch kein Erbarmen, und hat der Köchin gesagt sie wollte mich Morgen in der Suppe essen, und da soll ich mir heut Abend den Kopf abschneiden lassen. Nun schrei ich aus vollem Hals, so lang ich noch kann.‹ ›Ei was, du Rothkopf,‹ sagte der Esel, ›zieh lieber mit uns fort, wir gehen nach Bremen, etwas besseres als den Tod findest du überall; du hast eine gute Stimme, und wenn wir zusammen musicieren, so muß es eine Art haben.‹ Der Hahn ließ sich den Vorschlag gefallen, und sie giengen alle viere zusammen fort.

Sie konnten aber die Stadt Bremen in einem Tag nicht erreichen und kamen Abends in einen Wald, wo sie übernachten wollten. Der Esel und der Hund legten sich unter einen großen Baum, die Katze und der Hahn machten sich in die Äste, der Hahn aber flog bis in die Spitze, wo es am sichersten für ihn war. Ehe er einschlief, sah er sich noch einmal nach allen vier Winden um, da däuchte ihn er sähe in der Ferne ein Fünkchen brennen und rief seinen Gesellen zu es müßte nicht gar weit ein Haus sein, denn es scheine ein Licht. Sprach der Esel ›so müssen wir uns aufmachen und noch hingehen, denn hier ist die Herberge schlecht.‹ Der Hund meinte, ein paar Knochen und etwas Fleisch dran, thäten ihm auch gut. Also machten sie sich auf den Weg nach der Gegend, wo das Licht war, und sahen es bald heller schimmern, und es ward immer größer, bis sie vor ein hell erleuchtetes Räuberhaus kamen. Der Esel, als der größte, näherte sich dem Fenster und schaute hinein. ›Was siehst du, Grauschimmel?‹ fragte der Hahn. ›Was ich sehe?‹ antwortete der Esel, ›einen gedeckten Tisch mit schönem Essen und Trinken, und Räuber sitzen daran und lassens sich wohl sein.‹ ›Das wäre was für uns‹ sprach der Hahn. ›Ja, ja, ach, wären wir da!‹ sagte der Esel. Da rathschlagten die Thiere wie sie es anfangen müßten, um die Räuber hinaus zu jagen und fanden endlich ein Mittel. Der Esel mußte sich mit den Vorderfüßen auf das Fenster stellen, der Hund auf des Esels Rücken springen, die Katze auf den Hund klettern, und endlich flog der Hahn hinauf, und setzte sich der Katze auf den Kopf. Wie das geschehen war, fiengen sie auf ein Zeichen insgesammt an ihre Musik zu machen: der Esel schrie, der Hund bellte, die Katze miaute und der Hahn krähte; dann stürzten sie durch das Fenster in die Stube hinein daß die Scheiben klirrten. Die Räuber fuhren bei dem entsetzlichen Geschrei in die Höhe, meinten nicht anders als ein Gespenst käme herein und flohen in größter Furcht in den Wald hinaus. Nun setzten sich die vier Gesellen an den Tisch, nahmen mit dem vorlieb, was übrig geblieben war, und aßen als wenn sie vier Wochen hungern sollten.

Wie die vier Spielleute fertig waren, löschten sie das Licht aus und suchten sich eine Schlafstätte, jeder nach seiner Natur und Bequemlichkeit. Der Esel legte sich auf den Mist, der Hund hinter die Thüre, die Katze auf den Herd bei die warme Asche, und der Hahn setzte sich auf den Hahnenbalken: und weil sie müde waren von ihrem langen Weg, schliefen sie auch bald ein. Als Mitternacht vorbei war, und die Räuber von weitem sahen daß kein Licht mehr im Haus brannte, auch alles ruhig schien, sprach der Hauptmann ›wir hätten uns doch nicht sollen ins Bockshorn jagen lassen,‹ und hieß einen hingehen und das Haus untersuchen. Der Abgeschickte fand alles still, gieng in die Küche, ein Licht anzuzünden, und weil er die glühenden, feurigen Augen der Katze für lebendige Kohlen ansah, hielt er ein Schwefelhölzchen daran daß es Feuer fangen sollte. Aber die Katze verstand keinen Spaß, sprang ihm ins Gesicht, spie und kratzte. Da erschrack er gewaltig, lief und wollte zur Hinterthüre hinaus, aber der Hund, der da lag, sprang auf und biß ihn ins Bein: und als er über den Hof an dem Miste vorbei rannte, gab ihm der Esel noch einen tüchtigen Schlag mit dem Hinterfuß; der Hahn aber, der vom Lärmen aus dem Schlaf geweckt und munter geworden war, rief vom Balken herab ›kikeriki!‹ Da lief der Räuber, was er konnte, zu seinem Hauptmann zurück und sprach ›ach, in dem Haus sitzt eine gräuliche Hexe, die hat mich angehaucht und mit ihren langen Fingern mir das Gesicht zerkratzt: und vor der Thüre steht ein Mann mit einem Messer, der hat mich ins Bein gestochen: und auf dem Hof liegt ein schwarzes Ungethüm, das hat mit einer Holzkeule auf mich losgeschlagen: und oben auf dem Dache, da sitzt der Richter, der rief bringt mir den Schelm her. Da machte ich daß ich fortkam.‹ Von nun an getrauten sich die Räuber nicht weiter in das Haus, den vier Bremer Musikanten gefiels aber so wohl darin, daß sie nicht wieder heraus wollten. Und der das zuletzt erzählt hat, dem ist der Mund noch warm.«

Abb. 5: Die Bremer Stadtmusikanten
Illustration von Svend Otto S. (Bildnachweis S. 223)

A Grimms Märchen – Kleine Managementausgabe mit »Executive Summary«

Rothkäppchen (KHM 26)

›Es war einmal eine kleine süße Dirne, die hatte jedermann lieb, der sie nur ansah, am allerliebsten aber ihre Großmutter, die wußte gar nicht was sie alles dem Kinde geben sollte. Einmal schenkte sie ihm ein Käppchen von rothem Sammet, und weil ihm das so wohl stand, und es nichts anders mehr tragen wollte, hieß es nur das Rothkäppchen. Eines Tages sprach seine Mutter zu ihm ›komm, Rothkäppchen, da hast du ein Stück Kuchen und eine Flasche Wein, bring das der Großmutter hinaus; sie ist krank und schwach und wird sich daran laben. Mach dich auf bevor es heiß wird, und wenn du hinaus kommst, so geh hübsch sittsam und lauf nicht vom Weg ab, sonst fällst du und zerbrichst das Glas und die Großmutter hat nichts. Und wenn du in ihre Stube kommst, so vergiß nicht guten Morgen zu sagen und guck nicht erst in alle Ecken herum.‹ ›Ich will schon alles gut machen‹ sagte Rothkäppchen zur Mutter, und gab ihr die Hand darauf.

Die Großmutter aber wohnte draußen im Wald, eine halbe Stunde vom Dorf. Wie nun Rothkäppchen in den Wald kam, begegnete ihm der Wolf. Rothkäppchen aber wußte nicht was das für ein böses Thier war und fürchtete sich nicht vor ihm. ›Guten Tag, Rothkäppchen,‹ sprach er. ›Schönen Dank, Wolf.‹ ›Wo hinaus so früh, Rothkäppchen?‹ ›Zur Großmutter.‹ ›Was trägst du unter der Schürze?‹ ›Kuchen und Wein: gestern haben wir gebacken, da soll sich die kranke und schwache Großmutter etwas zu gut thun, und sich damit stärken.‹ ›Rothkäppchen, wo wohnt deine Großmutter?‹ ›Noch eine gute Viertelstunde weiter im Wald, unter den drei großen Eichbäumen, da steht ihr Haus, unten sind die Nußhecken, das wirst du ja wissen‹ sagte Rothkäppchen. Der Wolf dachte bei sich ›das junge zarte Ding, das ist ein fetter Bissen, der wird noch besser schmecken als die Alte: du mußt es listig anfangen, damit du beide erschnappst.‹ Da gieng er ein Weilchen neben Rothkäppchen her, dann sprach er ›Rothkäppchen, sieh einmal die schönen Blumen, die rings umher stehen, warum guckst du dich nicht um? ich glaube du hörst gar nicht, wie die Vöglein so lieblich singen? du gehst ja für dich hin als wenn du zur Schule giengst, und ist so lustig haußen in dem Wald.‹ Rothkäppchen schlug die Augen auf, und als es sah wie die Sonnenstrahlen durch die Bäume hin und her tanzten, und alles voll schöner Blumen stand, dachte es ›wenn ich der Großmutter einen frischen Strauß mitbringe, der wird ihr auch Freude machen; es ist so früh am Tag, daß ich doch zu rechter Zeit ankomme,‹ lief vom Wege ab in den Wald hinein und suchte Blumen. Und wenn es eine gebrochen hatte, meinte es weiter hinaus stände eine schönere, und lief darnach, und gerieth immer tiefer in den Wald hinein.

Der Wolf aber gieng geradeswegs nach dem Haus der Großmutter, und klopfte an die Thüre. ›Wer ist draußen?‹ ›Rothkäppchen, das bringt Kuchen und Wein, mach auf.‹ ›Drück nur auf die Klinke,‹ rief die Großmutter, ›ich bin zu schwach und kann nicht aufstehen.‹ Der Wolf drückte auf die Klinke, die Thüre sprang auf und er gieng, ohne ein Wort zu sprechen, gerade zum Bett der Großmutter und verschluckte sie. Dann that er ihre Kleider an, setzte ihre Haube auf, legte sich in ihr Bett und zog die Vorhänge vor. Rothkäppchen aber war nach den Blumen herum gelaufen, und als es so viel zusammen hatte, daß es keine mehr tragen konnte, fiel ihm die Großmutter wieder ein und es machte sich auf den Weg zu ihr. Es wunderte sich daß die Thüre aufstand, und wie es in die Stube trat, so kam es ihm so seltsam darin vor, daß es dachte ›ei, du mein Gott, wie ängstlich wird mirs heute zu Muth, und bin sonst so gerne bei der Großmutter!‹ Es rief ›guten Morgen,‹ bekam aber keine Antwort. Darauf gieng es zum Bett und zog die Vorhänge zurück: da lag die Großmutter, und hatte die Haube tief ins Gesicht gesetzt und sah so wunderlich aus. ›Ei, Großmutter, was hast du für große Ohren!‹ ›Daß ich dich besser hören kann.‹ ›Ei, Großmutter, was hast du für große Augen!‹ ›Daß ich dich besser sehen kann.‹ ›Ei, Großmutter, was hast du für große Hände!‹ ›Daß ich dich besser packen kann.‹ ›Aber, Großmutter, was hast du für ein entsetzlich großes Maul!‹ ›Daß ich dich besser fressen kann.‹ Kaum hatte der Wolf das gesagt, so that er einen Satz aus dem Bette und verschlang das arme Rothkäppchen. Wie der Wolf sein Gelüsten gestillt hatte, legte er sich wieder ins Bett, schlief ein und fieng an überlaut zu schnarchen.

Der Jäger gieng eben an dem Haus vorbei und dachte ›wie die alte Frau schnarcht, du mußt doch sehen ob ihr etwas fehlt.‹ Da trat er in die Stube, und wie er vor das Bette kam, so sah er daß der Wolf darin lag. ›Finde ich dich hier, du alter Sünder,‹ sagte er, ›ich habe dich lange gesucht.‹ Nun wollte er seine Büchse anlegen, da fiel ihm ein der Wolf könnte die Großmutter gefressen haben, und sie wäre noch zu retten: schoß nicht, sondern nahm eine Scheere und fieng an dem schlafenden Wolf den Bauch aufzuschneiden. Wie er ein paar Schnitte gethan hatte, da sah er das rothe Käppchen leuchten, und noch ein paar Schnitte, da sprang das Mädchen heraus und rief ›ach, wie war ich erschrocken, wie wars so dunkel in dem Wolf seinem Leib!‹ Und dann kam die alte Großmutter auch noch lebendig heraus und konnte kaum athmen. Rothkäppchen aber holte geschwind große Steine, damit füllten sie dem Wolf den Leib, und wie er aufwachte, wollte er fortspringen, aber die Steine waren so schwer, daß er gleich niedersank und sich todt fiel. Da waren alle drei vergnügt; der Jäger zog dem Wolf den Pelz ab und gieng damit heim, die Großmutter aß den Kuchen und trank den Wein den Rothkäppchen gebracht hatte, und erholte sich wieder, Rothkäppchen aber dachte ›du willst dein Lebtag nicht wieder allein vom Wege ab in den Wald laufen, wenn dirs die Mutter verboten hat.‹

Es wird auch erzählt, daß einmal, als Rothkäppchen der alten Großmutter wieder Gebackenes brachte, ein anderer Wolf ihm zugesprochen und es vom Wege habe ableiten wollen. Rothkäppchen aber hütete sich und gieng gerade fort seines Wegs und sagte der Großmutter daß es dem Wolf begegnet wäre, der ihm guten Tag gewünscht, aber so bös aus den Augen geguckt hätte: ›wenns nicht auf offner Straße gewesen wäre, er hätte mich gefressen.‹ ›Komm,‹ sagte die Großmutter, ›wir wollen die Thüre verschließen, daß er nicht herein kann.‹ Bald darnach klopfte der Wolf an und rief ›mach auf, Großmutter, ich bin das Rothkäppchen, ich bring dir Gebackenes.‹ Sie schwiegen aber still und machten die Thüre nicht auf: da schlich der Graukopf etlichemal um das Haus, sprang endlich aufs Dach und wollte warten bis Rothkäppchen Abends nach Haus gienge, dann wollte er ihm nachschleichen und wollts in der Dunkelheit fressen. Aber die Großmutter merkte was er im Sinn hatte. Nun stand vor dem Haus ein großer Steintrog, da sprach sie zu dem Kind ›nimm den Eimer, Rothkäppchen, gestern hab ich Würste gekocht, da trag das Wasser, worin sie gekocht sind, in den Trog.‹ Rothkäppchen trug so lange, bis der große große Trog ganz voll war. Da stieg der Geruch von den Würsten dem Wolf in die Nase, er schnupperte und guckte hinab, endlich machte er den Hals so lang, daß er sich nicht mehr halten konnte, und anfieng zu rutschen: so rutschte er vom Dach herab, gerade in den großen Trog hinein und ertrank. Rothkäppchen aber gieng fröhlich nach Haus, und that ihm niemand etwas zu Leid.«

König Drosselbart (KHM 52)

Ein König hatte eine Tochter, die war über alle Maßen schön, aber dabei so stolz und übermütig, daß ihr kein Freier gut genug war. Sie wies einen nach dem andern ab, und trieb noch dazu Spott mit ihnen. Einmal ließ der König ein großes Fest anstellen, und ladete dazu aus der Nähe und Ferne die heiratslustigen Männer ein. Sie wurden alle in eine Reihe nach Rang und Stand geordnet; erst kamen die Könige, dann die Herzöge, die Fürsten, Grafen und Freiherrn, zuletzt die Edelleute. Nun ward die Königstochter durch die Reihen geführt, aber an jedem hatte sie etwas auszusetzen. Der eine war ihr zu dick, »das Weinfaß!« sprach sie. Der Andere zu lang, »lang und schwank hat keinen Gang.« Der dritte zu kurz, »kurz und dick hat kein Geschick.« Der vierte zu blaß, »der bleiche Tod!« der fünfte zu rot, »der Zinshahn!« der sechste war nicht gerad genug, »grünes Holz, hinterm Ofen getrocknet!« Und so hatte sie an einem jeden etwas auszusetzen, besonders aber machte sie sich über einen guten König lustig, der ganz oben stand und dem das Kinn ein wenig krumm gewachsen war. »Ei,« rief sie und lachte, »der hat ein Kinn, wie die Drossel einen Schnabel;« und seit der Zeit bekam er den Namen Drosselbart. Der alte König aber, als er sah, daß seine Tochter nichts tat als über die Leute spotten, und alle Freier, die da versammelt waren, verschmähte, ward er zornig und schwur, sie sollte den ersten besten Bettler zum Manne nehmen, der vor seine Türe käme.

Ein paar Tage darauf hub ein Spielmann an unter dem Fenster zu singen, um damit ein geringes Almosen zu verdienen. Als es der König hörte, sprach er »laßt ihn heraufkommen.« Da trat der Spielmann in seinen schmutzigen verlumpten Kleidern herein, sang vor dem König und seiner Tochter, und bat, als er fertig war, um eine milde Gabe. Der König sprach »dein Gesang hat mir so wohl gefallen, daß ich dir meine Tochter da zur Frau geben will.« Die Königstochter erschrak, aber der König sagte »ich habe den Eid getan, dich dem ersten besten Bettelmann zu geben, den will ich auch halten.« Es half keine Einrede, der Pfarrer ward geholt, und sie mußte sich gleich mit dem Spielmann trauen lassen. Als das geschehen war, sprach der König »nun schickt sichs nicht, daß du als ein Bettelweib noch länger in meinem Schloß bleibst, du kannst nur mit deinem Manne fortziehen.« Der Bettelmann führte sie an der Hand hinaus, und sie mußte mit ihm zu Fuß fortgehen. Als sie in einen großen Wald kamen, da fragte sie »ach, wem gehört der schöne Wald?« »Der gehört dem König Drosselbart; hättst du'n genommen, so wär er dein.« »Ich arme Jungfer zart, ach, hätt ich genommen den König Drosselbart!« Darauf kamen sie über eine Wiese, da fragte sie wieder »wem gehört die schöne grüne Wiese?« »Sie gehört dem König Drosselbart; hättst du'n genommen, so wär sie dein.« »Ich arme Jungfer zart, ach, hätt ich genommen den König Drosselbart!« Dann kamen sie durch eine große Stadt, da fragte sie wieder »wem gehört diese schöne große Stadt?« »Sie gehört dem König Drosselbart; hättst du'n genommen, so wär sie dein.« »Ich arme Jungfer zart, ach, hätt ich genommen den König Drosselbart!«

»Es gefällt mir gar nicht,« sprach der Spielmann, »daß du dir immer einen andern zum Mann wünschest: bin ich dir nicht gut genug?« Endlich kamen sie an ein ganz kleines Häuschen, da sprach sie »ach, Gott, was ist das Haus so klein! wem mag das elende winzige Häuschen sein?« Der Spielmann antwortete »das ist mein und dein Haus, wo wir zusammen wohnen.« Sie mußte sich bücken, damit sie zu der niedrigen Tür hineinkam. »Wo sind die Diener?« sprach die Königstochter. »Was Diener!« antwortete der Bettelmann, »du mußt selber tun, was du willst getan haben. Mach nur gleich Feuer an und stell Wasser auf, daß du mir mein Essen kochst; ich bin ganz müde.« Die Königstochter verstand aber nichts vom Feueranmachen und Kochen, und der Bettelmann mußte selber mit Hand anlegen, daß es noch so leidlich ging. Als sie die schmale Kost verzehrt hatten, legten sie sich zu Bett: aber am Morgen trieb er sie schon ganz früh heraus, weil sie das Haus besorgen sollte. Ein paar Tage lebten sie auf diese Art schlecht und recht, und zehrten ihren Vorrat auf. Da sprach der Mann »Frau, so gehts nicht länger, daß wir hier zehren und nichts verdienen. Du sollst Körbe flechten.« Er ging aus, schnitt Weiden und brachte sie heim: da fing sie an zu flechten, aber die harten Weiden stachen ihr die zarten Hände wund. »Ich sehe, das geht nicht,« sprach der Mann, »spinn lieber, vielleicht kannst du das besser.« Sie setzte sich hin und versuchte zu spinnen, aber der harte Faden schnitt ihr bald in die weichen Finger, daß das Blut daran herunterlief. »Siehst du,« sprach der Mann, »du taugst zu keiner Arbeit, mit dir bin ich schlimm angekommen. Nun will ichs versuchen, und einen Handel mit Töpfen und irdenem Geschirr anfangen: du sollst dich auf den Markt setzen und die Ware feil halten.« »Ach,« dachte sie, »wenn auf den Markt Leute aus meines Vaters Reich kommen, und sehen mich da sitzen und feil halten, wie werden sie mich verspotten!« Aber es half nichts, sie mußte sich fügen, wenn sie nicht Hungers sterben wollten. Das erstemal gings gut, denn die Leute kauften der Frau, weil sie schön war, gern ihre Ware ab, und bezahlten, was sie forderte: ja, viele gaben ihr das Geld, und ließen ihr die Töpfe noch dazu. Nun lebten sie von dem Erworbenen, solange es dauerte, da handelte der Mann wieder eine Menge neues Geschirr ein. Sie setzte sich damit an eine Ecke des Marktes, und stellte es um sich her und hielt feil. Da kam plötzlich ein trunkener Husar dahergejagt, und ritt geradezu in die Töpfe hinein, daß alles in tausend Scherben zersprang. Sie fing an zu weinen und wußte vor Angst nicht, was sie anfangen sollte. »Ach, wie wird mirs ergehen!« rief sie, »was wird mein Mann dazu sagen!« Sie lief heim und erzählte ihm das Unglück. »Wer setzt sich auch an die Ecke des Marktes mit irdenem Geschirr!« sprach der Mann, »laß nur das Weinen, ich sehe wohl, du bist zu keiner ordentlichen Arbeit zu gebrauchen. Da bin ich in unseres Königs Schloß gewesen und habe gefragt, ob sie nicht eine Küchenmagd brauchen könnten, und sie haben mir versprochen, sie wollten dich dazu nehmen; dafür bekommst du freies Essen.« Nun ward die Königstochter eine Küchenmagd, mußte dem Koch zur Hand gehen und die sauerste Arbeit tun. Sie machte sich in beiden Taschen ein Töpfchen fest, darin brachte sie nach Haus, was ihr von dem Übriggebliebenen zuteil ward, und davon nährten sie sich.

Es trug sich zu, daß die Hochzeit des ältesten Königssohnes sollte gefeiert werden, da ging die arme Frau hinauf, stellte sich vor die Saaltüre und wollte zusehen. Als nun die Lichter angezündet waren, und immer einer schöner als der andere hereintrat, und alles voll Pracht und Herrlichkeit war, da dachte sie mit betrübtem Herzen an ihr Schicksal und verwünschte ihren Stolz und Übermut, der sie erniedrigt und in so große Armut gestürzt hatte. Von den köstlichen Speisen, die da ein- und ausgetragen wurden, und von welchen der Geruch zu ihr aufstieg, warfen ihr Diener manchmal ein paar Brocken zu, die tat sie in ihr Töpfchen und wollte es heimtragen. Auf einmal trat der Königssohn herein, war in Samt und Seide gekleidet und hatte goldene Ketten um den Hals. Und als er die schöne Frau in der Türe stehen sah, ergriff er sie bei der Hand und wollte mit ihr tanzen, aber sie weigerte sich und erschrak, denn sie sah, daß es der König Drosselbart war, der um sie gefreit und den sie mit Spott abgewiesen hatte. Ihr Sträuben half nichts, er zog sie in den Saal: da zerriß das Band, an welchem die Taschen hingen, und die Töpfe fielen heraus, daß die Suppe floß und die Brocken umhersprangen. Und wie das die Leute sahen, entstand ein allgemeines Gelächter und Spotten, und sie war so beschämt, daß sie sich lieber tausend Klafter unter die Erde gewünscht hätte. Sie sprang zur Türe hinaus und wollte entfliehen, aber auf der Treppe holte sie ein Mann ein und brachte sie zurück: und wie sie ihn ansah, war es wieder der König Drosselbart. Er sprach ihr freundlich zu »fürchte dich nicht, ich und der Spielmann, der mit dir in dem elenden Häuschen gewohnt hat, sind eins: dir zuliebe habe ich mich so verstellt, und der Husar, der dir die Töpfe entzweigeritten hat, bin ich auch gewesen. Das alles ist geschehen, um deinen stolzen Sinn zu beugen und dich für deinen Hochmut zu strafen, womit du mich verspottet hast.« Da weinte sie bitterlich und sagte »ich habe großes Unrecht gehabt und bin nicht wert, deine Frau zu sein.« Er aber sprach »tröste dich, die bösen Tage sind vorüber, jetzt wollen wir unsere Hochzeit feiern.« Da kamen die Kammerfrauen und taten ihr die prächtigsten Kleider an, und ihr Vater kam und der ganze Hof, und wünschten ihr Glück zu ihrer Vermählung mit dem König Drosselbart, und die rechte Freude fing jetzt erst an. Ich wollte, du und ich, wir wären auch dabei gewesen.

A Grimms Märchen – Kleine Managementausgabe mit »Executive Summary«

Meister Pfriem (KHM 178)

Meister Pfriem war ein kleiner hagerer, aber lebhafter Mann, der keinen Augenblick Ruhe hatte. Sein Gesicht, aus dem nur die aufgestülpte Nase vorragte, war pockennarbig und leichenblaß, sein Haar grau und struppig, seine Augen klein, aber sie blitzten unaufhörlich rechts und links hin. Er bemerkte alles, tadelte alles, wußte alles besser und hatte in allem recht. Ging er auf der Straße, so ruderte er heftig mit beiden Armen, und einmal schlug er einem Mädchen, das Wasser trug, den Eimer so hoch in die Luft, daß er selbst davon begossen ward. »Schafskopf,« rief er ihr zu, indem er sich schüttelte, »konntest du nicht sehen, daß ich hinter dir herkam?« Seines Handwerks war er ein Schuster, und wenn er arbeitete, so fuhr er mit dem Draht so gewaltig aus, daß er jedem, der sich nicht weit genug in der Ferne hielt, die Faust in den Leib stieß. Kein Geselle blieb länger als einen Monat bei ihm, denn er hatte an der besten Arbeit immer etwas auszusetzen. Bald waren die Stiche nicht gleich, bald war ein Schuh länger, bald ein Absatz höher als der andere, bald war das Leder nicht hinlänglich geschlagen. »Warte,« sagte er zu dem Lehrjungen, »ich will dir schon zeigen, wie man die Haut weich schlägt,« holte den Riemen und gab ihm ein paar Hiebe über den Rücken. Faulenzer nannte er sie alle. Er selber brachte aber doch nicht viel vor sich, weil er keine Viertelstunde ruhig sitzen blieb. War seine Frau frühmorgens aufgestanden und hatte Feuer angezündet, so sprang er aus dem Bett und lief mit bloßen Füßen in die Küche. »Wollt ihr mir das Haus anzünden?« schrie er, »das ist ja ein Feuer, daß man einen Ochsen dabei braten könnte! oder kostet das Holz etwa kein Geld?« Standen die Mägde am Waschfaß, lachten und erzählten sich, was sie wußten, so schalt er sie aus »da stehen die Gänse und schnattern und vergessen über dem Geschwätz ihre Arbeit. Und wozu die frische Seife? heillose Verschwendung und obendrein eine schändliche Faulheit: sie wollen die Hände schonen und das Zeug nicht ordentlich reiben.« Er sprang fort, stieß aber einen Eimer voll Lauge um, so daß die ganze Küche überschwemmt ward. Richtete man ein neues Haus auf, so lief er ans Fenster und sah zu. »Da vermauern sie wieder den roten Sandstein,« rief er, »der niemals austrocknet; in dem Haus bleibt kein Mensch gesund. Und seht einmal, wie schlecht die Gesellen die Steine aufsetzen. Der Mörtel taugt auch nichts: Kies muß hinein, nicht Sand. Ich erlebe noch, daß den Leuten das Haus über dem Kopf zusammenfällt.«

Abb. 6: Meister Pfriem belehrt wieder
Scherenschnitt von A. Geiger (Bildnachweis S. 223)

Er setzte sich und tat ein paar Stiche, dann sprang er wieder auf, hakte sein Schurzfell los und rief »ich will nur hinaus und den Menschen ins Gewissen reden.« Er geriet aber an die Zimmerleute. »Was ist das?« rief er, »ihr haut ja nicht nach der Schnur. Meint ihr, die Balken würden gerad stehen? es weicht einmal alles aus den Fugen.« Er riß einem Zimmermann die Axt aus der Hand und wollte ihm zeigen, wie er hauen müßte, als aber ein mit Lehm beladener Wagen herangefahren kam, warf er die Axt weg und sprang zu dem Bauer, der nebenher ging. »Ihr seid nicht recht bei Trost,« rief er, »wer spannt junge Pferde vor einen schwer beladenen Wagen? die armen Tiere werden Euch auf dem Platz umfallen.« Der Bauer gab ihm keine Antwort, und Pfriem lief vor Ärger in seine Werkstätte zurück. Als er sich wieder zur Arbeit setzen wollte, reichte ihm der Lehrjunge einen Schuh. »Was ist das wieder?« schrie er ihn an, »habe ich euch nicht gesagt, ihr solltet die Schuhe nicht so weit ausschneiden? wer wird einen solchen Schuh kaufen, an dem fast nichts ist als die Sohle? ich verlange, daß meine Befehle unmangelhaft befolgt werden.« »Meister,« antwortete der Lehrjunge, »Ihr mögt wohl recht haben, daß der Schuh nichts taugt, aber es ist derselbe, den Ihr zugeschnitten und selbst in Arbeit genommen habt. Als Ihr vorhin aufgesprungen seid, habt Ihr ihn vom Tisch herabgeworfen, und ich habe ihn nur aufgehoben. Euch könnte es aber ein Engel vom Himmel nicht recht machen.«

Meister Pfriem träumte in einer Nacht, er wäre gestorben und befände sich auf dem Weg nach dem Himmel. Als er anlangte, klopfte er heftig an die Pforte: »es wundert mich,« sprach er, »daß sie nicht einen Ring am Tor haben, man klopft sich die Knöchel wund.« Der Apostel Petrus öffnete und wollte sehen, wer so ungestüm Einlaß begehrte. »Ach, Ihr seids, Meister Pfriem,« sagte er, »ich will Euch wohl einlassen, aber ich warne Euch, daß Ihr von Eurer Gewohnheit ablaßt und nichts tadelt, was Ihr im Himmel seht: es könnte Euch übel bekommen.« »Ihr hättet Euch die Ermahnung sparen können,« erwiderte Pfriem, »ich weiß schon, was sich ziemt, und hier ist, Gott sei Dank, alles vollkommen und nichts zu tadeln wie auf Erden.« Er trat also ein und ging in den weiten Räumen des Himmels auf und ab. Er sah sich um, rechts und links, schüttelte aber zuweilen mit dem Kopf oder brummte etwas vor sich hin. Indem erblickte er zwei Engel, die einen Balken wegtrugen. Es war der Balken, den einer im Auge gehabt hatte, während er nach dem Splitter in den Augen anderer suchte. Sie trugen aber den Balken nicht der Länge nach, sondern quer. »Hat man je einen solchen Unverstand gesehen?« dachte Meister Pfriem; doch schwieg er und gab sich zufrieden: »es ist im Grunde einerlei, wie man den Balken trägt, geradeaus oder quer, wenn man nur damit durchkommt, und wahrhaftig, ich sehe, sie stoßen nirgend an.« Bald hernach erblickte er zwei Engel, welche Wasser aus einem Brunnen in ein Faß schöpften, zugleich bemerkte er, daß das Faß durchlöchert war und das Wasser von allen Seiten herauslief. Sie tränkten die Erde mit Regen. »Alle Hagel!« platzte er heraus, besann sich aber glücklicherweise und dachte »vielleicht ists bloßer Zeitvertreib; machts einem Spaß, so kann man dergleichen unnütze Dinge tun, zumal hier im Himmel, wo man, wie ich schon bemerkt habe, doch nur faulenzt.« Er ging weiter und sah einen Wagen, der in einem tiefen Loch stecken geblieben war. »Kein Wunder,« sprach er zu dem Mann, der dabeistand, »wer wird so unvernünftig aufladen? was habt Ihr da?« »Fromme Wünsche,« antwortete der Mann, »ich konnte damit nicht auf den rechten Weg kommen, aber ich habe den Wagen noch glücklich heraufgeschoben, und hier werden sie mich nicht stekken lassen.« Wirklich kam ein Engel und spannte zwei Pferde vor. »Ganz gut,« meinte Pfriem, »aber zwei Pferde bringen den Wagen nicht heraus, viere müssen wenigstens davor.« Ein anderer Engel kam und führte noch zwei Pferde herbei, spannte sie aber nicht vorn, sondern hinten an. Das war dem Meister Pfriem zu viel. »Talpatsch,« brach er los, »was machst du da? hat man je, solange die Welt steht, auf diese Weise einen Wagen herausgezogen? da meinen sie aber in ihrem dünkelhaften Übermut alles besser zu wissen.« Er wollte weiterreden, aber einer von den Himmelsbewohnern hatte ihn am Kragen gepackt und schob ihn mit unwiderstehlicher Gewalt hinaus. Unter der Pforte drehte der Meister noch einmal den Kopf nach dem Wagen und sah, wie er von vier Flügelpferden in die Höhe gehoben ward. In diesem Augenblick erwachte Meister Pfriem. »Es geht freilich im Himmel etwas anders her als auf Erden,« sprach er zu sich selbst, »und da läßt sich manches entschuldigen, aber wer kann geduldig mit ansehen, daß man die Pferde zugleich hinten und vorn anspannt? Freilich, sie hatten Flügel, aber wer kann das wissen? Es ist übrigens eine gewaltige Dummheit, Pferden, die vier Beine zum Laufen haben, noch ein paar Flügel anzuheften. Aber ich muß aufstehen, sonst machen sie mir im Haus lauter verkehrtes Zeug. Es ist nur ein Glück, daß ich nicht wirklich gestorben bin.«

Von dem Fischer und seiner Frau (KHM 19)

Es war einmal ein Fischer und seine Frau, die wohnten zusammen in einem alten Pott dicht an der See, und der Fischer ging alle Tage hin und angelte, und er angelte und angelte. So saß er auch einmal mit seiner Angel und schaute immer in das klare Wasser hinein, und er saß und saß. Da ging die Angel auf den Grund, tief, tief hinab, und wie er sie heraufholte, da zog er einen großen Butt heraus. Da sagte der Butt zu ihm: »Höre, Fischer, ich bitte dich, laß mich leben, ich bin kein richtiger Butt, ich bin ein verwünschter Prinz. Was hilft es dir, wenn du mich tötest? Ich würde dir doch nicht recht schmecken. Setz mich wieder ins Wasser und laß mich schwimmen!« »Nun«, sagte der Mann, »du brauchst nicht so viele Worte zu machen, einen Butt, der sprechen kann, werde ich doch wohl schwimmen lassen.« Damit setzte er ihn wieder in das klare Wasser hinein, und der Butt schwamm zum Grund hinab und ließ einen langen Streifen Blut hinter sich. Der Fischer aber stand auf und ging zu seiner Frau in den alten Pott. »Mann«, sagte die Frau, »hast du heute nichts gefangen?« »Nein«, sagte der Mann, »ich habe einen Butt gefangen, der sagte, er sei ein verwünschter Prinz, da habe ich ihn wieder schwimmen lassen.« »Hast du dir denn nichts gewünscht?« sagte die Frau. »Nein«, sagte der Mann, »was sollte ich mir denn wünschen?« »Ach«, sagte die Frau, »es ist doch übel, hier immer in dem alten Pott zu wohnen, der stinkt und ist so eklig; du hättest uns doch eine kleine Hütte wünschen können. Geh noch einmal hin und rufe den Butt und sage ihm, wir wollen eine kleine Hütte haben. Er tut das gewiß.« »Ach«, sagte der Mann, »was soll ich da noch mal hingehen?« »I«, sagte die Frau, »du hast ihn doch gefangen gehabt und hast ihn wieder schwimmen lassen, er tut das gewiß. Geh nur gleich hin!« Der Mann wollte noch nicht so recht; aber er wollte auch seiner Frau nicht zuwiderhandeln, und so ging er denn hin an die See. Als er da nun hinkam, war die See ganz grün und gelb und gar nicht mehr so klar. Da stellte er sich denn hin und rief:

>»Manntje, Manntje, Timpe Te,
>Buttje, Buttje in der See,
>myne Fru, de Ilsebill,
>will nich so, as ik wol will.«

Da kam der Butt angeschwommen und sagte: »Na, was will sie denn?« »Ach«, sagte der Mann, »ich hatte dich doch gefangen, nun sagt meine Frau, ich hätte mir etwas wünschen sollen. Sie mag nicht mehr in dem alten Pott wohnen, sie wollte gerne eine Hütte.« »Geh nur hin«, sagte der Butt, »sie hat sie schon.« Da ging der Mann hin, und seine Frau saß nicht mehr in dem alten Pott, aber es stand nun eine kleine Hütte da, und seine Frau saß vor der Tür auf einer Bank. Da nahm ihn seine Frau bei der Hand und sagte zu ihm: »Komm nur herein, siehst du, nun ist das doch viel besser.« Da gingen sie hinein, und in der Hütte war ein kleiner Vorplatz und eine kleine hübsche Stube und eine Kammer, wo für jeden ein Bett stand, und Küche und Speisekammer und ein Geräteschuppen waren auch da, und alles war auf das schönste und beste eingerichtet mit Zinnzeug und Messingzeug, wie sich das so gehört. Und hinter der Hütte, da war auch ein kleiner Hof mit Hühnern und Enten und ein kleiner Garten mit Gemüse und Obst. »Siehst du«, sagte die Frau, »ist das nicht nett?« »Ja«, sagte der Mann, »so soll es bleiben; nun wollen wir recht vergnügt leben.« »Das wollen wir uns bedenken«, sagte die Frau. Und dann aßen sie etwas und gingen zu Bett. So ging das wohl acht oder vierzehn Tage, da sagte die Frau: »Hör, Mann, die Hütte ist auch gar zu eng, und der Hof und der Garten sind so klein. Der Butt hätte uns wohl auch ein größeres Haus schenken können. Ich möchte wohl in einem großen steinernen Schloß wohnen. Geh hin zum Butt, er soll uns ein Schloß schenken!« »Ach, Frau«, sagte der Mann, »die Hütte ist ja gut genug, was sollen wir in einem Schloß wohnen?« »I was«, sagte die Frau, »geh du nur hin, der Butt kann das wohl tun.« »Nein, Frau«, sagte der Mann, »der Butt hat uns erst die Hütte gegeben, ich mag nun nicht schon wieder kommen, das könnte den Butt verdrießen.« »Geh doch!« sagte die Frau. »Er kann das recht gut und tut das gern, geh du nur hin!« Dem Manne war das Herz so schwer, und er wollte nicht. Er sagte bei sich selbst: Das ist nicht recht, er ging aber doch hin.

Als er an die See kam, war das Wasser ganz violett und dunkelblau und grau und dick und gar nicht mehr so grün und gelb, doch war es noch still. Da stellte er sich hin und rief:

»Manntje, Manntje, Timpe Te,
Buttje, Buttje in der See,
myne Fru, de Ilsebill,
will nich so, as ik wol will.«

»Na, was will sie denn?« sagte der Butt. »Ach«, sagte der Mann halb bekümmert, »sie will in einem großen Schlosse wohnen.« »Geh nur hin, sie steht schon vor der Tür«, sagte der Butt.

Da ging der Mann fort und dachte, er wollte nach Hause gehen, aber als er da ankam, stand da nun ein großer, steinerner Palast, und seine Frau stand eben auf der Treppe und wollte hineingehen. Da nahm sie ihn bei der Hand und sagte: »Komm nur herein!« Darauf ging er mit ihr hinein, und in dem Schlosse war eine große Diele mit marmelsteinernem Boden, und da waren so viele Bediente, die rissen die großen Türen auf, und die Wände glänzten von schönen Tapeten, und in den Zimmern waren lauter goldene Stühle und Tische, und kristallene Kronleuchter hingen an der Decke, und in allen Stuben und Kammern lagen Teppiche. Und das Essen und der allerbeste Wein standen auf den Tischen, als wenn sie brechen sollten. Und hinter dem Hause war auch ein großer Hof mit Pferd- und Kuhstall und mit Kutschwagen auf das allerbeste, und da war auch noch ein großer, prächtiger Garten mit den schönsten Blumen und feinen Obstbäumen und ein Lustwäldchen, wohl eine halbe Meile lang, darin waren Hirsche und Rehe und Hasen, alles, was man sich nur immer wünschen mag. »Na«, sagte die Frau, »ist das nun nicht schön?« »Ach ja«, sagte der Mann, »so soll es auch bleiben, nun wollen wir in dem schönen Schlosse wohnen und wollen zufrieden sein.« »Das wollen wir uns bedenken«, sagte die Frau, »und wollen es beschlafen.« Und damit gingen sie zu Bett. Am andern Morgen wachte die Frau zuerst auf, es wollte gerade Tag werden, und sie sah aus ihrem Bette das herrliche Land vor sich liegen. Der Mann reckte sich noch, da stieß sie ihn mit dem Ellenbogen in die Seite und sagte: »Mann, steh auf und guck mal aus dem Fenster! Sieh, könnten wir nicht König werden über all das Land? Geh hin zum Butt, wir wollen König sein!« »Ach, Frau«, sagte der Mann, »was sollen wir König sein! Ich mag nicht König sein!« »Na«, sagte die Frau, »willst du nicht König sein, so will ich König sein. Geh hin zum Butt, ich will König sein.« »Ach, Frau«, sagte der Mann, »was willst du König sein? Das mag ich ihm nicht sagen.« »Warum nicht?« sagte die Frau. »Geh stracks hin, ich muß König sein.« Da ging der Mann hin und war ganz bekümmert, daß seine Frau König werden wollte. Das ist nicht recht und ist nicht recht, dachte der Mann. Er wollte gar nicht hingehen, ging aber doch hin.

Und als er an die See kam, da war die See ganz schwarzgrau, und das Wasser gärte so von unten herauf und roch ganz faul. Da stellte er sich hin und rief:

>»Manntje, Manntje, Timpe Te,
>Buttje, Buttje in der See,
>myne Fru, de Ilsebill,
>will nich so, as ik wol will.«

»Na, was will sie denn?« sagte der Butt. »Ach«, sagte der Mann, »sie will König werden.« »Geh nur hin, sie ist es schon«, sagte der Butt.

Da ging der Mann hin, und als er zum Palast kam, da war das Schloß viel größer geworden und hatte einen großen Turm und herrlichen Zierat daran, und die Schildwachen standen vor dem Tor, und da waren so viele Soldaten und Pauken und Trompeten. Und als er in das Haus kam, da war alles von purem Marmelstein mit Gold und samtenen Decken und großen goldenen Quasten. Da gingen die Türen vom Saal auf, in dem der ganze Hofstaat war, und seine Frau saß auf einem hohen Thron von Gold und Diamant und hatte eine große goldene Krone auf und das Zepter in der Hand von purem Gold und Edelstein, und auf jeder Seite von ihr standen sechs Jungfrauen in einer Reihe, eine immer einen Kopf kleiner als die andere. Da stellte er sich hin und sagte: »Ach, Frau, bist du nun König?« »Ja«, sagte die Frau, »nun bin ich König.« Da stand er da und sah sie an, und als er sie so eine Zeitlang angesehen hatte, da sagte er: »Ach, Frau, was steht dir das schön, wenn du König bist! Nun wollen wir auch nichts mehr wünschen.«

Abb. 7: Ilsebill als Königin
Illustration von C. Unzner (Bildnachweis S. 223)

»Nein, Mann«, sagte die Frau und war ganz unruhig, »mir wird schon die Zeit und Weile lang, ich kann das nicht mehr aushalten. Geh hin zum Butt, König bin ich, nun muß ich Kaiser auch werden.« »Ach, Frau«, sagte der Mann, »was willst du Kaiser werden!« »Mann«, sagte sie, »geh hin zum Butt, ich will Kaiser sein.« »Ach, Frau«, sagte der Mann, »Kaiser kann er nicht machen, ich mag dem Butt das nicht sagen; Kaiser ist nur einer im Reich. Kaiser kann der Butt ja nicht machen, das kann und kann er nicht.« »Was«, sagte die Frau, »ich bin König, und du bist bloß mein Mann, willst du gleich hingehen? Sofort gehst du hin. Kann er König machen, kann er auch Kaiser machen. Ich will und will Kaiser sein, gleich geh hin!« Da mußte er hingehen. Als der Mann aber hinging, da war ihm ganz bang, und als er so ging, dachte er bei sich: Das geht und geht nicht gut. Kaiser ist zu unverschämt. Der Butt wird das am Ende doch müde.

Und da kam er nun an die See, da war die See ganz schwarz und dick und fing schon an so von unten herauf zu gären, daß es Blasen gab, und da ging ein Windstoß darüber hin, daß es nur so schäumte, und dem Manne graute. Da stellte er sich hin und rief:

> »Manntje, Manntje, Timpe Te,
> Buttje, Buttje in der See,
> myne Fru, de Ilsebill,
> will nich so, as ik wol will.«

»Na, was will sie denn?« sagte der Butt. »Ach, Butt«, sagte er, »meine Frau will Kaiser werden.« »Geh nur hin«, sagte der Butt, »sie ist es schon.«

Da ging der Mann fort, und als er ankam, da war das ganze Schloß von poliertem Marmelstein mit alabasternen Figuren und goldenem Zierat. Vor dem Tor marschierten die Soldaten, und sie bliesen Trompeten und schlugen Pauken und Trommeln. Aber im Hause, da gingen die Barone und Grafen und Herzöge nur so als Bediente herum. Da machten sie ihm die Türen auf, die waren von lauter Gold. Und als er hereinkam, da saß seine Frau auf einem Thron, der war von einem Stück Gold und war wohl zwei Meilen hoch. Und sie hatte eine große goldene Krone auf, die war drei Ellen hoch und mit Brillanten und Karfunkelsteinen besetzt. In der einen Hand hatte sie das Zepter und in der anderen Hand den Reichsapfel, und auf beiden Seiten neben ihr, da standen die Trabanten so in zwei Reihen, einer immer kleiner als der andere, von dem allergrößten Riesen, der war zwei Meilen hoch, bis zu dem allerkleinsten Zwerg, der war nur so groß wie mein kleiner Finger. Und vor ihr standen viele Fürsten und Herzöge. Da stellte sich der Mann dazwischen und sagte: »Frau, bist du nun Kaiser?« »Ja«, sagte sie, »ich bin Kaiser.« Da stand er da und sah sie so recht an, und als er sie eine Zeitlang angesehen hatte, da sagte er: »Ach, Frau, was steht dir das schön, wenn du Kaiser bist.«

»Mann«, sagte sie, »was stehst du da herum? Ich bin nun Kaiser, nun will ich aber auch Papst werden, geh hin zum Butt!« »Ach, Frau«, sagte der Mann, »was willst du denn noch? Papst kannst du nicht werden, Papst ist nur einer in der Christenheit, das kann er doch nicht machen.« »Mann«, sagte sie, »ich will Papst werden, geh gleich hin, ich muß heute noch Papst werden.« »Nein, Frau«, sagte der Mann, »das mag ich ihm nicht sagen! Das geht nicht gut, das ist zu grob, zum Papst kann dich der Butt nicht machen.« »Mann, was für ein Geschwätz«, sagte die Frau, »kann er Kaiser machen, kann er auch Papst machen. Geh sofort hin! Ich bin Kaiser, und du bist bloß mein Mann, willst du wohl hingehen?« Da kriegte er Angst und ging hin, ihm war aber ganz flau, und er zitterte und bebte, und die Knie und die Waden bibberten ihm. Da fuhr ein Wind über das Land, und die Wolken flogen, daß es dunkel wurde wie am Abend, die Blätter wehten von den Bäumen, und das Wasser ging und brauste, als ob es kochte, und schlug an das Ufer, und weit draußen sah er die Schiffe, die gaben Notschüsse ab und tanzten und sprangen auf den Wellen. Der Himmel war in der Mitte noch so ein bißchen blau, aber an den Seiten, da zog es herauf wie ein schweres Gewitter. Da stellte er sich ganz verzagt in seiner Angst hin und sagte:

> »Manntje, Manntje, Timpe Te,
> Buttje, Buttje in der See,
> meine Frau, die Ilsebill,
> will nicht so, wie ich wohl will.«

»Na, was will sie denn?« sagte der Butt. »Ach«, sagte der Mann, »sie will Papst werden.« »Geh nur hin, sie ist es schon«, sagte der Butt.

Da ging er fort, und als er ankam, war da eine große Kirche von lauter Palästen umgeben. Da drängte er sich durch das Volk. Innen war aber alles mit tausend und tausend Lichtern erleuchtet, und seine Frau war in lauter Gold gekleidet und saß auf einem noch viel höheren Thron und hatte drei große goldene Kronen auf, und rings um sie herum standen viele vom geistlichen Stand, und auf beiden Seiten neben ihr, da standen zwei Reihen Lichter, das größte so dick und so groß wie der allergrößte Turm bis hinunter zum allerkleinsten Küchenlicht, und alle die Kaiser und die Könige, die lagen vor ihr auf den Knien und küßten ihr den Pantoffel. »Frau«, sagte der Mann und sah sie so recht an, »bist du nun Papst?« »Ja«, sagte sie, »ich bin Papst.« Da stand er da und sah sie recht an, und das war, als ob er in die helle Sonne sähe. Als er sie nun eine Zeitlang angesehen hatte, da sagte er: »Ach, Frau, was steht dir das schön, daß du Papst bist!« Sie saß aber da so steif wie ein Baum und rüttelte und rührte sich nicht. Da sagte er: »Frau, nun sei auch zufrieden, jetzt wo du Papst bist, jetzt kannst du doch nichts anderes mehr werden.« »Das will ich mir bedenken«, sagte die Frau. Damit gingen sie beide zu Bett, aber sie war nicht zufrieden, und die Gier ließ sie nicht schlafen, sie dachte immer, was sie noch mehr werden könnte.

Der Mann schlief recht gut und fest, er war den Tag viel gelaufen, die Frau aber konnte gar nicht einschlafen und warf sich von einer Seite auf die andere, die ganze Nacht hindurch, und dachte nur immer, was sie wohl noch werden könnte, und konnte sich doch auf nichts mehr besinnen.

Schließlich wollte die Sonne aufgehen, und als die Frau das Morgenrot sah, da richtete sie sich in ihrem Bett auf und sah sich das an, und als sie nun im Fenster die Sonne heraufkommen sah, da dachte sie: Ha, könnte ich nicht auch die Sonne und den Mond aufgehen lassen? »Mann«, sagte sie und stieß ihn mit dem Ellenbogen in die Rippen, »wach auf, geh hin zum Butt, ich will werden wie der liebe Gott.« Der Mann war noch halb im Schlaf, aber er erschrak so, daß er aus dem Bette fiel. Er meinte, er hätte sich verhört, rieb sich die Augen aus und fragte: »Ach, Frau, was hast du gesagt?« »Mann«, sagte sie, »wenn ich nicht die Sonne und den Mond kann aufgehen lassen und muß das so mit ansehen, wie Sonne und Mond aufgehen - ich kann das nicht aushalten und habe keine ruhige Stunde mehr, daß ich sie nicht selber kann aufgehen lassen.« Da sah sie ihn so recht grausig an, daß ihn ein Schauder überlief. »Sofort gehst du hin, ich will werden wie der liebe Gott.« »Ach, Frau«, sagte der Mann und fiel vor ihr auf die Knie, »das kann der Butt nicht. Kaiser und Papst kann er machen, ich bitte dich, sei vernünftig und bleib Papst!« Da kam sie in Wut, die Haare flogen ihr wild um den Kopf, sie riß sich das Leibchen auf und trat nach ihm mit dem Fuß und schrie: »Ich halte und halte das nicht länger aus. Willst du wohl gleich hingehen!« Da zog er sich die Hosen an und rannte los wie ein Verrückter.

Draußen aber ging der Sturm und brauste, daß er kaum noch auf seinen Füßen stehen konnte. Die Häuser und die Bäume wurden umgeweht, und die Berge bebten, und die Felsbrocken rollten in die See, und der Himmel war pechschwarz, und es donnerte und blitzte, und die See rollte daher in hohen schwarzen Wogen, so hoch wie Kirchtürme und Berge, und sie hatten alle darauf eine weiße Krone von Schaum. Da schrie er und konnte sein eigenes Wort nicht hören:

»Manntje, Manntje, Timpe Te,
Buttje, Buttje in der See,
meine Frau, die Ilsebill,
will nicht so, wie ich wohl will.«

»Na, was will sie denn?« fragte der Butt. »Ach«, sagte er, »sie will wie der liebe Gott werden. »Geh nur hin, sie sitzt schon wieder in dem alten Pott.« Und da sitzen sie noch bis heute und auf diesen Tag.

Sechse kommen durch die ganze Welt (KHM 71)

»Es war einmal ein Mann, der verstand allerlei Künste: er diente im Krieg, und hielt sich brav und tapfer, aber als der Krieg zu Ende war, bekam er den Abschied und drei Heller Zehrgeld auf den Weg. ›Wart,‹ sprach er, ›das laß ich mir nicht gefallen, finde ich die rechten Leute, so soll mir der König noch die Schätze des ganzen Landes heraus geben.‹ Da gieng er voll Zorn in den Wald, und sah einen darin stehen, der hatte sechs Bäume ausgerupft, als wärens Kornhalme. Sprach er zu ihm ›willst du mein Diener sein und mit mir ziehen?‹ ›Ja,‹ antwortete er, ›aber erst will ich meiner Mutter das Wellchen Holz heimbringen,‹ und nahm einen von den Bäumen, und wickelte ihn um die fünf andern, hob die Welle auf die Schulter und trug sie fort. Dann kam er wieder, und gieng mit seinem Herrn, der sprach ›wir zwei sollten wohl durch die ganze Welt kommen.‹ Und als sie ein Weilchen gegangen waren, fanden sie einen Jäger, der lag auf den Knien, hatte die Büchse angelegt und zielte. Sprach der Herr zu ihm ›Jäger, was willst du schießen?‹ Er antwortete ›zwei Meilen von hier sitzt eine Fliege auf dem Ast eines Eichbaums, der will ich das linke Auge heraus schießen.‹ ›O, geh mit mir,‹ sprach der Mann, ›wenn wir drei zusammen sind, sollten wir wohl durch die ganze Welt kommen.‹ Der Jäger war bereit und gieng mit ihm, und sie kamen zu sieben Windmühlen, deren Flügel trieben ganz hastig herum, und gieng doch links und rechts kein Wind, und bewegte sich kein Blättchen. Da sprach der Mann ›ich weiß nicht, was die Windmühlen treibt, es regt sich ja kein Lüftchen,‹ und gieng mit seinen Dienern weiter, und als sie zwei Meilen fortgegangen waren, sahen sie einen auf einem Baum sitzen, der hielt das eine Nasenloch zu und blies aus dem andern. ›Mein, was treibst du da oben?‹ fragte der Mann. Er antwortete ›zwei Meilen von hier stehen sieben Windmühlen, seht, die blase ich an, daß sie laufen.‹ ›O, geh mit mir,‹ sprach der Mann, ›wenn wir vier zusammen sind, sollten wir wohl durch die ganze Welt kommen.‹ Da stieg der Bläser herab und gieng mit, und über eine Zeit sahen sie einen, der stand da auf einem Bein, und hatte das andere abgeschnallt und neben sich gelegt. Da sprach der Herr ›du hast dirs ja bequem gemacht zum Ausruhen.‹ ›Ich bin ein Laufer,‹ antwortete er, ›und damit ich nicht gar zu schnell springe, habe ich mir das eine Bein abgeschnallt; wenn ich mit zwei Beinen laufe, so gehts geschwinder als ein Vogel fliegt.‹ ›O, geh mit mir, wenn wir fünf zusammen sind, sollten wir wohl durch die ganze Welt kommen.‹ Da gieng er mit, und gar nicht lang, so begegneten sie einem, der hatte ein Hütchen auf, hatte es aber ganz auf dem einen Ohr sitzen. Da sprach der Herr zu ihm ›manierlich! manierlich! häng deinen Hut doch nicht auf ein Ohr, du siehst ja aus wie ein Hans Narr.‹ ›Ich darfs nicht thun,‹ sprach der andere, ›denn setz ich meinen Hut gerad, so kommt ein gewaltiger Frost, und die Vögel unter dem Himmel erfrieren und fallen todt zur Erde.‹ ›O, geh mit mir,‹ sprach der Herr, ›wenn wir sechs zusammen sind, sollten wir wohl durch die ganze Welt kommen.‹

Nun gingen die sechse in eine Stadt, wo der König hatte bekannt machen lassen wer mit seiner Tochter in die Wette laufen wollte, und den Sieg davon trüge, der sollte ihr Gemahl werden; wer aber verlöre, müßte auch seinen Kopf hergeben. Da meldete sich der Mann, und sprach ›ich will aber meinen Diener für mich laufen lassen.‹ Der König antwortete ›dann mußt du auch noch dessen Leben zum Pfand setzen, also daß sein und dein Kopf für den Sieg haften.‹ Als das verabredet und fest gemacht war, schnallte der Mann dem Laufer das andere Bein an und sprach zu ihm ›nun sei hurtig und hilf daß wir siegen.‹ Es war aber bestimmt, daß wer am ersten Wasser aus einem weit abgelegenen Brunnen brächte, der sollte Sieger sein. Nun bekam der Laufer einen Krug, und die Königstochter auch einen, und sie fiengen zu gleicher Zeit zu laufen an: aber in einem Augenblick, als die Königstochter erst eine kleine Strecke fort war, konnte den Laufer schon kein Zuschauer mehr sehen, und es war nicht anders, als wäre der Wind vorbei gesaust. In kurzer Zeit langte er bei dem Brunnen an, schöpfte den Krug voll Wasser und kehrte wieder um. Mitten aber auf dem Heimweg überkam ihn eine Müdigkeit, da setzte er den Krug hin, legte sich nieder, und schlief ein. Er hatte aber einen Pferdeschädel, der da auf der Erde lag, zum Kopfkissen gemacht, damit er hart läge und bald wieder erwachte. Indessen war die Königstochter, die auch gut laufen konnte, so gut es ein gewöhnlicher Mensch vermag, bei dem Brunnen angelangt, und eilte mit ihrem Krug voll Wasser zurück; und als sie den Laufer da liegen und schlafen sah, war sie froh und sprach ›der Feind ist in meine Hände gegeben,‹ leerte seinen Krug aus und sprang weiter. Nun wär alles verloren gewesen, wenn nicht zu gutem Glück der Jäger mit seinen scharfen Augen oben auf dem Schloß gestanden und alles mit angesehen hätte. Da sprach er ›die Königstochter soll doch gegen uns nicht aufkommen,‹ lud seine Büchse und schoß so geschickt, daß er dem Laufer den Pferdeschädel unter dem Kopf wegschoß ohne ihm weh zu thun. Da erwachte der Laufer, sprang in die Höhe und sah daß sein Krug leer und die Königstochter schon weit voraus war. Aber er verlor den Muth nicht, lief mit dem Krug wieder zum Brunnen zurück, schöpfte aufs neue Wasser und war noch zehn Minuten eher als die Königstochter daheim. ›Seht ihr,‹ sprach er, ›jetzt hab ich erst die Beine aufgehoben, vorher wars gar kein Laufen zu nennen.‹

Den König aber kränkte es, und seine Tochter noch mehr, daß sie so ein gemeiner abgedankter Soldat davon tragen sollte; sie ratschlagten mit einander wie sie ihn sammt seinen Gesellen los würden. Da sprach der König zu ihr ›ich habe ein Mittel gefunden, laß dir nicht bang sein, sie sollen nicht wieder heim kommen.‹ Und sprach zu ihnen ›ihr sollt euch nun zusammen lustig machen, essen und trinken‹ und führte sie zu einer Stube, die hatte einen Boden von Eisen, und die Thüren waren auch von Eisen, und die Fenster waren mit eisernen Stäben verwahrt. In der Stube war eine Tafel mit köstlichen Speisen besetzt, da sprach der König zu ihnen ›geht hinein, und laßts euch wohl sein.‹ Und wie sie darinnen waren, ließ er die Thüre verschließen und verriegeln. Dann ließ er den Koch kommen, und befahl ihm ein Feuer so lang unter die Stube zu machen, bis das Eisen glühend würde. Das that der Koch, und es fieng an und ward den sechsen in der Stube, während sie an der Tafel saßen, ganz warm, und sie meinten das käme vom Essen; als aber die Hitze immer größer ward und sie hinaus wollten, Thüre und Fenster aber verschlossen fanden, da merkten sie daß der König Böses im Sinne gehabt hatte und sie ersticken wollte. ›Es soll ihm aber nicht gelingen,‹ sprach der mit dem Hütchen, ›ich will einen Frost kommen lassen, vor dem sich das Feuer schämen und verkriechen soll.‹ Da setzte er sein Hütchen gerade, und alsobald fiel ein Frost daß alle Hitze verschwand und die Speisen auf den Schüsseln anfiengen zu frieren. Als nun ein paar Stunden herum waren, und der König glaubte sie wären in der Hitze verschmachtet, ließ er die Thüre öffnen und wollte selbst nach ihnen sehen. Aber wie die Thüre aufgieng, standen sie alle sechse da, frisch und gesund, und sagten es wäre ihnen lieb daß sie heraus könnten, sich zu wärmen, denn bei der großen Kälte in der Stube frören die Speisen an den Schüsseln fest. Da gieng der König voll Zorn hinab zu dem Koch, schalt ihn und fragte warum er nicht gethan hätte was ihm wäre befohlen worden. Der Koch aber antwortete ›es ist Glut genug da, seht nur selbst.‹ Da sah der König daß ein gewaltiges Feuer unter der Eisenstube brannte, und merkte daß er den sechsen auf diese Weise nichts anhaben könnte.

Nun sann der König aufs neue wie er der bösen Gäste los würde, ließ den Meister kommen und sprach ›willst du Gold nehmen, und dein Recht auf meine Tochter aufgeben, so sollst du haben so viel du willst.‹ ›O ja, Herr König,‹ antwortete er, ›gebt mir so viel als mein Diener tragen kann, so verlange ich eure Tochter nicht.‹ Das war der König zufrieden, und jener sprach weiter ›so will ich in vierzehn Tagen kommen und es holen.‹ Darauf rief er alle Schneider aus dem ganzen Reich herbei, die mußten vierzehn Tage lang sitzen und einen Sack nähen. Und als er fertig war, mußte der Starke, welcher Bäume ausrupfen konnte, den Sack auf die Schulter nehmen und mit ihm zu dem König gehen. Da sprach der König ›was ist das für ein gewaltiger Kerl, der den hausgroßen Ballen Leinewand auf der Schulter trägt?‹ erschrack und dachte ›was wird der für Gold wegschleppen!‹ Da hieß er eine Tonne Gold herbringen, die mußten sechzehn der stärksten Männer tragen, aber der Starke packte sie mit einer Hand, steckte sie in den Sack und sprach ›warum bringt ihr nicht gleich mehr, das deckt ja kaum den Boden.‹ Da ließ der König nach und nach seinen ganzen Schatz herbeitragen, den schob der Starke in den Sack hinein, und der Sack ward davon noch nicht zur Hälfte voll. ›Schafft mehr herbei,‹ rief er, ›die paar Brocken füllen nicht.‹ Da mußten noch siebentausend Wagen mit Gold in dem ganzen Reich zusammen gefahren werden: die schob der Starke sammt den vorgespannten Ochsen in seinen Sack. ›Ich wills nicht lange besehen,‹ sprach er, ›und nehmen was kommt, damit der Sack nur voll wird.‹ Wie alles darin stack, gieng doch noch viel hinein, da sprach er ›ich will dem Ding nur ein Ende machen, man bindet wohl einmal einen Sack zu, wenn er auch noch nicht voll ist.‹ Dann huckte er ihn auf den Rücken und gieng mit seinen Gesellen fort.

Als der König nun sah wie der einzige Mann des ganzen Landes Reichthum forttrug, ward er zornig und ließ seine Reiterei aufsitzen, die sollten den sechsen nachjagen, und hatten Befehl dem Starken den Sack wieder abzunehmen. Zwei Regimenter holten sie bald ein, und riefen ihnen zu ›ihr seid Gefangene, legt den Sack mit dem Gold nieder, oder ihr werdet zusammengehauen.‹ ›Was sagt ihr?‹ sprach der Bläser, ›wir wären Gefangene? eher sollt ihr sämmtlich in der Luft herumtanzen,‹ hielt das eine Nasenloch zu und blies mit dem andern die beiden Regimenter an, da fuhren sie aus einander und in die blaue Luft über alle Berge weg, der eine hierhin, der andere dorthin. Ein Feldwebel rief um Gnade, er hätte neun Wunden und wäre ein braver Kerl, der den Schimpf nicht verdiente. Da ließ der Bläser ein wenig nach, so daß er ohne Schaden wieder herab kam, dann sprach er zu ihm ›nun geh heim zum König und sag er sollte nur noch mehr Reiterei schicken, ich wollte sie alle in die Luft blasen.‹ Der König, als er den Bescheid vernahm, sprach ›laßt die Kerle gehen, die haben etwas an sich.‹ Da brachten die sechs den Reichthum heim, theilten ihn unter sich und lebten vergnügt bis an ihr Ende.«

A Grimms Märchen – Kleine Managementausgabe mit »Executive Summary«

Frau Holle (KHM 24)

»Eine Wittwe hatte zwei Töchter, davon war die eine schön und fleißig, die andere häßlich und faul. Sie hatte aber die häßliche und faule, weil sie ihre rechte Tochter war, viel lieber, und die andere mußte alle Arbeit thun und der Aschenputtel im Hause sein. Das arme Mädchen mußte sich täglich auf die große Straße bei einem Brunnen setzen, und mußte so viel spinnen, daß ihm das Blut aus den Fingern sprang. Nun trug es sich zu, daß die Spule einmal ganz blutig war, da bückte es sich damit in den Brunnen und wollte sie abwaschen: sie sprang ihm aber aus der Hand und fiel hinab. Es weinte, lief zur Stiefmutter und erzählte ihr das Unglück. Sie schalt es aber so heftig und war so unbarmherzig, daß sie sprach ›hast du die Spule hinunterfallen lassen, so hol sie auch wieder herauf.‹ Da gieng das Mädchen zu dem Brunnen zurück und wußte nicht was es anfangen sollte: und in seiner Herzensangst sprang es in den Brunnen hinein, um die Spule zu holen. Es verlor die Besinnung, und als es erwachte und wieder zu sich selber kam, war es auf einer schönen Wiese wo die Sonne schien und viel tausend Blumen standen. Auf dieser Wiese gieng es fort und kam zu einem Backofen, der war voller Brot; das Brot aber rief ›ach, zieh mich raus, zieh mich raus, sonst verbrenn ich: ich bin schon längst ausgebakken.‹ Da trat es herzu, und holte mit dem Brotschieber alles nach einander heraus. Danach gieng es weiter und kam zu einem Baum, der hieng voll Äpfel, und rief ihm zu ›ach schüttel mich, schüttel mich, wir Äpfel sind alle mit einander reif.‹ Da schüttelte es den Baum, daß die Äpfel fielen als regneten sie, und schüttelte bis keiner mehr oben war; und als es alle in einen Haufen zusammengelegt hatte, gieng es wieder weiter. Endlich kam es zu einem kleinen Haus, daraus guckte eine alte Frau, weil sie aber so große Zähne hatte, ward ihm angst, und es wollte fortlaufen. Die alte Frau aber rief ihm nach ›was fürchtest du dich, liebes Kind? bleib bei mir, wenn du alle Arbeit im Hause ordentlich thun willst, so soll dirs gut gehn. Du mußt nur Acht geben daß du mein Bett gut machst und es fleißig aufschüttelst, daß die Federn fliegen, dann schneit es in der Welt; ich bin die Frau Holle.‹

Weil die Alte ihm so gut zusprach, so faßte sich das Mädchen ein Herz, willigte ein und begab sich in ihren Dienst. Es besorgte auch alles nach ihrer Zufriedenheit, und schüttelte ihr das Bett immer gewaltig auf daß die Federn wie Schneeflocken umher flogen; dafür hatte es auch ein gut Leben bei ihr, kein böses Wort, und alle Tage Gesottenes und Gebratenes. Nun war es eine Zeitlang bei der Frau Holle, da ward es traurig und wußte anfangs selbst nicht was ihm fehlte, endlich merkte es daß es Heimweh war; ob es ihm hier gleich viel tausendmal besser gieng als zu Haus, so hatte es doch ein Verlangen dahin. Endlich sagte es zu ihr ›ich habe den Jammer nach Haus kriegt, und wenn es mir auch noch so gut hier unten geht, so kann ich doch nicht länger bleiben, ich muß wieder hinauf zu den Meinigen.‹ Die Frau Holle sagte ›es gefällt mir, daß du wieder nach Haus verlangst, und weil du mir so treu gedient hast, so will ich dich selbst wieder hinauf bringen.‹ Sie nahm es darauf bei der Hand und führte es vor ein großes Thor. Das Thor ward aufgethan, und wie das Mädchen gerade darunter stand, fiel ein gewaltiger Goldregen, und alles Gold blieb an ihm hängen, so daß es über und über davon bedeckt war. ›Das sollst du haben, weil du so fleißig gewesen bist‹ sprach die Frau Holle und gab ihm auch die Spule wieder, die ihm in den Brunnen gefallen war. Darauf ward das Thor verschlossen, und das Mädchen befand sich oben auf der Welt, nicht weit von seiner Mutter Haus: und als es in den Hof kam, saß der Hahn auf dem Brunnen und rief ›kikeriki, unsere goldene Jungfrau ist wieder hie.‹ Da gieng es hinein zu seiner Mutter, und weil es so mit Gold bedeckt ankam, ward es von ihr und der Schwester gut aufgenommen.

Das Mädchen erzählte alles, was ihm begegnet war, und als die Mutter hörte wie es zu dem großen Reichthum gekommen war, wollte sie der andern häßlichen und faulen Tochter gerne dasselbe Glück verschaffen. Sie mußte sich an den Brunnen setzen und spinnen; und damit ihre Spule blutig ward, stach sie sich in die Finger und stieß sich die Hand in die Dornhecke. Dann warf sie die Spule in den Brunnen und sprang selber hinein. Sie kam, wie die andere, auf die schöne Wiese und gieng auf demselben Pfade weiter. Als sie zu dem Backofen gelangte, schrie das Brot wieder ›ach, zieh mich raus, zieh mich raus, sonst verbrenn ich, ich bin schon längst ausgebacken.‹ Die Faule aber antwortete ›da hätt ich Lust mich schmutzig zu machen,‹ und gieng fort. Bald kam sie zu dem Apfelbaum, der rief ›ach, schüttel mich, schüttel mich, wir Äpfel sind alle mit einander reif.‹ Sie antwortete aber ›du kommst mir recht, es könnte mir einer auf den Kopf fallen,‹ und gieng damit weiter. Als sie vor der Frau Holle Haus kam, fürchtete sie sich nicht, weil sie von ihren großen Zähnen schon gehört hatte, und verdingte sich gleich zu ihr. Am ersten Tag that sie sich Gewalt an, war fleißig und folgte der Frau Holle, wenn sie ihr etwas sagte, denn sie dachte an das viele Gold, das sie ihr schenken würde; am zweiten Tag aber fieng sie schon an zu faulenzen, am dritten noch mehr, da wollte sie Morgens gar nicht aufstehen. Sie machte auch der Frau Holle das Bett nicht wie sichs gebührte, und schüttelte es nicht, daß die Federn aufflogen. Das ward die Frau Holle bald müde und sagte ihr den Dienst auf. Die Faule war das wohl zufrieden und meinte nun würde der Goldregen kommen; die Frau Holle führte sie auch zu dem Thor, als sie aber darunter stand, ward statt des Goldes ein großer Kessel voll Pech ausgeschüttet. ›Das ist zur Belohnung deiner Dienste‹ sagte die Frau Holle und schloß das Thor zu. Da kam die Faule heim, aber sie war ganz mit Pech bedeckt, und der Hahn auf dem Brunnen, als er sie sah, rief ›kikeriki, unsere schmutzige Jungfrau ist wieder hie.‹ Das Pech aber blieb fest an ihr hängen und wollte, so lange sie lebte, nicht abgehen.«

Abb. 8: Pechmarie
Illustration von A. Archipowa (Bildnachweis S. 223)

A Grimms Märchen – Kleine Managementausgabe mit »Executive Summary«

Der alte Großvater und der Enkel (KHM 78)

Es war einmal ein steinalter Mann, dem waren die Augen trüb geworden, die Ohren taub, und die Knie zitterten ihm. Wenn er nun bei Tische saß und den Löffel kaum halten konnte, schüttete er Suppe auf das Tischtuch, und es floß ihm auch etwas wieder aus dem Mund. Sein Sohn und dessen Frau ekelten sich davor, und deswegen mußte sich der alte Großvater endlich hinter den Ofen in die Ecke setzen, und sie gaben ihm sein Essen in ein irdenes Schüsselchen und noch dazu nicht einmal satt; da sah er betrübt nach dem Tisch, und die Augen wurden ihm naß. Einmal auch konnten seine zitterigen Hände das Schüsselchen nicht festhalten, es fiel zur Erde und zerbrach. Die junge Frau schalt, er sagte aber nichts und seufzte nur. Da kaufte sie ihm ein hölzernes Schüsselchen für ein paar Heller, daraus mußte er nun essen. Wie sie da so sitzen, so trägt der kleine Enkel von vier Jahren auf der Erde kleine Brettlein zusammen. »Was machst du da?« fragte der Vater. »Ich mache ein Tröglein,« antwortete das Kind, »daraus sollen Vater und Mutter essen, wenn ich groß bin.« Da sahen sich Mann und Frau eine Weile an, fingen endlich an zu weinen, holten alsofort den alten Großvater an den Tisch und ließen ihn von nun an immer mitessen, sagten auch nichts, wenn er ein wenig verschüttete.

Abb. 9: Der alte Großvater und der Enkel
Illustration von A. Rackham (Bildnachweis S. 223)

Einführung und Grundlagen

I Management- und Märchenforschung

Zunächst gibt dieses Kapitel eine knappe Einführung in die Management- und Märchenforschung, die mit 30 Führungs- und Personalthemen in 20 Märchen schließt. Es folgt das Konzept des internen Unternehmertums und seiner Kernkompetenzen als tragender Ansatz für Management und Märchen. Dazu werden schließlich Funktionen und Inhalte von Leitsätzen diskutiert.

Die folgenden drei Kapitel konzentrieren sich auf mentale, sozio-emotionale und normativ-ethische Kompetenzen und Leitsätze.

1 Zur Entwicklungsgeschichte

Der Beginn wissenschaftlicher Märchenforschung wird mit den Brüdern Jacob und Wilhelm Grimm in enge Verbindung gebracht, die 1812 den ersten Teilband ihrer weltweit bekannten und verbreiteten »Kinder- und Hausmärchen« (KHM) publizierten. 1857 erschien ihre »Ausgabe letzter Hand«. Weiter erforschten sie Sagen und editierten das Wörterbuch der deutschen Sprache in jahrzehntelanger Arbeit. In Italien wie in Frankreich gab es schon vor den Grimms bekannte Märchensammler, aber ohne den wissenschaftlichen Impetus und Gehalt der Grimms. Diese wurden besonders von Achim von Arnim, Clemens Brentano sowie Ludwig Tieck zu ihrer Sammlung angeregt. Es war die Zeit der Spätromantik und des Biedermeier; religiöse Normen waren noch prägend und die nachnapoleonische Ära förderte die (Rück-)Besinnung auf nationale Themen, wie Sagen und Volksmärchen.

Auch wegen vieler wissenschaftlicher Anmerkungen und des großen Umfangs wurde die Märchensammlung sehr zurückhaltend aufgenommen. Erst eine auf 50 Märchen reduzierte »Kleine Ausgabe« führte ab 1825 zum Erfolg; 1912 erschien schon die 50. Auflage!

Wilhelm Grimm (1786 – 1859)
Jacob Grimm (1785 – 1863)

Frederick Winslow Taylor
(1856 – 1915)
Principles of Scientific Management

Abb. 1: Wegbereiter der Märchen- und Managementforschung

Den Beginn einer sogenannten Managementlehre kann man mit der Publikation von Frederick Winslow Taylor in Verbindung bringen. Er nannte sein bekanntestes Werk auch »Scientific Management«, das schon 1913 als »Die Grundsätze wissenschaftlicher Betriebsführung« publiziert wurde und in kurzer Zeit weite Verbreitung fand. Auch die Betriebswirtschaftslehre etablierte sich nicht nur in Deutschland zum späten Ende des 19. Jahrhunderts in den neu gegründeten Handelshochschulen.

Das Resümee zum gegenwärtigen wechselseitigen Forschungsstand in beiden Disziplinen ist rasch berichtet. Auswertungen von fünf relevanten wissenschaftlichen Handwörterbüchern der Betriebswirtschaftlehre mit etwa 15.000 Stichworten erbrachten nicht eines zu Märchen, zu den Brüdern Grimm oder anderer Märchenliteratur. Damit kann man die Managementforschung als »märchenfrei« charakterisieren.

Ebenfalls nur Fehlanzeigen lieferte umgekehrt eine Durchsicht der rund 4.000 Hauptstichworte der *Enzyklopädie des Märchens – Handwörterbuch zur historischen und vergleichenden Erzählforschung* nach Management-Bezügen. Sie wird von der Akademie der Wissenschaften in Göttingen seit 1973 mit 15 geplanten Bänden (mit je etwa 1.500 Spalten) herausgegeben. So kann man die Erzählforschung als »managementfrei« bezeichnen. Damit gibt es einen »weißen Fleck« in der Forschungslandschaft wie in Lehrbüchern, nach dem Wissenschaftler so gerne suchen, zumal eine interdisziplinäre Ausrichtung in den Quellen beider Disziplinen allenfalls in Spuren erkennbar ist.

Heute sind die Themen und Ergebnisse der Managementforschung von vielen Disziplinen beeinflusst, insbesondere von der Betriebswirtschaftslehre und Psychologie, der Soziologie und Wirtschaftspädagogik sowie den Politikwissenschaften. Neben der Philologie und Literaturwissenschaft, Volkskunde und Psychoanalyse bzw. -therapie befassen sich noch die Religions- und Politikwissenschaften sowie die Schuldidaktik mit Märchenforschung und -interpretationen.

Nach Vorstudien der umfangreichen internationalen Märchenliteratur und ihrer Interpretationen wurde die wesentlich überarbeitete erste Gesamtausgabe der Brüder Grimm von 1819 als Referenzquelle gewählt. Sie umfasst 201 Märchen und zehn Legenden in einem Band. Nach klassischer Tradition der Märcheninterpretation steht entweder ein Märchen im Mittelpunkt oder übergeordnete Themen mit mehreren Erzählungen.

Unser erstes Buch zu Management und Märchen (Wunderer 2008) endete mit einer Studie zu Verhaltensleitsätzen in beiden Disziplinen (ebd.: 205 ff.). Dabei wurden aus den KHM acht sogenannte Kernleitsätze mit insgesamt 70 expliziten Maximen interpretiert und evaluiert. Dann suchten wir in 43 publizierten Führungsgrundsätzen von Unternehmen nach korrespondierenden Aussagen zu diesen Kernleitsätzen und wurden bei sechs Kernleitsätzen fündig (siehe Abb. 2).

In diesem Buch wurden aus den sechs gemeinsamen Kernleitsätzen die drei Hauptkapitel gebildet: Sei mental intelligent und lerne aus Fehlern (Kapitel C) – Sei sozio-emotional intelligent (Kapitel D) – Sei ethisch intelligent (Kapitel E). Prüfungen, Gratifikationen und Sanktionen werden in allen Kapiteln mit einbezogen, ebenso Fragen nach Lern- und Entwicklungsmöglichkeiten. Zwei der acht Märchenkernleitsätze fanden sich nicht in den Führungsleitsätzen und werden deshalb nicht gesondert diskutiert: Sei bescheiden – Achte die Hierarchie und bleibe in Deinem Stand.

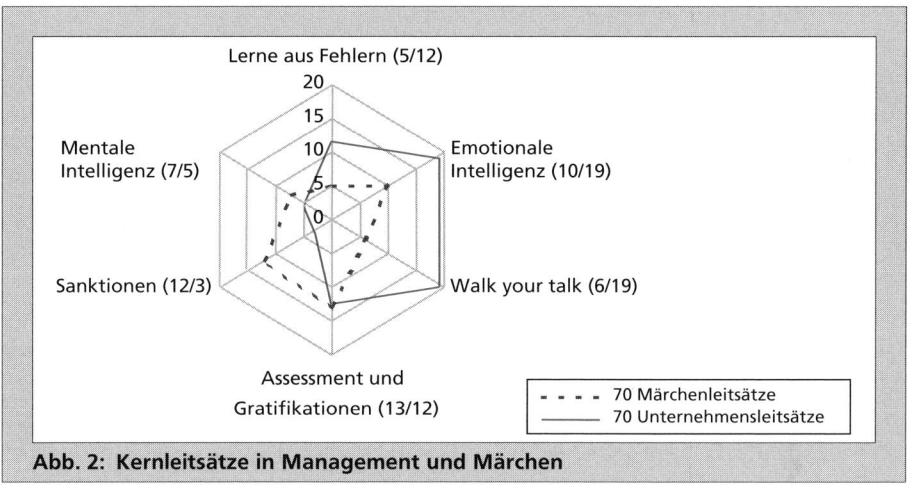

Abb. 2: Kernleitsätze in Management und Märchen

2 Zur heutigen Rezeption

In Deutschland, Österreich und der Schweiz sind Märchen fast nur noch Pflichtbestandteil des Lehrplans in Kindergärten und Grundschulen. Auch dort werden ihnen nur wenige Stunden gewidmet. Ausnahmen bilden Privatschulen, z. B. nach Steiner oder Montessori. Schon ab etwa zehn Jahren nimmt das Interesse von Kindern an klassischen Volksmärchen rapide ab, zumal sie immer weniger in Familien als beliebter Stoff für das meist abendliche Vorlesen dienen. So kennen Jugendliche wie Manager in der Fortbildung den Inhalt selbst bekannter Märchen kaum noch. Eine Erklärung dafür liefert die Transaktionsanalyse, die zwischen Kindheits-, Eltern- und Erwachsenen-Ich unterscheidet. Menschen, die in ihrem aktuellen Erwachsenen-Ich noch einen hohen Anteil an kreativem und stark emotionalem Kindheits-Ich bewahren konnten, interessieren sich besonders dafür. Aber auch solche, die bestimmte Märcheninhalte – z. B. Herausforderungen, Gefahren und deren unterstützte Bewältigung – mit dem eigenen Eltern-Ich sowie dem ihrer Genspender und »Frühsozialisatoren« verbinden, erleben nun neu reflektierte »Aha-Effekte«. Das haben Psychoanalyse und -therapie schon lange erforscht und bestätigt.

Bei den Führungskräften sind Frauen für Märchen aufgeschlossener und informierter. Besonders in den Bereichen der Personalarbeit, und hier wieder bevorzugt in Fort- und Weiterbildungsfunktionen, gibt es überproportional viele Märcheninteressierte.

Dazu kommen aber Erzählende und Erzählforscher mit fundierter fachlicher Vorbildung und Erfahrung, die gerne über ihren bisherigen »Tellerrand« blicken möchten. Diese sind meist in der Europäischen Märchengesellschaft sowie in nationalen Vereinigungen zusammengeschlossen. Die Schweizerische Märchengesellschaft (SMG) bildete schon 2008 nach ersten Seminaren einen Arbeitskreis »Märchen und Management« mit 15 ständigen Teilnehmern, der sich viermal jährlich in fünfstündigen Veranstaltungen zu vorher festgelegten und vorbereiteten Märchen oder Themen austauscht.

B Einführung und Grundlagen

3 Vermittlungs- und Rezeptionstendenzen

Die Märchen aus der Sammlung der Brüder Grimm erscheinen in Buchhandlungen oder bei Buchversendern entweder als modern illustrierte (Vor-)Lesebücher oder als Interpretationen meist aus psychologischer Sicht von wenigen Autoren wie Eugen Drewermann, Verena Kast, Ingrid Riedel, Marie Louise von Franz oder Bruno Bettelheim. Sigmund Freud und Carl Gustav Jung lieferten die theoretischen Konzepte. Ansonsten findet man einige Publikationen mit esoterischen Grundlagen oder ironisierend-erheiternden Metaphern, meist von Beratern oder Trainern.

Weiterhin können Eltern heute aus Märchenbänden aus »aller Welt« wählen; das Angebot wird also zunehmend globalisiert. Dies reduziert das Interesse für nationale Märchen. Die Sammlungen der Brüder Grimm wurden ab Mitte des 19. Jahrhunderts weltweit beachtet und vor Kurzem zum Weltkulturerbe gewählt. Die letzte repräsentative Studie des Meinungsforschungsinstituts Allensbach zu den bekanntesten Märchen nannte unter den ersten 15 nur Märchen der KHM, wovon in den ersten acht Heldinnen reüssieren. Auch in Märchengesellschaften wie bei interessierten Führungskräften dominieren Frauen.

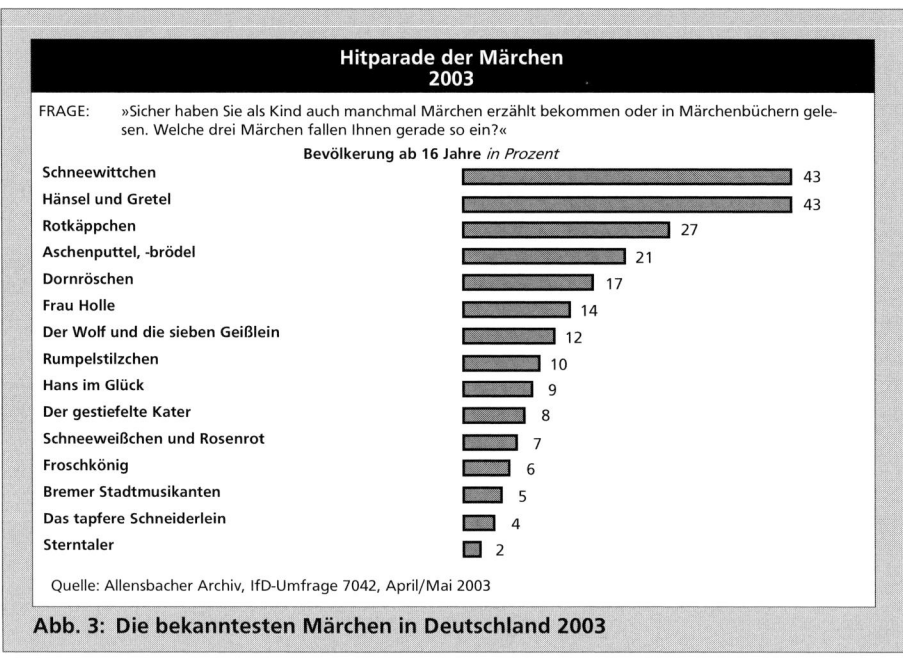

Abb. 3: Die bekanntesten Märchen in Deutschland 2003

Die Geschichten wurden zunehmend in reichem und beeindruckendem Maße neu illustriert. Das steigert die Nachfrage sowie den Eindrucks- und Erinnerungswert. Besonders empfehlenswert sind sehr anregend und didaktisch ansprechend illustrierte Auswahlbände (vgl. das Literaturverzeichnis). Meist leiten sie sich aus der sogenannten »Kleinen Ausgabe« mit 50 der 201 Erzählungen ab, die noch von den Grimms ab 1825 ediert wurde; erst sie machte das Werk populär. Hierzu ist die von Born (2004) illustrierte Ausgabe für Erwachsene sehr gelungen.

Diese Auswahlbände sowie unzählige Heftchen erhöhen den Fokus auf bekannte und beliebte Erzählungen. Denn viele der KHM sind weder zeitgemäß noch ansprechend. Das erkannten übrigens die Herausgeber und reagierten deshalb mit ihrer »Kleine(n) Ausgabe«. Die mediale Aufbereitung von Märchen, besonders im Fernsehen, wirkt oft niveauschwach. Hier fehlt auch die persönliche und meist wiederholte Vermittlung durch vertraute Personen. Zusätzlich wird diese virtuelle Kommunikation durch die bevorzugten Trickfilme mit teils erheblicher Umarbeitung verstärkt. Dies gilt auch für einen Versuch, bekannte Märchen der Grimms unter der Marke »Grimm-sa-la Bim« zu produzieren und mit Begleittexten zu edieren. Die zunächst hohen Einschaltquoten sanken aber schnell. Die Märchen und die Rollen ihrer Helden wurden sehr verändert bis »verhunzt«, die Trickfilme konnten mit dem Vortragen oder Vorlesen der Erzählungen nicht konkurrieren, sie regten oberflächlich an, aber beeindruckten nicht nachhaltig – so das Ergebnis didaktischer Begleituntersuchungen (Franz/Kahn 2000, Wardetzki/Zitzlsperger 1997).

In der Werbung werden Märchen für Marketingzwecke eingesetzt, über Anspielungen auf Märchentitel, die z. B. mit der Goldmarie oder dem Hans im Glück ein Schnäppchen bewerben oder für einen Lottogewinn mit dem Sterntaler Kunden fangen statt bereichern.

Verstärkt wirkt die Konkurrenz durch moderne mythen- oder sagenähnliche Fassungen von Märchenthemen. Hier sind »Der Herr der Ringe« sowie »Harry Potter« relevant, die als Bücher wie Filme weltweit ein Millionenpublikum fesselten. Vor allem für Kinder außerhalb der »Märchenbegeisterungsgrenze« von etwa zehn Jahren wurden sie zu einem echten Märchenersatz, ja zur nahezu einzigen Buchlektüre der TV-Kids. Märchen wie nationale Sagen (z. B. Grimm 1997/1818) wurden damit nachhaltig substituiert.

4 Zur Management- und Märchenforschung

Folgende zwölf Entdeckungs-, Beschreibungs- und Gestaltungsziele leiten uns:

- Einen weißen Fleck in der Landkarte betriebswirtschaftlicher Führungsforschung analysieren und interpretieren.
- Dabei die philologische Erzählforschung sowie psychologische, pädagogische und theologische Märcheninterpretationen um Ansätze der betriebswirtschaftlichen Managementdiskussion ergänzen.
- Unterschiede und Gemeinsamkeiten zwischen Arbeits- und Märchenwelten entdecken und aufzeigen.
- Verbindungen eigener Forschungsschwerpunkte zu Märchen suchen, entdecken und ausarbeiten. Damit auch den Horizont der eigenen Führungsforschung und -lehre ergänzen bzw. erweitern. Dies möglichst auch zum Nutzen anderer Disziplinen.

- Managern und Nachwuchsführungskräften die oft oberflächlich bekannten Märchen mit ihren Themen und Inhalten näherbringen. Und umgekehrt Märchenfreunde und -erzähler mit Denkmustern und Ansätzen des Managements und der Wirtschaftspraxis vertrauter machen. Dazu gründete die Schweizerische Märchengesellschaft (SMG) schon 2008 einen eigenen Arbeitskreis »Märchen und Management«.

- Internes Unternehmertum als konzeptionellen Schwerpunkt von Helden und Heldinnen systematisch untersuchen, was in Erzählforschung wie entwicklungspsychologischen oder pädagogischen Handwörterbüchern fehlt. Dabei kulturelle Faktoren, Werthaltungen, Motive und Anreize, Steuerungs- und Interaktionsmuster, Führungs- und Kooperationsstile sowie Entwicklungsstrategien und -instrumente einbeziehen.

- Unternehmerische Kompetenzen (v. a. zur Problemlösungs-, Sozial- und Umsetzungsqualifikation) disziplinübergreifend analysieren; das ergab große Übereinstimmungen. Dazu Themen des Personalmanagements einsetzen, wie Auswahl über Portfolioanalysen, Outplacement, Anreizsysteme, Förderungs- und Karrieremuster, Fehlerlernen und Lernkultur, Vertragstreue, Demotivation, Resilience, Harassment, Whistleblowing.

- Wechselseitige Kooperations- und Führungsbeziehungen (einschließlich »Managing the Boss«) für beide Disziplinen beschreiben und interpretieren. Dazu Steuerungs- und Interaktionsmuster, Führungs- und Kooperationsstile, Entwicklungsstrategien und -instrumente analysieren.

- Die vernachlässigten emotionalen Tiefenschichten, die reales Entscheidungsverhalten nach Ergebnissen der Neurowissenschaften mehr als nach rationalen Entscheidungstheorien beeinflussen, auch aus Märchensicht reflektieren.

- Verhalten in extremen Krisen- und Wandlungssituationen von sozio-emotional oder intellektuell begabten, fachlich dagegen unvorbereiteten jungen Heldinnen und Helden gegenüber emotional wie mental häufig wenig kompetenten Einflusspersonen (oft sogenannte Antihelden) analysieren. Letztere sind meist Könige, Prinzessinnen, (Stief-)Eltern, (ältere) Geschwister sowie Feen, Hexen und Zauberer.

- Märchen als Mittel der Frühsozialisierung der Persönlichkeit diskutieren, besonders über einen inhaltlichen Vergleich von Verhaltensleitsätzen in Märchen mit Grundsätzen für Führung und Kooperation in Unternehmen.

- Märchen als didaktische Mittel für die Aus- und Weiterbildung evaluieren, z. B. als Fallstudien, Metaphern, für Storytelling bis hin zum Aufbau »zweiter (Märchen-) Welten«. In Letzteren versuchen auch Manager im Informatikzeitalter, Hoffnungen, Fantasien, Ängste und Taktiken virtuell zu leben. Ein Volkskultfilm dafür wurde »Avatar«.

5 Märchen als Fallstudien

Um die didaktischen Empfehlungen zu konkretisieren, zeigt Abbildung 4 mit nur 20 bekannten Märchen der Brüder Grimm 30, in den Kapiteln C bis E behandelte Aspekte für Fallstudien zu Führung, Kooperation und Personalmanagement. Alle genannten Märchen sind in diesem Buch abgedruckt und den Kapiteln zugeordnet. Empfohlen wird, sie jeweils vorher zu lesen.

- Für **kreatives Mitunternehmertum, »Managing the Boss«, Führungsstile:** Der gestiefelte Kater, Das tapfere Schneiderlein, Die kluge Bauerntochter, Das Meerhäschen
- Für listig-narzisstisches **Intrapreneuring:** Das tapfere Schneiderlein
- Für **Selbst-/Fremdvertrauen, Emanzipation, Assessment und »Endure it«:** Aschenputtel und Die kluge Bauerntochter
- Für **Problemlösungsintelligenz:** Der Hase und der Igel, Der gestiefelte Kater, Das tapfere Schneiderlein, Das Meerhäschen
- Für mitunternehmerische **Sozialkompetenz, Selbstvertrauen, Netzwerke bilden und nutzen:** Die weiße Schlange, Aschenputtel, Die drei Brüder
- Für loyales und **ethisches »Commitment«:** Der eiserne Heinrich im Froschkönig
- Für **»Walk the talk«:** Der Froschkönig, Rotkäppchen
- Für **Harassment und Whistleblowing:** Der Froschkönig
- Für eine **»Wir-GmbH«** von Outgesourcten: Sechse kommen durch die ganze Welt, Die Bremer Stadtmusikanten
- Für auch autonome **Teamarbeit:** Hänsel und Gretel, Die Bremer Stadtmusikanten, Die drei Brüder
- Für **»groupthink«, schlechte Führung:** Die sieben Schwaben, Meister Pfriem
- Für **Change, Kulturwandel in Familie und Organisationen, unternehmerische Umsetzungskompetenz:** sehr viele Märchenhelden/-heldinnen
- Für **Glücksökonomie, materiellen Hedonismus, »Selbst-AG«:** Hans im Glück
- Für maßloses **Karrierestreben:** Von dem Fischer und seiner Frau
- Für **Arbeitsethos, Sozialkompetenz, Gratifikationen/Sanktionen:** Frau Holle
- Für **»Tit for tat«, Sozialisierung über Sanktionen:** König Drosselbart, Frau Holle
- Für **(Selbst-)Lernen über Leitsätze:** Rotkäppchen, Die weiße Schlange
- Für die **»goldene Regel«** (Was du willst, dass die Menschen dir antun sollen, das tue ihnen gleichermaßen, Matthäus 12,7): Der alte Großvater und der Enkel

Abb. 4: Märchen als Grundlage für Fallstudien – Beispiele aus den KHM

6 Literatur – meist Monografien und gut illustrierte Auswahlbücher zu den Kinder- und Hausmärchen (KHM)

NB: Da die Auswahlbände meist Originalfassungen der Brüder Grimm bringen, werden hier die Illustratoren vorangestellt.

Archipowa, A. (2002)(Illustriert): Die schönsten Märchen der Brüder Grimm, 6. Aufl., Esslingen.
Bettelheim, B. (2000/1977): Kinder brauchen Märchen, 22. Aufl., München.
Born, A. (2004)(Illustriert): Brüder Grimm (Hrsg.) (2004/1858): Märchen, Kleine Ausgabe, Prag/München.
Brüder Grimm (Hrsg.) (1999/1819): Kinder- und Hausmärchen (KHM), 19. Aufl., Düsseldorf.
Brüder Grimm (2001/1857)(Hrsg.): Kinder- und Hausmärchen, Ausgabe letzter Hand mit den Originalanmerkungen der Brüder Grimm, hrsg. v. Rölleke, H. – mit einem Nachwort u. a. zur Entstehungsgeschichte, 3 Bände, Stuttgart.
Brüder Grimm (Hrsg.) (1997/1818): Deutsche Sagen – zwei Bände, Frankfurt a. M.
Decurtins, C./Brunold-Bigler, U. (2002) (Hrsg.): Die drei Winde – Rätoromanische Märchen aus der Surselva, Chur (viele verweisen auf die KHM).
Dematons, Ch. (2007) (Illustriert): Grimms Märchen, vollst. Ausg., Düsseldorf.
Europäische Märchengesellschaft (Hrsg.): Forschungsbeiträge aus der Welt der Märchen, Bd. 1-33.
Franz, K./Kahn, W. (2000)(Hrsg.): Märchen-Kinder-Medien – Beiträge zur medialen Adaption von Märchen und zum didaktischen Umgang, Hohengehren.
Martus, S. (2010): Die Brüder Grimm – eine Biographie, Berlin.
Ranke et al. (Hrsg.): Enzyklopädie des Märchens, Handwörterbuch zur historischen und vergleichenden Erzählforschung, Berlin/New York, 1999 ff. (bisher erschienen 11 Bände).
Svend Otto S. (2001)(Illustriert): Die schönsten Märchen der Gebrüder Grimm, Oldenburg.
Taylor, W. (1913): Die Grundsätze wissenschaftlicher Betriebsführung, München.
Unzner, Chr. (2001) (Illustriert): Die beliebtesten Märchen der Gebrüder Grimm, Wien et al.
Uther, H. J. (2008): Handbuch zu den »Kinder- und Hausmärchen« der Brüder Grimm, Berlin.
Wardetzki, K./Zitzelsperger, H. (1997)(Hrsg.): Märchen in Erziehung und Unterricht heute, Bd. II, Baltmannsweiler.
Wunderer, R. (2007): Verhaltensleitsätze in Märchen und Management – ein Vergleich, in: Zeitschrift für Personalforschung (ZfP), 21(2), S. 138-167.
Wunderer, R. (2008): Der gestiefelte Kater als Unternehmer – Lehren aus Management und Märchen.
Wunderer, R. (2009): Führung und Zusammenarbeit – eine unternehmerische Führungslehre, 8. erw. Aufl., Köln.

II Internes Unternehmertum

1 Vorbemerkungen

Fast jede Großunternehmung mit dokumentierten Unternehmensgrundsätzen spricht dort auch Beziehungen zu ihren Führungskräften und Mitarbeitern an. Und viele fordern unternehmerisches Denken und Handeln. Erläuterungen dazu findet man aber selten. Das folgende Kapitel fasst wesentliche Begriffe, Komponenten, Instrumente und Forschungsergebnisse in einem Bezugsrahmen zusammen. Nach einer inhaltlichen und methodischen Einführung geben sieben Thesen einen Über- und Einblick in ein Managementkonzept, das einen Schwerpunkt der Forschungs-, Lehr- und Beratungstätigkeit des Autors bildet (Wunderer 1999, 2009).

Inhaltlich lassen sich zu internem Unternehmertum zwei Entwicklungslinien differenzieren. Erstere konzentriert sich auf sozialpolitische Anliegen; sie lässt sich bis Ende des 18. Jahrhunderts zurückverfolgen (Gaugler 1999). Arbeitnehmer sollen über Mitbestimmung und Erfolgs- und Kapitalbeteiligung zu mündigen Wirtschaftsbürgern entwickelt werden.

Seit den 1990er Jahren wird internes Unternehmertum primär als Managementkonzept postuliert. Ziel ist nun die umfassendere und effizientere Nutzung der anspruchsvolleren und teureren Personalressourcen; dies im Kontext des globalen Wettbewerbs und des Wandels von der Industrie- zur Dienstleistungs- und Wissensgesellschaft.

Methodologisch prägen den aktuellen Ansatz mehr praktisch-normative als normativ-ethische Denkmuster. Und Leitsätze fokussieren nicht mehr nur auf das Management, sondern auch auf die restlichen 90 % der Belegschaft – dies oft in umfassenden und teils visionären Maximen – z. B.: »**Alle** arbeiten unternehmerisch, unbürokratisch und produktiv!« (IBM) oder »Wir fördern unternehmerisches Denken in **allen** Bereichen« (Mövenpick).

Über empirische Evaluation wichtiger Thesen konnten wir Differenzen zwischen Utopien (»Wir alle arbeiten unternehmerisch ...«) und deren Umsetzung ermitteln, was auch die Anwendung einseitiger Menschenbilder und Konzepte relativierte. In der Praxis dominieren eben nicht die Idealtypen oder gar »Glaubensgemeinschaften« (Binswanger 1998) der Wissenschaft.

2 Thesen zum internen Unternehmertum

> **These 1:** Verstehe internes Unternehmertum als Managementkonzept und differenziere zwischen Intrapreneurship und Mitunternehmertum.

Was charakterisiert Unternehmertum?

Als **selbstständige Unternehmer** interpretieren Wirtschaftswissenschaft sowie demoskopische Umfragen Personen, die eigenes Kapitalrisiko am Unternehmen mit Leitungsmacht und Arbeitgeberstatus kombinieren. **Interne Unternehmer** verbinden Arbeitnehmerstatus mit unternehmerischem Verhaltenskonzept. Vertrags- wie Verhaltensgrundlagen differenzieren hier also.

Zu **anthropologischen Grundlagen** und Menschenbildern (Abb. 1) sind die Modelle des homo oeconomicus (Kirchgässner 2000) und homo sociologicus (Dahrendorf 1977) bzw. homo cooperativus (Hartmann 1990) bekannt.

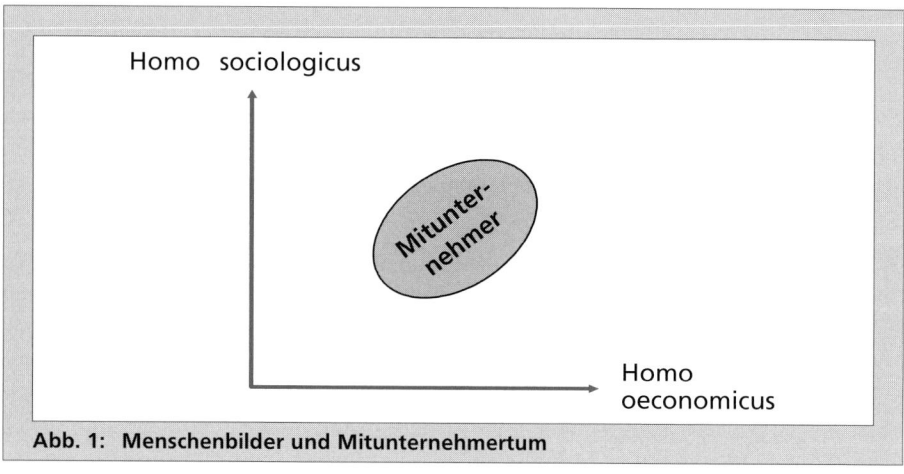

Abb. 1: Menschenbilder und Mitunternehmertum

Während der **homo oeconomicus** primär individualistische Denkmuster zeigt, egoistische Zielsetzungen verfolgt sowie besonders auf extrinsische ökonomische Anreize reagiert, stehen beim **homo sociologicus** eigene wie fremde Rollenerwartungen im sozialen System im Vordergrund. Beide Idealtypen werden also auch mit unterschiedlichen wissenschaftstheoretischen Brillen gesehen.

Interne Unternehmer zeigen in der Praxis unterschiedliche Anteile an den Idealtypen, dabei zeigt der **Intrapreneur** (»Intraorganisational Entrepreneur«, vgl. Pinchot 1988) ähnliche Denk- und Verhaltensmuster wie der homo oeconomicus.

Mitunternehmer sind neben der unternehmerischen Orientierung noch am Unternehmen und seinen Bezugsgruppen (Hilb 2009), an sozialen Netzwerken sowie an langfristigem Austausch orientiert (vgl. Abb. 2).

In der Praxis zeigen Mitunternehmer aber Anteile beider Idealtypen: Vertrauensbildung und Mikropolitik, ökonomische und soziale Ziele, Egoismus und überindividuelle Interessen. Hier eine zweckmäßige Konfiguration zu realisieren, bleibt eine stete Herausforderung an die Unternehmens- und Mitarbeiterführung.

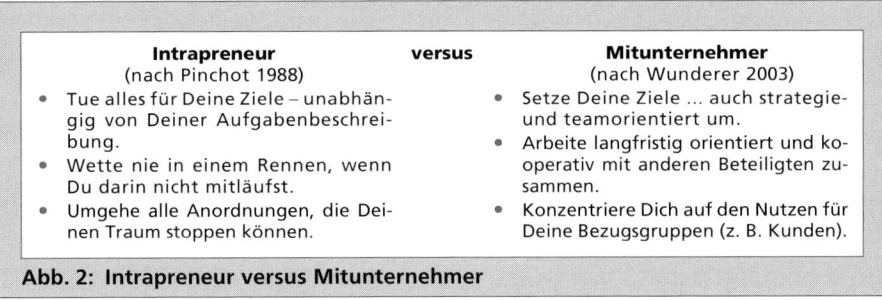

Abb. 2: Intrapreneur versus Mitunternehmer

Beim Konzept **Mitunternehmertum** dominieren folgende **Verhaltensziele**: Mitwissen, -denken, -fühlen, -handeln, -verantworten und -beteiligen. Und dies auf der Basis entsprechender Qualifikation und Motivation, aber auch notwendiger fairer Austauschverhältnisse, z. B. durch partizipative und auch finanzielle Mitbeteiligung (vgl. Abb. 3).

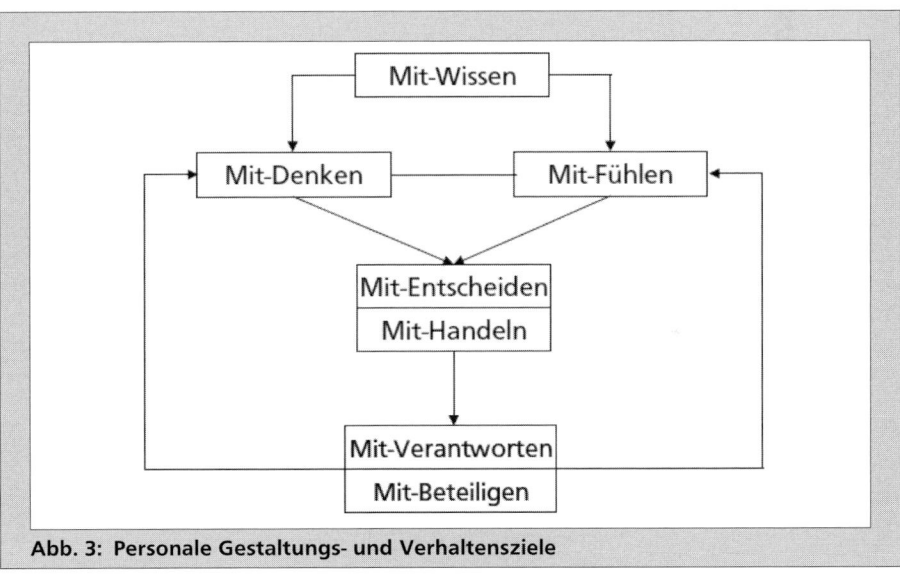

Abb. 3: Personale Gestaltungs- und Verhaltensziele

These 2: Formuliere ein normatives und integriertes Leitkonzept.
Interessant ist auch, wie diese Forderungen aus und für verschiedene Ebenen formuliert werden. Das wird am Beispiel von vier Automobilunternehmen gezeigt.

Daimler/Chrysler leitete in der Gründungsphase internes Unternehmertum aus Wachstumsstrategie und drei Kernelementen ab und fokussierte auf Kompetenzmanagement: »Die Wachstumsstrategie der DaimlerChrysler AG ... erfordert eine Führungsphilosphie, die auf unternehmerischem Denken und Handeln gründet. Im Mittelpunkt werden somit die Qualifikation, die Leistungsbereitschaft, die Zufriedenheit und damit insgesamt das Engagement der Mitarbeiter für das Unternehmen stehen.«

Audi konzentrierte sich auf die Zielgruppe der »Werker«. Diese formulierten in Arbeitsgruppen ihr internes Unternehmertum selbst (Abb. 4) auf die Frage: »Warum sollte unsere Gruppe wie ein Unternehmer im Unternehmen Audi handeln?« Hier werden die Kundenzufriedenheit, das Kosten-/Nutzenverhältnis und die Gewinnerzielung thematisiert.

Die nächste Frage: »Wie kann unsere Gruppe unternehmerisches Handeln stärker fördern?« Hier werden ganz konkrete kontinuierliche Verbesserungen am Arbeitsplatz genannt.

»Warum sollte unsere Gruppe wie ein »Unternehmer« im Unternehmen Audi handeln?

Jede Gruppe kennt ihr eigenes Arbeitsumfeld am besten. Handelt sie als Unternehmer, muss es Ziel sein, Arbeitsumfeld/-platz so zu gestalten, dass
- die Kunden mit dem Arbeitsergebnis zufrieden sind.
- bei jeder Entscheidung das Kosten-Nutzen-Verhältnis abgewogen wird.
- damit ein Gewinn erzielt wird.

Wie kann unsere Gruppe das unternehmerische Handeln stärker fördern?

Jeder von uns überlegt, was er als »Unternehmer« besser, wirtschaftlicher, einfacher machen würde. Wir vermeiden daher
- Überproduktion, d. h. unnötige Lager oder zu hohe Sicherheitspuffer.
- Warten, z. B. auf fehlende Teile.
- unnötige Bewegung, z. B. weite Lauf- und Förderwege.
- Nacharbeit.

Abb. 4: Führungsgrundsätze bei Audi aus Sicht der Werkerebene

---

VW entwickelte einen eigenschafts- und verhaltensorientierten Ansatz. Der »4-M-Mitarbeiter« ist mehrfach qualifiziert und mobil einerseits und mitgestaltend und menschlich andererseits (Abb. 5). Die geforderte »unternehmerische Mitgestaltung«, das »integrierende Verbindungsdenken« sowie kooperatives und eigenständiges Sozialverhalten werden noch später diskutiert.

mitgestaltend	menschlich	mehrfachqualifiziert	mobil
- denkt unternehmerisch, d. h. entwickelt neue Ideen - spürt neue Chancen auf und setzt sie um - überdenkt und verbessert die Prozesse selbstständig - arbeitet ergebnisorientiert	- zeigt integrierendes Verbindungsdenken - schafft Klima des Vertrauens und der Wertschätzung - lebt neue Werte selbst vor. Tut, was er sagt. - identifiziert sich mit dem Unternehmen		

Abb. 5: Der mitunternehmerische VW-Mitarbeiter

BWM formulierte ein Verhaltensziel nach einem klaren Subsidiaritätsprinzip: »Unternehmerische Verantwortung zu übernehmen, das heißt konkret: Ich fordere Zielvereinbarungen und trage die Verantwortung für meinen Beitrag zur Zielerreichung; ich trage die Verantwortung für die Qualität meiner Arbeit; ich trage die Verantwortung für mich selbst, insbesondere für meine Gesundheit und meine berufliche Weiterbildung.«

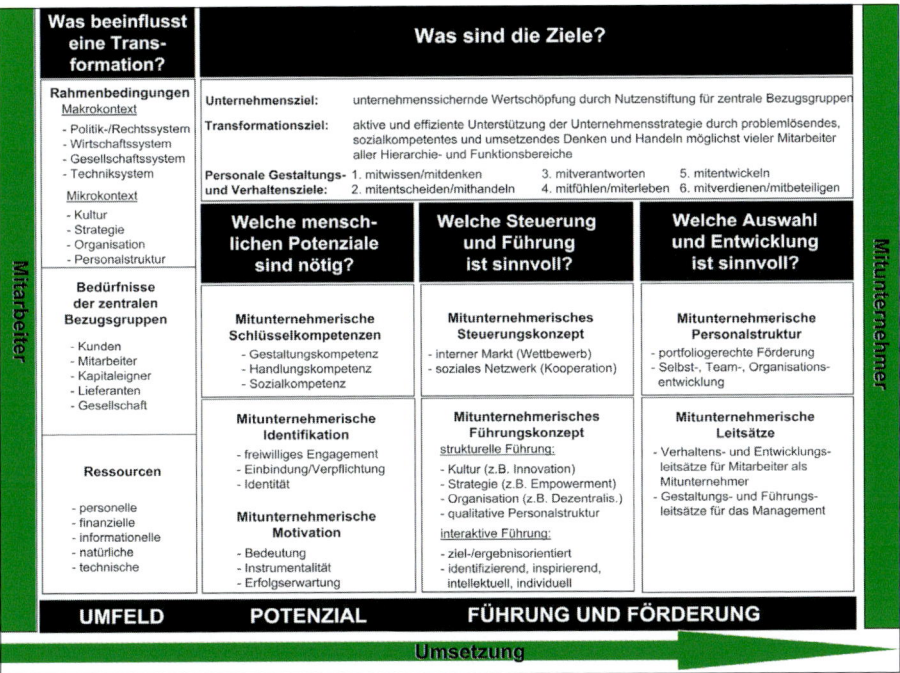

Abb. 6: Bezugsrahmen und Leitkonzept für Mitunternehmertum

Ähnlich fordert die **Universität St. Gallen** von ihren Studierenden: »Werde Unternehmer in eigener Sache« und »Werde autonom«.

Nach den differenzierten Forderungen (dazu u. a. Bihl 1995, Fischer 1999, Gaugler 1999, Hilb 2009, Hilti 1999, Kuhn 2000, Mohn 2000, Wunderer 1999 und 2009) aus Unternehmen und Hochschule wird nun – auch auf der Basis mehrjähriger Forschungsarbeiten, an denen Mitarbeiter und Kollegen aus der Praxis entscheidend mitwirkten – unser integriertes Modell vorgestellt.

Der **Bezugsrahmen zu Mitunternehmertum** (Wunderer 2009: 21) bietet einen umfassenderen Ansatz an. Er konzentriert sich auf drei Säulen: Potenzial, Führung und Förderung (Abb. 6). Leitsätze wurden dazu schon angesprochen. Nun geht es um Potenziale.

> **These 3:** Fokussiere Kompetenzmanagement auf spezifische unternehmerische Schlüsselqualifikationen, Grundmotivation und den Abbau von Motivationsbarrieren.

Kompetenzen werden als »Selbstorganisationsdispositionen für Handlungen« (Erpenbeck/Rosenstiel 2003, Zaugg 2006) verstanden. Dabei wird differenziert zwischen Fach- und Methoden- sowie Persönlichkeitskompetenzen. Wir konzentrieren uns auf die mitunternehmerischen Schlüsselqualifikationen. Sie sind personengebunden und fachübergreifend. Dabei konzentrieren wir uns auf Problemlösungs-, Umsetzungs- und Sozialkompetenz – jeweils differenziert nach zwei weiteren Aspekten (Abb. 7). Diese Qualifikationen sind an jedem Arbeitsplatz erforderlich, soll internes Unternehmertum gelebt werden.

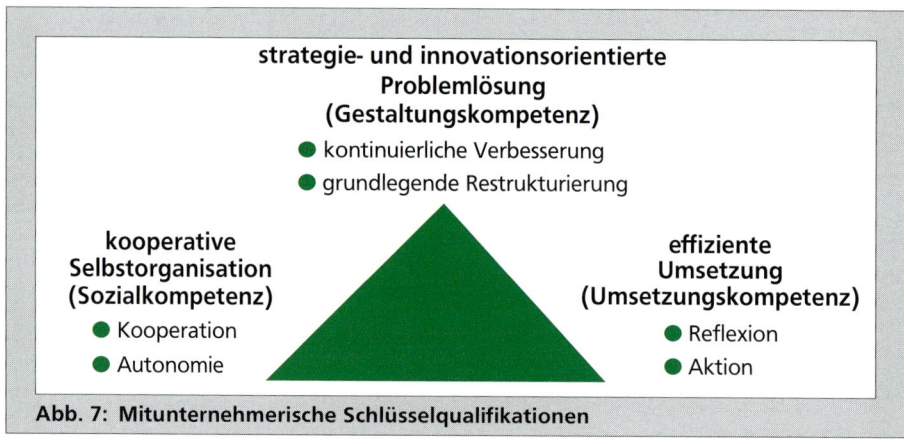

Abb. 7: Mitunternehmerische Schlüsselqualifikationen

- Die Optimierung von Arbeitsverfahren und -ergebnissen fordert an jedem Arbeitsplatz ständige Qualitätsverbesserung über strategieunterstützende **Problemlösungen**. Bei grundlegenden Veränderungen in Restrukturierungen steigen diese Anforderungen erheblich. Für die meisten Mitarbeiter genügt laufendes Verbessern durch selbstständige Problemlösungen im Sinne eines »continuous improvement«.

- Die **Umsetzungskompetenz** wird nach eigenen Umfragen besonders durch Zielstrebigkeit, Machbarkeitsglaube sowie Hartnäckigkeit auch bei Widerständen gesichert (Wunderer/Bruch 2000). Sie definierte schon Schumpeter (1912) als entscheidende Schlüsselqualifikation für selbstständige dynamische Unternehmer: »Die neuen Kombinationen kann man immer haben; aber das Unentbehrliche und Entscheidende ist die Tat und die Kraft zur Tat.«

- Zur mitunternehmerischen **Sozialkompetenz** ist autonomes, eigenständiges und »eigensinniges« Verhaltens unverzichtbar. Ebenso gilt das für wechselseitige Unterstützung, Kooperation, Vertrauensbildung und Netzwerkfähigkeit (Abb. 8, vgl. Preiser 1978 und Kapitel D).

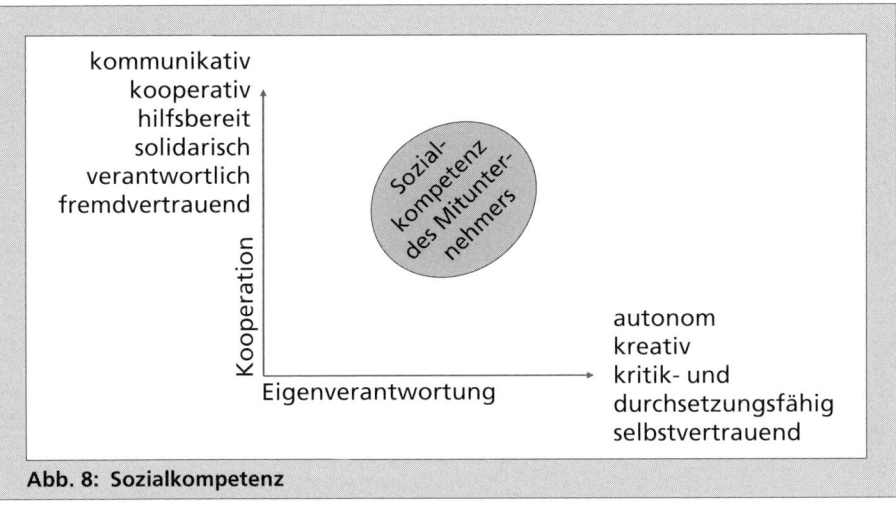

Abb. 8: Sozialkompetenz

- Zur **Abgrenzung zwischen Intrapreneur und Mitunternehmer**

Hier ist die *Sozialkompetenz* die unterscheidende Qualifikation (Wunderer/Dick 2002). Die Universität St. Gallen definierte auch vier Schlüsselkompetenzen für ihre »Assessmentstufe« und trennte sie von der Fachkompetenz (Abb. 9). Neben Leadership und Reflexionsfähigkeit werden *Verantwortungsbewusstsein und Sozialkompetenz, also Kompetenzanteile des Mitunternehmers gefördert.*

Leadership
(z. B. Visionen vermitteln, andere begeistern, Überzeugungskraft, delegieren und koordinieren, entscheiden)

Soziale Kompetenz
(z. B. Kontakt-, Teamfähigkeit, Zuverlässigkeit, Toleranz, Konflikt- und Kommunikationsfähigkeit)

Verantwortungsbereitschaft
(z. B. Werteorientierung, Integrität, Zivilcourage, Verantwortung übernehmen und Stellung beziehen)

Selbstreflexion
(z. B. eigenen Standort bestimmen und relativieren, Erkenntnisstreben, Urteilsvermögen und Selbstkritik, eigene Identität begreifen, abwägen, abgrenzen)

Abb. 9: Die vier Kernkompetenzen für Studierende

B Einführung und Grundlagen

- Zur **Motivation**, der zweiten Kompetenzdimension, unterscheiden wir zwischen Grund- und Situationsmotivation.

Die personentypische, stabile und unternehmerische *Grundmotivation* ist von zentraler Bedeutung: Dazu zählen Chancen- und Risikoorientierung sowie Umsetzungsmotivation. Die Sozialpsychologie nennt mit »freiwilligem Engagement« (Bierhoff 1980). eine weitere Anforderung. Diese drei definieren die unternehmerische personengeprägte Grundmotivation. Der sogenannte »Homo Schumpeteriensis« (Schumpeter 1912) bildet das Fundament für die beiden anderen schon besprochenen Idealtypen (Abb. 10).

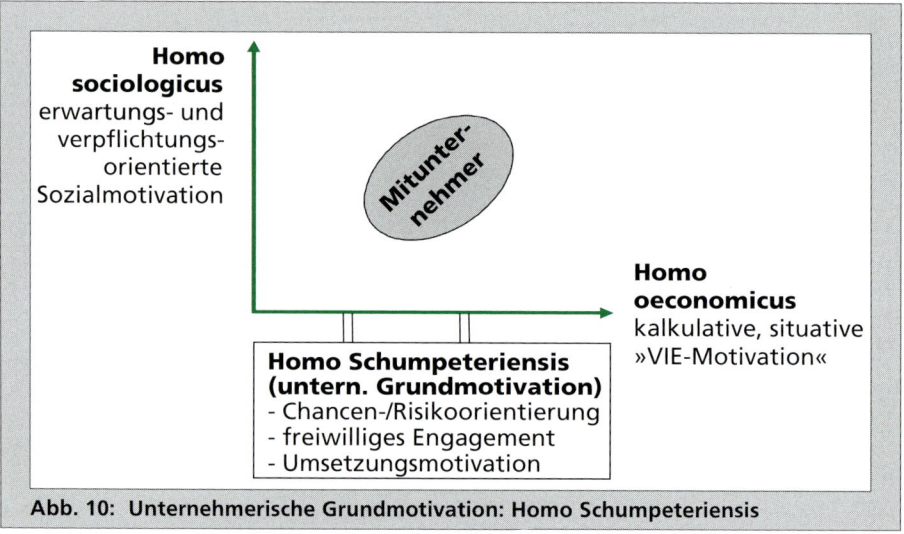

Abb. 10: Unternehmerische Grundmotivation: Homo Schumpeteriensis

Neben der individualtypisch-stabilen Grundmotivation gibt es eine *situationstypische*, oft stark extrinsische sowie volatilere und kalkulativere *Motivation*. Sie variiert nach der Bedeutung der jeweiligen Aufgabe (**Valence**), der Wahrscheinlichkeit ihrer Realisierung (**Expectancy**) und der dafür nötigen Instrumentalität (**Instrumentality**). Diese nutzenorientierte »VIE-Motivation« bevorzugen ökonomische Theorien (Wunderer 2009). Den homo sociologicus dagegen prägt eine erwartungs- und verpflichtungsorientierte Sozialmotivation – im Sinne eines »homo oeconomicus maturus« (Frey/Osterloh 1997).

- Zu einem weiteren Aspekt der Motivation, den **Motivationsbarrieren**.

Eigene Analysen zur Verteilung des internen Unternehmertums zeigten (dazu Abb. 18), dass ein großer Teil der Mitarbeiter und ein noch größerer der Führungskräfte) bereits unternehmerisch »grundmotiviert« ist. Für sie müssen deshalb nicht primär extrinsische Anreizsysteme eingesetzt werden. Dies gilt allenfalls für eine situative Motivierung.

Entscheidend ist, die schon intrinsisch und unternehmerisch Motivierten nicht durch Motivationsbarrieren in ihren Potenzialen zu behindern.

Ein Forschungsprojekt dazu (Wunderer/Küpers 2003) zeigt Differenzierungen zwischen **potenziell** stark eingeschätzten Motivationsbarrieren und den **aktuellen** Leistungsbremsen.

Überraschend war, dass die **Arbeitsfreude** stärker als die **Produktivität** blockiert wurde. Verantwortlich dafür waren besonders die Arbeitskoordination durch schlecht vorbereitete, geführte und umgesetzte Besprechungen sowie mangelnde Worttreue als Teil der Organisationskultur. Schließlich zeigte sich ein hoher Anteil an Produktivitätsverlust von über 20 % – und das bei nur mittlerer Demotivation (Abb. 11). Verwendet wurde eine 5er-Skala (5 = sehr stark, 1= sehr gering).

1. Arbeitskoordination (schlechte Kompetenzabgrenzung, »Schnittstellen«)	3,1	1. Arbeitskoordination (unproduktive Arbeitssitzungen)	3,0
2. Organisationskultur (Reden und Verhalten differieren, fehlende Leistungskultur)	3,1	2. Organisationskultur (Reden und Verhalten differieren, fehlende Innov.-/Koop.-Kultur	3,0
3. Perspektiven (berufliche) (fehlende Unternehmensvision und -strategie)	3,1	3. Work-Life-Balance (Familie, Gesundheit gefährdet)	2,8
4. Unternehmens-/Personalpolitik (fehlende bzw. inkonsequente Konzepte)	3,0	4. Ressourcen (Zahl/Qualität der Mitarbeiter)	2,8
5. Work-Life-Balance	3,0	5. Arbeitsdurchführung (Zeitdruck, Prozessorganisation)	2,8
Aktueller Verlust durch Demotivation			
Spaß an der Arbeit/Arbeitsfreude	29,0%	Spaß an der Arbeit/Arbeitsfreude	26,5%
Produktivität/Arbeitsleistung	21,5%	Produktivität/Arbeitsleistung	22,7%
Ergebnisse **2002–2005** (243 Middle-Manager)		Ergebnisse **1999–2001** (251 Middle-Manager)	

Abb. 11: Zentrale aktuelle Motivationsbarrieren – induzierte Verluste

> These 4: Entwickle eine fördernde Kontextgestaltung. Konzentriere dich dabei auf Steuerung, Führung und Kulturentwicklung.

● Steuerungskonzept:

In keinem der befragten Unternehmen fanden wir ein explizit formuliertes Konzept für eine an der Unternehmensverfassung orientierte »Governance«. Diese wurde nach vier Steuerungsprinzipien differenziert: Hierarchie, Bürokratie sowie interner Markt und interne soziale Netzwerk-Organisation. Unsere Befragungen zeigten seit 1998, dass in den meisten Firmen Hierarchie und Bürokratie noch die dominante klassische Steuerungskonfiguration darstellen.

Über 80 % der Befragten erwarteten als zukünftige *Steuerungskonfiguration* eine Kombination von internem Markt- und sozialem Netzwerk (Abb. 12). Diese Konfiguration entspricht unserem mitunternehmerischen Steuerungskonzept. Sie indiziert eine Kombination von internem Wettbewerb und fairer Kooperation.

B Einführung und Grundlagen

Hier wird ökonomische Marktsteuerung nach Erträgen, Leistungen und Gewinn mit langfristig orientierten Interaktionen verbunden, »co-opetition« genannt (Abb. 12).

Konzept	interner Markt	internes soziales Netzwerk	Hierarchie	Bürokratie/ Technokratie
Legitimationsgrundlage	• Wettbewerb • Leistungen • Erträge • Subsidiarität	• Kooperation • Vertrauen • Verpflichtung • Solidarität	• Herrschaft • Entscheide/ Weisungen • Einordnung	• Profession • Organisation • Gesetze • Regeln
Führungsphilosophie	• gewinnorientiert	• beziehungsorientiert	• weisungsorientiert	• professionell
spezifische Qualifikatoren	• Innovationsfähigkeit • Risikobereitschaft • Um-/Durchsetzungsfähigkeit • Chancen-/ökonomische Gewinnorientierung	• Beziehungsfähigkeit • individuelle und wechselseitige Unterstützung • Gesinnung/Standhaftigkeit/Verständnis • Verlässlichkeit	• Anpassungsfähigkeit/-bereitschaft • Verlässlichkeit • operative Umsetzungsfähigkeit/-bereitschaft • Akzeptanz von Fremdsteuerung	• Fach-/Sachkompetenz • Erfahrung • Verlässlichkeit • Regelorientierung • Gerechtigkeit

Abb. 12: Steuerungskonzepte, Schwerpunkt: Co-opetition

Co-opetition basiert also auf sozialer Netzwerkbildung, gegenseitiger Unterstützung und der hier relevanten Währung, dem »Vertrauen«. Natürlich bleiben Hierarchie und Bürokratie sowie Technokratie weiterhin als Steuerungskonzepte in jedem Unternehmen erhalten. Sie verlieren in diesem Kontext aber an Einfluss (Abb. 13).

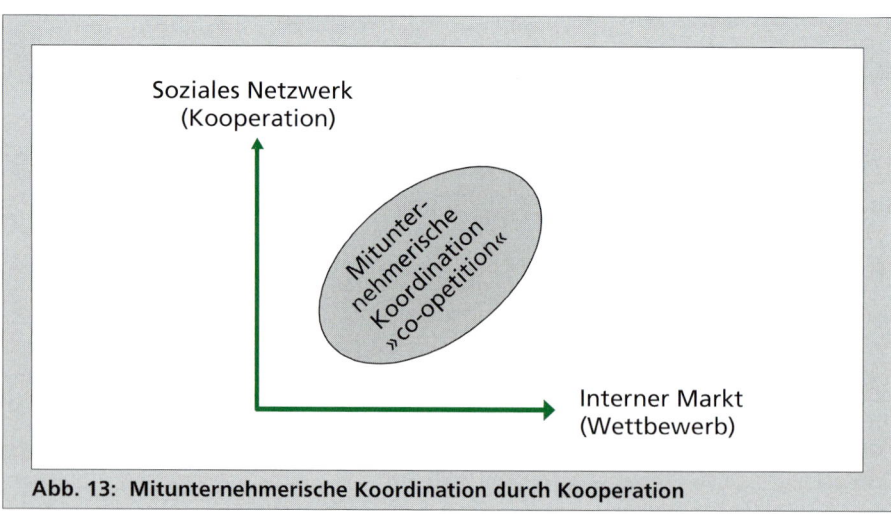

Abb. 13: Mitunternehmerische Koordination durch Kooperation

● **Kulturwandel**

Am Beispiel von erforderlichem Kulturwandel für Unternehmertum (Abb. 14) werden Herausforderungen und Schwierigkeiten an fünf Orientierungen gezeigt (vgl. dazu Bitzer 1991 sowie Weibler/Wunderer 2007).

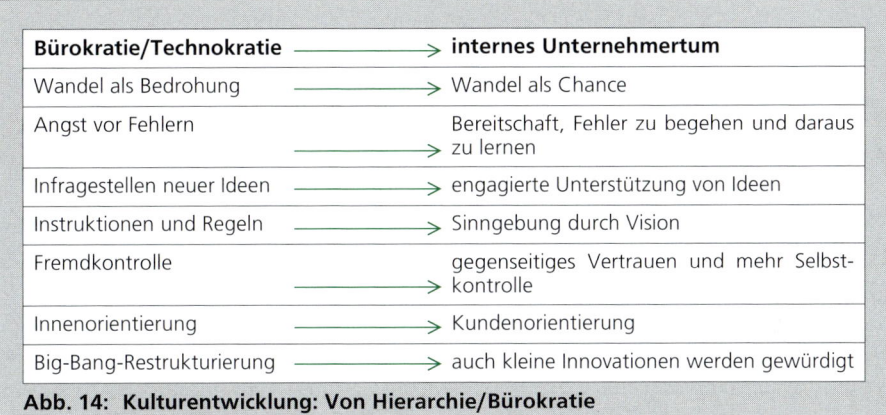

Abb. 14: Kulturentwicklung: Von Hierarchie/Bürokratie zum Mitunternehmertum

Diese Grundwerte, Denkmuster und Verhaltensweisen sind meist Teil der »Persönlichkeitsstruktur« des Personals und deshalb schwer zu ändern. Und diese »Software« ist nicht von der »Hardware« der Mitarbeiterköpfe zu trennen.

Fazit: Ohne eine integrierte und auf Mitunternehmertum ausgerichtete Gestaltung von Steuerungskonzept und struktureller Führung durch das obere Management kann internes Unternehmertum kaum nachhaltig realisiert werden.

● **Führungskonzept**

Nun fehlt noch das mitunternehmerische Führungskonzept mit zwei Dimensionen (Abb. 15).

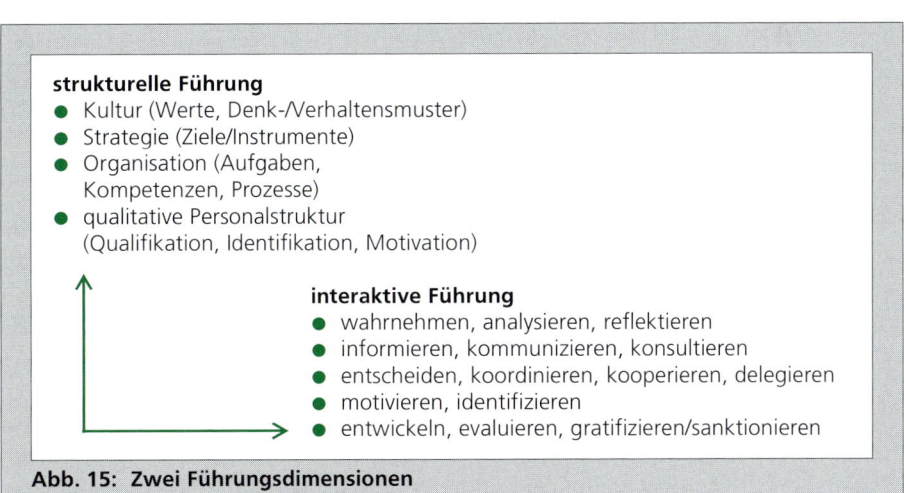

Abb. 15: Zwei Führungsdimensionen

Nach der Implementation der Steuerungskonfiguration geht es um die damit abgestimmte Gestaltung der strukturellen Führung. Sie konzentriert sich auf drei Elemente: Gestaltung von Aufbau- und Ablauforganisation, Verbindung von Zielen und Mitteln (Strategie) sowie Entwicklung und Umsetzung gemeinsam geteilter und gelebter Werthaltungen (Kultur).

> **These 5:** Integriere im interaktiven Führungskonzept delegativ-rationales Management mit transformational-emotionaler Leadership.

Wir differenzieren im interaktiven Führungskonzept mit Bass/Riggio 2006 zwischen *transaktionaler und transformationaler* Führung (Abb. 16) und plädieren bei der Gestaltung der direkten und interaktiven Mitarbeiterführung für einen vorwiegend **delegativen Führungsstil**, der die Mitarbeiter zu selbstverantwortlicher sowie ziel- und ergebnisorientierter Leistungserbringung fördert. Konzepte dazu sind schon instrumentell ausgearbeitet, werden aber noch nicht so breit praktiziert. Eigene Führungsstilanalysen bestätigten eine Bevorzugung delegativer Führung als Soll-Konzept. Bei der Einschätzung des realen Führungsverhaltens dominierte aber konsultative Führung, die initiatives Problemlösen beschränkt. Konsultative Führung forderte vor über 1.500 Jahren der Heilige Benedikt für seine Klöster mit folgender – heute noch gültiger – Partizipationsregel: »So oft im Kloster eine wichtige Angelegenheit zu entscheiden ist, rufe der Abt die ganze Klostergemeinde zusammen und lege selber dar, worum es sich handelt! Und er höre den Rat der Brüder und tue, was nach seinem Urteil das Nützlichste ist.«

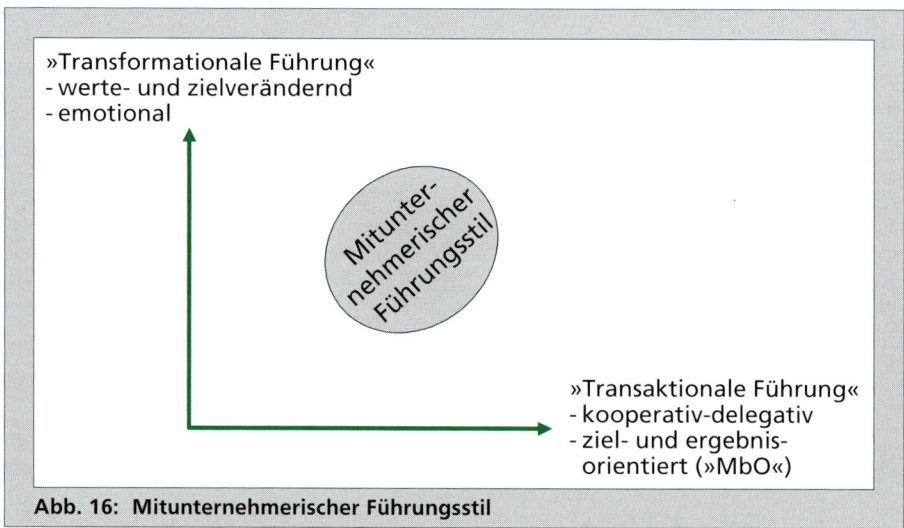

Abb. 16: Mitunternehmerischer Führungsstil

- Transformationale Führung

Eine sinnvolle Vorbereitung dafür ist die *kooperativ-delegative Führung*. Diese ist schon emotional fundiert, mit starker Ausrichtung auf Kommunikation und Vertrauen. Und sogar noch deutlich mehr ausgerichtet auf Partizipation und Wechselseitigkeit.

Als notwendige Kombination für eine auf höhere Werte, Motive und davon beeinflusste Verhaltensweisen ausgerichtete Mitarbeiterführung – besonders in Wandlungsprozessen – wird die transformationale Führung nach Bernard Bass etwa so differenziert (Bass/Riggio 2006; vgl. die von uns leicht modifizierte Abb. 17).

Die erste Forderung zielt auf »individuelle Führung« der Mitarbeiter. Das kann jeder Manager lernen. Es folgt erfolgreiches »Aufbrechen von alten Denkmustern« und damit ein anspruchsvoller Führungsprozess, um die neuen Ideen für den geplanten Wandel auch säen und wachsen zu lassen. Das sollten gute Manager schaffen. Die nächsten zwei Faktoren verlangen anspruchsvolle Leadership. Denn sie fordern charismatisch begeisternde Führung sowie hohe Fähigkeit zur Vertrauensbildung, v. a. durch »integres Verhalten«. Gerade daran fehlt es nach Analysen zu Motivationsbarrieren, denn schon die zweitstärkste Barriere war der Widerspruch zwischen Sagen und Tun (Walk your talk).

Fazit: Gefordert wird, Führung sowohl situativ optimal als auch realistisch zu positionieren und zu verbinden, um Mitunternehmertum zu realisieren.

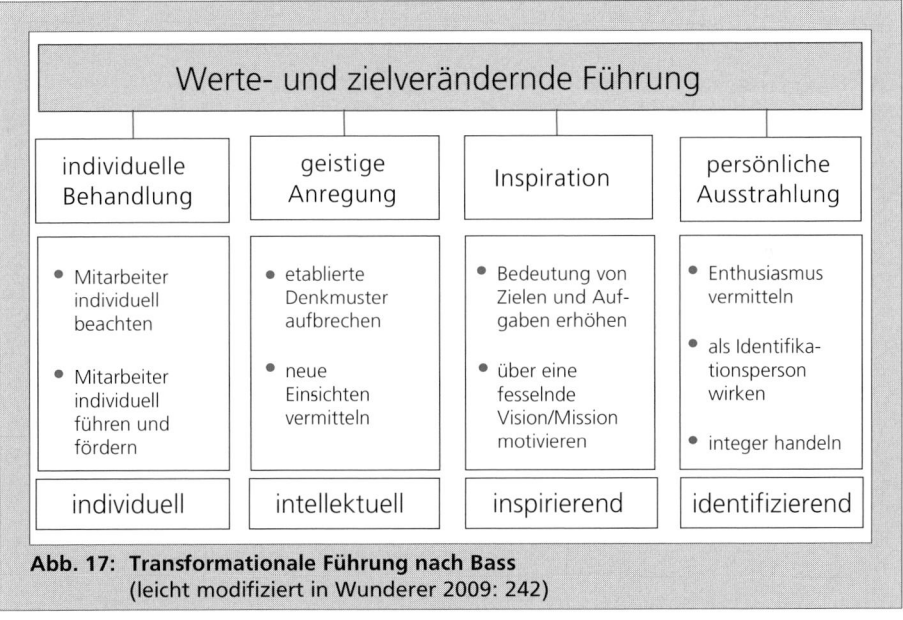

Abb. 17: **Transformationale Führung nach Bass**
(leicht modifiziert in Wunderer 2009: 242)

These 6: Fördere individuell sowie zielgruppen- und teamorientiert.

Neben der schon diskutierten individuellen Führung sollten obere und mittlere Führungskräfte nach Kompetenzen differenzierte Zielgruppen möglichst in einem *Portfolio* nach dem Mitunternehmerkonzept fördern. Befragungen zur Zielgruppendifferenzierung ergaben dazu eine Verteilung nach vier Qualifikations- und Motivationsstrukturen.

Eine Folgerung lautet, Mitunternehmer anders zu fördern als Routinemitarbeiter. Abbildung 18 zeigt dazu ein verkürztes *Portfolio* – integriert mit der von uns bisher ermittelten qualitativen Verteilungsstruktur der Mitarbeiter (vgl. Wunderer 2009).

Aus dieser zielgruppenorientierten Differenzierung ist nicht abzuleiten, Routinemitarbeiter wegen Unbrauchbarkeit auszusondern. Denn jedes Team erfordert unterschiedliche Rollen. Nur kreative Problemlöser reichen in einem Team ebenso wenig wie nur operative Umsetzer. Die optimale Teamentwicklung ergibt sich – das zeigen gerade alle Teamsportarten – in sich ergänzenden Qualifikationen, also in einer Rollenkombination.

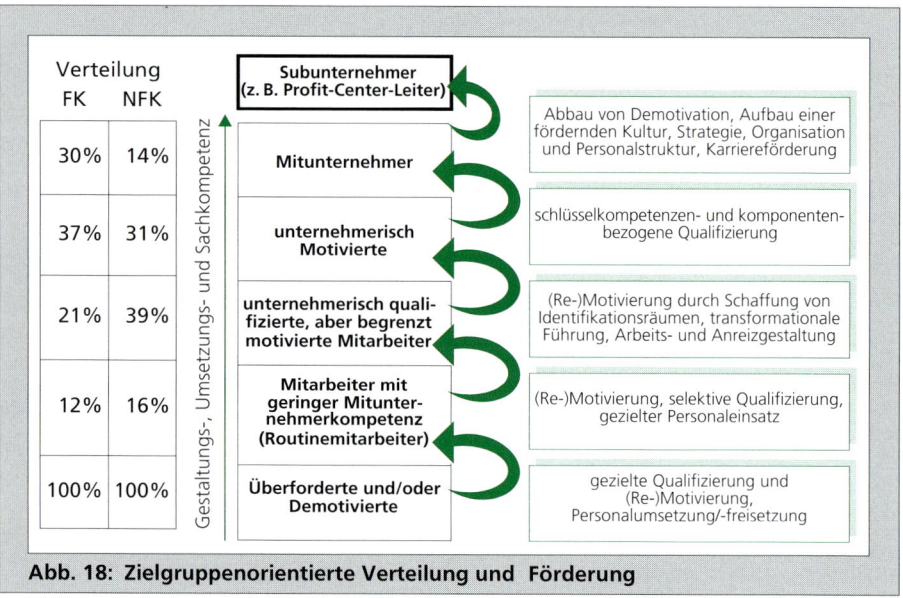

Abb. 18: Zielgruppenorientierte Verteilung und Förderung

Fazit: Die Förderung internen Unternehmertums sichert besonders eine zielgruppendifferenzierte Entwicklung mitunternehmerischer Qualifikation und Motivation bei Führungskräften (FK) sowie Nichtführungskräften (NFK).

> **These 7:** Setze auf reife Umsetzung.

Die Verteilung der Schlüsselqualifikationen und damit verbundener Motivationen zeigt eindeutig die Umsetzungskompetenz als Hauptproblem bei der Realisierung internen Unternehmertums. Eine Studie (Wunderer/Bruch 2000) mit über 100 Firmen ermittelte die Umsetzungskompetenz als mit Abstand am wenigsten realisierte Schlüsselkompetenz sowohl in Großunternehmen wie auch in KMU (vgl. Abb. 3, Seite 92)! Daran also unterscheiden sich Organisationen mit guten Ideen! Die einen setzen sie um, andere entwickeln daraus »Visionen« – hier dann oft »als Träume **ohne** Verfallsdatum«.

3 Literatur

Bass, B./Riggio: Transformational Leadership, 2. ed., Mahwah, New Jersey.

Bierhoff, H. W. (1980): Hilfreiches Verhalten, Darmstadt.

Bihl, G. (1995): Werteorientierte Personalarbeit, Strategie und Umsetzung in einem neuen Automobilwerk, München.

Binswanger, H. Ch. (1998): Die Glaubensgemeinschaft der Ökonomen, München.

Bitzer, M. (1991): Intrapreneurship: Unternehmertum in der Unternehmung, Stuttgart u. a.

Erpenbeck/Rosenstiel, L. v. (1999) (Hrsg.): Handbuch Kompetenzmessung, Stuttgart 2003.

Fischer, H. (1999): Förderung internen Unternehmertums in Großunternehmen, in: Wunderer, R. (Hrsg.): Mitarbeiter als Mitunternehmer, S. 274-287.

Gaugler, E. (1999): Mitarbeiter als Mitunternehmer: Die historischen Wurzeln eines Führungskonzepts und seine Gestaltungsperspektiven, Wunderer, R. (1999) a. a. O., S. 3-21.

Hartmann, R. (1990): Die anthropologische Konzeption des Genossenschaftswesens: Welche Chance hat der »homo cooperativus«? in: Laurinkari, J. (Hrsg.): Genossenschaftswesen, München.

Hilb, M. (2009): Integriertes Personalmanagement: Ziele – Strategien – Instrumente, 18. Aufl., Köln.

Hilti, M.(1999): Unternehmer in Unternehmen – Beispiel Hilti, in: Wunderer, R. (1999) a. a. O., S. 251-258.

Kirchgässner, G. (2000): Homo oeconomicus, 2. Aufl., Tübingen 2000.

Kuhn, Th. (2000): Internes Unternehmertum, München.

Mohn, R. (2000): Erfolg durch Partnerschaft, Siedler.

Pinchot, G. (1988): Intrapreneuring: Mitarbeiter als Unternehmer, Wiesbaden.

Preiser, S. (1978): Sozialisationsbedingungen sozialen und politischen Handelns, in: Landeszentrale für politische Bildung (Hrsg.): Selbstverwirklichung und Selbstverantwortung in einer demokratischen Gesellschaft, 2. Aufl., Mainz, S. 126-135.

Schumpeter, J. (1912): Theorie der wirtschaftlichen Entwicklung, Leipzig.

Weibler, J./ Wunderer, R. (2007): Leadership and Culture in Switzerland – Theoretical and Empirical Findings, in: Chokar. J. et al. (eds.): Culture and Leadership across the World, Mahwah, S. 251-296.

Wunderer, R. (2009): Führung und Zusammenarbeit – eine unternehmerische Führungslehre, 8. überarbeitete und erweiterte Aufl., Köln.

Wunderer, R./Bruch, H. (2000): Unternehmerische Umsetzungskompetenz, München.

Wunderer, R./Dick, P. (2007): Personalmanagement – Quo Vadis?, 5. Aufl., Köln.

Wunderer, R./Dick, P. (2002): Sozialkompetenz – eine mitunternehmerische Schlüsselkompetenz, in: Die Unternehmung, Heft 6, 2002, S. 269-299.

Wunderer, R./Küpers, W. (2003): Demotivation – Remotivation, Neuwied.

Wunderer, R. (1999) (Hrsg.): Mitarbeiter als Mitunternehmer: Grundlagen, Förderinstrumente, Praxisbeispiele, Neuwied/Kriftel.

Zaugg, R. (2006) (Hrsg.): Handbuch Kompetenzmessung, Bern.

III Führungs- und Kooperationsleitsätze

1977 erschien Bruno Bettelheims »Kinder brauchen Märchen«. Seine Begründung: »In ihrer jetzigen Gestalt sprechen sie alle Ebenen der menschlichen Persönlichkeit gleichzeitig an. Sie erreichen den noch unentwickelten Geist des Kindes genauso wie den differenzierten Erwachsenen« (a. a. O. 2000/1977: 11). Diese möchten wir erreichen, besonders Nachwuchskräfte sowie Eltern mit Kindern in an Märchen interessiertem Alter.

In diesem Kapitel werden zunächst Verhaltensleitsätze nach Entwicklungsgeschichte, Begriff, Funktionen und personalpolitischer Einbindung behandelt. Es folgt eine Analyse von 70 expliziten und häufigen Leitsätzen aus 63 der 201 KHM nach typischen Kernaussagen. Mit dem so ermittelten Konzept wurden 70 schriftliche Führungs- und Kooperationsgrundsätze von 42 Unternehmen ausgewertet und den Kernleitsätzen der Märchen zugeordnet. Der qualitative wie quantitative Vergleich von Leitsätzen aus Volksmärchen und dazu passenden aus Unternehmen als praktisch-normative Verhaltensleitbilder erfolgte hermeneutisch-interpretativ mit dem Bewusstsein zeitlicher, institutioneller und disziplintypischer Unterschiede sowie mit dem Ergebnis überraschender Gemeinsamkeiten.

Dann wird diskutiert, ob Inhalte der Märchenleitsätze eine Grundlage für Unternehmensgrundsätze sowie für eine Prägung des Managementnachwuchses bilden können. Die These lautet: Wer über diese Maximen früh sozialisiert wurde, erfüllt noch heute zentrale Führungs- und Kooperationsgrundsätze der Wirtschaft. Die Uni Konstanz gründete jüngst einen Masterstudiengang »Frühe Kindheit« mit der Begründung: weil »die ersten drei Jahre großen Einfluss auf das Leben eines Menschen hätten« (St. Galler Tagblatt 2010).

Abb. 1: »Wer nicht hören will, wird fühlen!«
Illustration von A. Born (Bildnachweis S. 223)

B Einführung und Grundlagen

1 Verhaltensleitsätze im Management

1.1 Zur Entwicklungsgeschichte

Verhaltensleitsätze werden bevorzugt unter Führungsgrundsätzen bzw. Leitsätzen für Führung und Kooperation formuliert, deren Rezeption reicht bis in das dritte Jahrtausend v. Chr. (Wille 1992, Wunderer 1993, 2006: 383 ff.). Wohl in allen Religionen, Kirchen, Klöstern und Mönchsregeln (Balthasar 1980, Kirschner et al. 1979) gibt es kodifizierte Ge- und Verbote, die das Denken und Handeln auch in Kooperationsbeziehungen beeinflussten. In der Renaissance finden sich Maximen zur Machterhaltung und -gewinnung, z. B. als »Fürstenspiegel« zur Erziehung und Anleitung von Herrschern (Machiavelli 1991, Riklin 1996). Und im Zuge der Aufklärung werden im 18. Jahrhundert Leitsätze »Über den Umgang mit Menschen« (Knigge 1788/1991) publiziert, die schon psychologische Typologien zur Differenzierung des Umgangs mit Zielgruppen verwenden. In den Gründerjahren des 19. Jahrhunderts dominieren Arbeitsordnungen und -richtlinien (Bärsch 1983). Und ab 1960 verbreiten sich im deutschen »Wirtschaftswunder« sogenannte Führungsrichtlinien (Höhn 1986, Guserl 1973) derartig, dass der amerikanische Führungsforscher Bernhard Bass von einer »teutonischen Angelegenheit« (Wunderer 1983: VI) sprach. In den 1980er Jahren rücken auch über das Konzept der kooperativen Führung sowie der Betriebsverfassung »Führungsleitbilder« in den Mittelpunkt – teils als Führungsethik zur »Begünstigung humaner Leistung« (Jäger 2001: 278 ff., Langer 1996, Ulrich/Thielemann 1999).

1.2 Begriffliche und konzeptionelle Abklärung

Führungsgrundsätze beschreiben oder normieren Beziehungen zwischen Vorgesetzten und Mitarbeitern im Rahmen einer werte- und zielorientierten Führungskonzeption zur Förderung von erwünschtem Sozial- und Leistungsverhalten. Kooperationsgrundsätze beziehen die Zusammenarbeit mit Kollegen und anderen Organisationseinheiten ein.

In der Führungsforschung und -lehre haben Verhaltensleitsätze einen festen Platz (Bleicher 1989, Braunschweiler 1996, Gabele et al. 1982, Gebert 1976, Glasl 1983, Mahari 1985, Schilling 2005, Wunderer 1983, Wunderer/Heibült 1986, Wunderer/Klimecki 1995). Dazu werden Grundlagen zu Führung, Leitsätzen und personalpolitischen Instrumenten mit empirischen Ergebnissen referiert – auch zum Vergleich mit Märchenleitsätzen.

- *Zwei Führungsdimensionen* erleichtern die Einordnung von Leitsätzen in die Mitarbeiterführung (vgl. Abb. 14 in Kapitel B I sowie Wunderer 2009: 383 ff.).
- *Strukturelle Führung* gestaltet Kultur, Strategie, Organisation sowie die qualitative Personalstruktur von Unternehmen oder Teams nach möglichst klaren Prinzipien. So kann man internes Unternehmertum fördern über Führungskultur (Wandel mehr als Chance statt als Risiko verstehen), Führungsstrategie (delegative Führung und ergebnisorientierte Vergütung verstärken), dezentrale Führungsorgani-

sation fördern sowie unternehmerisch qualifizierte und motivierte Mitarbeiter gewinnen und halten.

- *Interaktive Führung* beeinflusst *Beziehungen zwischen Vorgesetzten und Mitarbeitern* auch über Leitsätze. Dies geschieht teils durch »implicit leadership«, über symbolische Führung und individuelle Berücksichtigung bei Führung und Kooperation.

- In der Managementpraxis sollen Leitsätze die *strategische Ebene*, die taktischen Programme sowie die operative Umsetzung zugleich beeinflussen (Abb. 2). Ähnlich werden gesellschaftliche Werte vermittelt. Die Wirtschaftspraxis sucht über (schriftliche) Führungsgrundsätze einen Rahmen abzustecken und zu kommunizieren. Dabei sind Führungspolitik und -philosophie angesprochen. Wir bevorzugen einen induktiven Ansatz, der mit einer realistischen Ist-Analyse und mit Verbesserungsansätzen beginnt statt mit hehren Leitprinzipien, die dann in den Managementhandbüchern abgeheftet selig schlummern. Ähnlich gehen die Märchen vor, die ihre Maximen meist erst zum Schluss formulieren.

- Werte und Ziele werden in Großunternehmen primär über *explizit formulierte Leitbilder* kodifiziert und vermittelt. In KMU geschieht dies oft über informell postulierte und gelebte Ge- und Verbote. Wir beschränken uns auf explizite und formalisierte Leitsätze. Sie wurden den zuvor ermittelten Kernleitsätzen aus der Märchenanalyse zugeordnet.

- *Führungs- und Kooperationsgrundsätze* sind in personalpolitische Prozesse und Instrumente zu integrieren. Das sichert auch ihre Umsetzung (Abb. 3).

B Einführung und Grundlagen

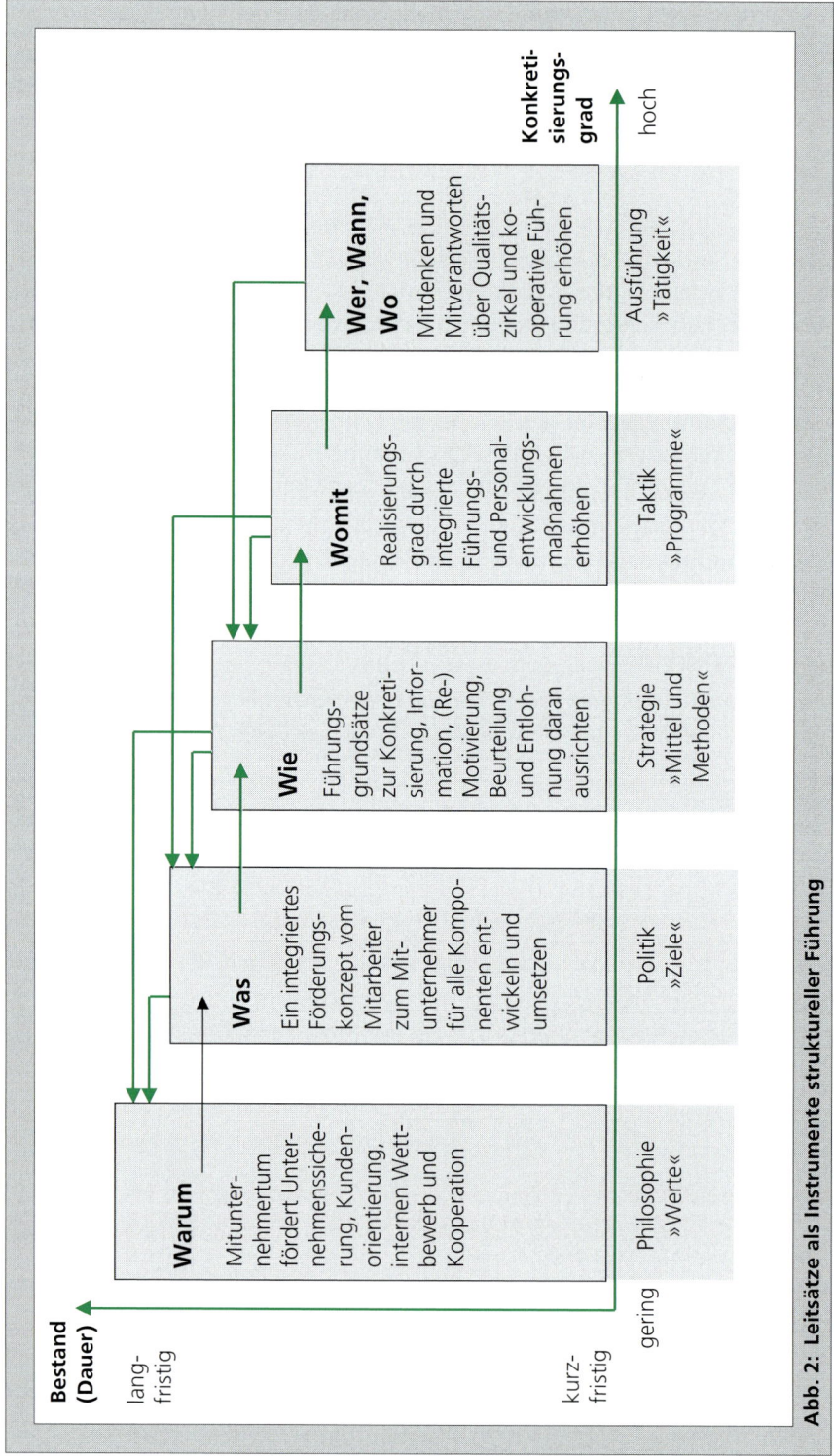

Abb. 2: Leitsätze als Instrumente struktureller Führung

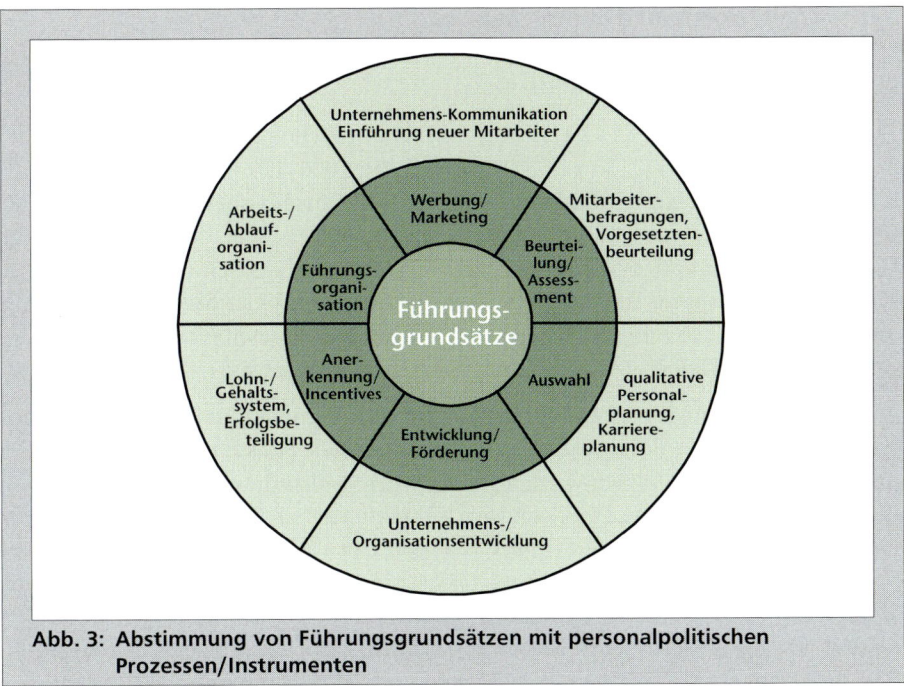

Abb. 3: Abstimmung von Führungsgrundsätzen mit personalpolitischen Prozessen/Instrumenten

1.3 Ergebnisse zur Wirksamkeit von Führungsgrundsätzen

Eine 1981 durchgeführte Analyse von 651 aus 4.800 zufällig ausgewählten Unternehmen in Deutschland zur Wirksamkeit von Führungsgrundsätzen rangierte folgende Einschätzung mit Abstand an erste Stelle:»Sie [Führungsgrundsätze] erleichtern die direkte Kommunikation zwischen Vorgesetzten und ihren Mitarbeitern über die Gestaltung ihrer Führungsbeziehungen« (Wunderer/Klimecki 1995). Hier ergaben sich viele Gemeinsamkeiten mit Märchenleitsätzen.

Bei der Frage nach dem Einfluss von Führungsgrundsätzen auf reales Verhalten hielt die Hälfte der befragten Manager schriftliche Leitbilder für wirksam. Die andere Hälfte antwortete hierzu reserviert bis ablehnend. In der Erzählforschung fehlen empirische Analysen zu diesem Thema.

Führungsgrundsätze von Unternehmen betrachten langjährige Mitarbeiter oft mit Distanz; nur etwa ein Drittel erhofft sich erkennbare Wirkungen auf das reale Verhalten.

Dagegen lesen Hochschulabsolventen die bei ihrer Bewerbung übersandten Leitbilder oft vertrauensselig und ziehen dann naive Rückschlüsse auf die realen Unternehmens-, Führungs- und Kooperationskulturen.

B Einführung und Grundlagen

2 Verhaltensleitsätze in Märchen

2.1 Wirkungen von Leitsätzen

Märchen prägen primär Kinder. In der – aus neuropsychologischer wie psychoanalytischer Sicht (Roth 2007, Singer 2003, Bettelheim 2000, Drewermann 1993) – entscheidenden Entwicklungsphase hören sie von morgens bis abends viele moralische und praktische Normen, Regeln, Leitsätze und Maximen. Jede der Bezugspersonen kommuniziert sie anders: Mutter, Vater, Kindergärtner, Geschwister, Großeltern, Tanten, Onkel, Cousins und auch Gleichaltrige. Das gilt primär für Erstgeborene, die »Nullserie« der Erziehung, auch bei professionell ausgebildeten Eltern – frei nach W. Busch: »Pfarrers Kinder, Müllers Vieh, gedeihen selten oder nie.«

Die Kleinen hören oder sehen Märchen in vielen Variationen und »Kanälen«, meist vor dem Einschlafen oder morgens an Wochenenden. Sie kennen weder Verfasser noch »Sender«, die Maximen werden gern in einer »Fallstudie« versteckt, seltener mit dem Zeigefinger explizit. Dennoch wird transaktionsanalytisch (Berne 1967) so gerne das »Eltern-Ich« sozialisiert – nach S. Freud das »Über-Ich« bzw. das Gewissen. Während Appelle von Bezugspersonen leichter abstumpfen, weil sie mit der Lebenswirklichkeit verglichen werden können, behalten Märchennormen oft höhere Wirkungsgrade. Sie fördern Identifikationen oder Projektionen mit Heldinnen und Helden. Sie verankern sich dann tiefer, weil enger mit der Traumwelt und Tagesfantasien verbunden. Wenn Erwachsene Märchen als unterstützende Sozialisationshilfen, also als Erziehungsbücher verstehen, werden sie nach den gewünschten Normen ausgewählt. In der Psychoanalyse und -therapie zeigen Märchen oft erkennbare Wirkungen bei Projektionen auf eigene Entwicklungsphasen und -konflikte – z. B. sich als Aschenputtel bzw. Prinzessin oder als Drache, Pechmarie, Hans im Glück zu fühlen (Kast 1989, Wunderer 2004).

Firmenleitsätze sind weniger konkret als die von Märchen. Dafür enthalten sie nicht nur Normen, sondern auch Instrumente und Fördermaßnahmen, weiterhin sind sie umfassender, strukturierter und abstrakter als die Verhaltensmaximen der Märchenwelt.

2.2 Kernleitsätze aus Märchen der Brüder Grimm und Firmenleitbildern

Diese Märchensammlung wurde kürzlich zum Weltkulturerbe erklärt. Sie ist »bis heute das meistaufgelegte, meistübersetzte und bestbekannte deutschsprachige Buch« (Röllecke 1993: 9). Auch deshalb beschränkten wir uns auf dieses Buch.

Die 201 Märchen der Brüder Grimm (1999/1819) wurden auf explizite Leitsätze analysiert (Wunderer 2004). Dabei wurden wir bei den 63 ausgewählten Märchen meist im Schluss(ab)satz fündig. Daraus wurden 70 Maximen ausgewählt und über eine Inhaltsanalyse in den folgenden acht Kernleitsätzen zusammengefasst. Diese wurden dann mit Unternehmensleitbildern verglichen. Dabei entfielen zwei der acht Kernleitsätze aus den Märchen: Sei und bleibe bescheiden sowie Achte die Hierarchie. Damit ergaben sich sechs gemeinsame Kernleitsätze in Management und Märchen (siehe Abb. 4). Dazu wurden dann 70 passende Führungs-/ Kooperationsgrundsätze aus 42 Firmen ausgewählt und kommentiert. Die Märchen thematisieren meist Geführtenrollen der Helden und Heldinnen, Unternehmensgrundsätze dagegen meist Führungs- und Kooperationsrollen.

Verhalte Dich mental intelligent, z. B. beim kreativen Problemlösen (7/5).

Lerne aus Fehlern und entwickle Dich weiter (5/12).

Verhalte Dich emotional intelligent (10/19).

Halte Dein Wort – Walk your talk (6/19).

Rechne mit Prüfungen und damit verbundenen Gratifikationen (13/12).

Rechne mit Sanktionen (12/3).

Die erste Zahl in Klammern betrifft die Nennungen in den Märchen, die zweite in den Unternehmensgrundsätzen.

Abb. 4: Die gemeinsamen expliziten Kernleitsätze in Märchen und Management

---

2.3 Sanktionen in Leitsätzen

Gar nicht kindgemäß wirken Sanktionen in Märchen in einer selbst für das 19. Jahrhundert teils barbarischen Form. Hier wird – nach der »schwarzen Pädagogik« (Rutschky 1997) von der bösen Kindsnatur – drastisch-drakonisch zu konditionieren versucht, statt über eigene (Gewissens-)Reflexionen selbstständige Folgerungen zu fördern. So führt schon Eigensinn oder Unehrlichkeit unmündiger Kinder bis zur Todesstrafe mit zusätzlicher Verdammnis nach dem Tode (z. B. Der gestohlene Heller, Das eigensinnige Kind)! Im Vorwort zu den KHM als »Erziehungsbuch« (Brüder Grimm 1999/1819: 30) lautete die Mission: »Wir suchen die Reinheit in der Wahrheit einer geraden, nichts Unrechtes im Rückhalt bergenden Erzählung. Dabei haben wir jeden für das Kinderalter nicht passenden Ausdruck gelöscht.« Dazu noch ein »Selbstzeugnis« von Jacob Grimm: »Wir Geschwister wurden alle ... durch Tat und Beispiel streng reformiert erzogen, Lutheraner ... pflegte ich wie fremde Menschen anzusehen, und von Katholiken ... machte ich mir scheue, seltsame Begriffe« (zit. nach Schede 2004: 10).

Verbreitete »Kinderbücher« wie »Struwwelpeter« von H. Hoffmann (2005/1847) oder »Max und Moritz« von W. Busch (2005/1865) bringen ähnliche Sanktionen. Wurden hier selbst bei christlich geprägten Autoren aggressive Projektionen befriedigt und bei Kindern lebensprägende Ängste sozialisiert sowie Kadavergehorsam gezüchtet? Und wieweit prägte diese »Erziehung« die jüngere unselige deutsche Geschichte?

Religionsgemeinschaften verbanden ihre Ge- und Verbote immer mit Sanktionen. Dies belegt etwa die »Regel des hl. Benedikt« aus dem sechsten Jahrhundert (Balthasar 1980). Sie blieb im Text unverändert, wird aber vom Abt »zeitgemäß interpretiert«.

Jedem ihrer 73 Leitsätze wurden noch drei Kalendertage für die »Lesung« zugeordnet – ein Implementierungsbeispiel auch für Firmen!

29 der 73 Leitsätze bringen Sanktionsandrohungen. Sie reichen von Ermahnung und Belehrung über Verweigerung des Segensgrußes oder des gemeinsamen Tisches bis zur körperlichen Züchtigung und Ausschluss aus der Gemeinschaft. Darüber hinaus wird der Mönch auf stets wachsame Engel (sozusagen als »Controller«) sowie auf Seelen- und Höllenstrafen verwiesen: »Allzeit betrachte er sich als schuldbeladen und sehe sich im Geiste schon vor dem furchtbaren Gerichte Gottes.« Dies erklärt auch Quellen der »Märchenzucht« und dort geforderte Tugenden wie Gehorsam, Demut und Bescheidenheit.

Warum aber sind in den Führungs-/Kooperationsgrundsätzen der Unternehmen konkrete Sanktionen ausgeblendet? Neuere ökonomische Experimente belegen, dass sich in Gewinn- und Verlustspielen egoistische Mitspieler erst durch Sanktionen nachhaltig kooperativer verhalten (Gächter/Fehr 2002). Ebenso werden Regelverstöße zur guten Unternehmensführung (Governance) teils streng sanktioniert (Wunderer 2009, Hilb 2010). Und implizit sanktionieren alle Manager und Unternehmen Fehlverhalten auch ohne Legitimation durch Leitsätze.

2.4 Beispiele zu Leitsätzen in Märchen und Management

Nun folgen einige Beispiele zur sozio-emotionalen Kompetenz in Märchen- und Unternehmensleitsätzen, die in Kapitel D ausführlich diskutiert werden.

Häufiger als in den expliziten Maximen vermitteln Märchen implizit, prosoziales Verhalten lohne sich. Gerade intellektuell weniger Kluge sind wegen ihrer emotionalen Kompetenz erfolgreicher, weil sie damit Netzwerke bilden und nutzen, die nach bestandenem Assessment helfen.

Zum Kernleitsatz in Märchen:
Sei emotional intelligent – v. a. barmherzig und teamfähig.

Das graue Männchen: »*weil Du ein gutes Herz hast und von dem Deinigen gerne mitteilst, so will ich dir Glück bescheren.*«
Die goldene Gans: 368

»*Ich habe Mitleid mit Dir und fürchte mich vor nichts.*«
Der Trommler: 783

»*Zweiäuglein aber hieß sie willkommen und tat ihnen Gutes und pflegte sie, also dass die beiden von Herzen bereuten, was sie ihrer Schwester in der Jugend Böses angetan hatten.*«
Einäuglein, Zweiäuglein, Dreiäuglein: 619

»*Und nicht eher sollte die Verwünschung aufhören, als bis ein Mädchen zu uns käme, so gut von Herzen, dass es nicht gegen die Menschen allein, sondern auch gegen die Tiere sich liebreich bezeigte.*«
Das Waldhaus: 713

Zum Kernleitsatz in Unternehmen:
Sei emotional intelligent – v. a. prosozial und teamfähig.

»Leadership leben bedingt ein Verhalten, das von Offenheit, Kreativität, Fairness und dem Willen zur ständigen Verbesserung geprägt ist.«   Hilti, Liechtenstein
»Wir fördern Meinungsvielfalt und pflegen eine konstruktive Streitkultur.«   BASF, Deutschland
»Sie gehen respektvoll mit ihren Mitarbeitern, Mitarbeiterinnen und Kollegen, Kolleginnen und Vorgesetzten um.«   Sanacorp, Deutschland
»Wir bilden das beste Team in der Industrie, indem wir die gruppenweite Vielfalt an persönlicher und fachlicher Kompetenz fördern.«   BASF, Deutschland
»Wir erreichen unsere Unternehmensziele im Team.«   HP, Deutschland
»Wir suchen die Zusammenarbeit über Team- und Departementsgrenzen hinweg.«   Zug, CH

Märchenhelden und -heldinnen praktizieren das auch bei Fremden. Dies prüfen und belohnen (scheinbar) Bedürftige, (verkleidete) Feen oder verwandelte Tiere. In vielen Firmenkulturen gilt das nur firmenintern. Hierzu unterstützt noch freiwilliges Sozialverhalten, z. B. über »Loyalität« oder »Organizational Citizenship« (Bretz et al. 1988).

In Unternehmensleitbildern hat kooperative Team- oder Projektarbeit Vorrang vor Einzelkämpfertum, das wiederum in Sagen wie Märchen überwiegt. Allerdings wurde die in Deutschland propagierte »Ich-AG« erst in »Selbst-GmbH« umfirmiert; den Leitbildern entspräche aber eine »Wir-GmbH« besser. Denn Sozialkompetenz rangiert auch bei der Auswahl von Führungs-(nachwuchs-)kräften ganz oben. Diese wird aber eindimensional interpretiert, weil Autonomie bzw. Eigenständigkeit ausgeklammert bleiben. Über Beurteilungen, Beobachtung, Befragungen und Tests sowie Mitarbeitergespräche und Probezeiten wird Sozialkompetenz breit evaluiert. Mitarbeiter sind dabei mit ihren direkten Vorgesetzten und ihrem Team meist zufriedener als mit ihren Kollegen in anderen Abteilungen oder dem »höheren Management«.

3 Mitarbeiterförderung über Leitbilder in Management und Märchen

- Umfragen in 300 Unternehmen ergaben, dass 60 bis 70 % der Befragten schriftliche Führungsgrundsätze positiver als »ungeschriebene Regeln« einschätzen. Betont wurden Information und Kommunikation. Noch höher wurden Ziele zur Nützlichkeit von Leitsätzen sowie zur »Selbstverpflichtung« auf diese rangiert (Wunderer/Klimecki 1995).
- Vergleichbare Wirkungsanalysen von Märchenleitsätzen z. B. für frühe Förderung ausgewählter Erziehungsziele fehlen. Das wäre einer vertieften Untersuchung durch die Erziehungswissenschaften wert.
- Märchen schildern konkrete Konflikte mit meist einfacheren Lösungen. Diese müssten dann noch auf die eigene, individuelle Situation bezogen werden. Sie könnten auch als »Cases« für typische Konflikte dienen, z. B. für »Walk the talk« oder die Bedeutung und Akzeptanz von Assessments oder Sanktionen.
- Führungsgrundsätze sind meist abstrakter als generelle Soll-Normen formuliert. »Reflexionen« zur Ist-Situation mit konkreten Beispielen fördern Lernen besonders.
- Märchen bieten keinen Katalog von Verhaltensleitsätzen, Führungsgrundsätze immer. Die narrative Didaktik der Märchen unterscheidet sich von den abstrakten Maximen der Unternehmen. Letztere könnte man mit Metaphern, Analogien oder Fallbeispielen erläutern.
- Die sechs *gemeinsamen Kernleitsätze* konzentrieren sich auf mentale, sozio-emotionale wie normativ-ethische Verhaltensweisen sowie lernbereites Verhalten mit Gratifikationen und Sanktionen.
- Leitsätze gründen in einem für viele Kulturen gültigen Ethikkodex. Die zentrale »goldene Regel« (»Was Ihr wollt, dass die Menschen Euch antun sollen, das tut ihnen gleichermaßen«, Matthäus 7/12) bleibt in Management und Märchen weitgehend unbeachtet. Bekannter wurde die spieltheoretische Formulierung der empirisch erfolgreichsten Kooperationsstrategie des »Tit for tat – mit kooperativem Einstieg« (Axelrodt 1985).
- Märchenhelden und -heldinnen bieten nicht immer direkte Hilfen, aber gute Lehren auch für Führung und Personalmanagement. Dies zeigt Abbildung 3 in Kapitel A I mit 30 Beispielen in nur 20 Märchen der Brüder Grimm.
- »Kinder brauchen Märchen«, so Bettelheim (2000: 12), da sie »in einem viel tieferen Sinn als jede andere Lektüre … Kinder in ihrer seelischen und emotionalen Existenz« ansprechen. Die Kleinen reagieren selektiv auf Märchen. Die einen begeistert der Mut, beeindruckt die Hilfsbereitschaft oder ein glückliches Ende, die anderen sehen ängstlich Gefahren, schreckliche Sanktionen, und weitere verstehen sie wie den Besuch einer Geisterbahn. Kinder wählen Märchen nach persönlichkeitsspezifischen sowie aktuellen Bedürfnissen und Problemen. Die analysierten KHM erwiesen sich für unseren Kulturkreis als relevante »Frühsozialisatoren« auch für aktuelles Führungs- und Kooperationsverhalten. Doch werden andere Vermittlungsformen und Inhalte einflussreicher. Beispiele sind der »Herr der Rin-

ge« oder »Harry Potter« (Tolkien 2001, Rowling 2005). Müssten neue »Medien müde Märchen munter(er) machen« (so Weinrebe 1997)? Dies verheißt z. B. die Playstation 3 von Sony mit einem »Actionspiel«. Hier kann man in den Körper eines Feuer speienden Drachens schlüpfen, um Feinde ins »Spiel-Nirwana« zu schicken.

4 Lessons Learned

- Kinder- und Hausmärchen vermitteln noch heute gültige gesellschaftliche Werte einer geforderten Soll-Kultur auch von Unternehmen. Diese wird implizit über ihren Handlungsverlauf vermittelt, aber weiterhin explizit über die analysierten Leitsätze. Die Brüder Grimm bearbeiteten die Volksmärchen sprachlich wie inhaltlich kräftig. Es war die Zeit der Spätromantik, des Biedermeier, und die Grimms waren religiös.

- Die in den Kinder- und Hausmärchen (KHM) publizierten 201 Märchen wurden auf explizite Verhaltensregeln und -folgen analysiert. Dabei wurden aus 63 Märchen 70 Leitsätze extrahiert. Sechs der acht Kernleitsätze fanden sich auch häufig in den 43 ausgewählten Firmenleitsätzen. Diese könnten bei der Formulierung oder Revision eigener Leitsätze, in der Verhaltensbeurteilung oder der Weiterbildung unterstützend eingesetzt werden.

- Neben Problemlösungs- und Sozialkompetenzen zeigen Helden und Heldinnen entschlossenes, aber unreflektiertes Umsetzungsverhalten. So leben sie unsere drei zentralen mitunternehmerischen Schlüsselqualifikationen, die ebenso Führungs- und Kooperationskonzepte prägen.

- Die Märchenleitsätze konzentrieren sich auf sozio-emotionale Intelligenz, besonders auf autonomes wie kooperatives Sozialverhalten zu Höhergestellten, Gleichaltrigen und hilfsbedürftigen Fremden. Dann folgt kluges und lernfähiges Problemlösen bei riskanten Aufträgen mit hohem Einsatz (z. B. Leib und Leben gegen ein Königsreich).

- Extrem sind Sanktionen in Märchen. So verhängt dem eigensinnigen Kind Gott (!) die Todesstrafe und gewährt dann noch keine Seelenruhe (Eine Regel des hl. Benedikt über die Demut enthält die Drohung: »Ebenso sagt die Schrift: Eigenwille führt zur Strafe« – Balthasar 1980: 204, Frenschowski 2004). Und nach Wilhelm Grimm ist märchentypisch, dass »das Gute belohnt, das Böse bestraft« wird.

- In den Firmenleitsätzen fehlen konkrete Sanktionen. Nur drei der 70 untersuchten fordern wenigstens offene Kommunikation bei Fehlverhalten. Regeln zur verantwortlichen Unternehmensführung (Governance) bauen zunehmend Sanktionen explizit ein (Hermann 2003, Hilb 2009: 162, Wunderer 2009, Hilb/Oertig 2010). Märchen und Management unterscheiden sich in den Sanktionen besonders.

- Hierarchen halten Verträge oft nicht ein; die Märchenhelden müssen dann weitere Leistungen erbringen. Das belastet sie aber nicht erkennbar. Bewirken das ihr Selbstvertrauen, ihre Resilienz oder die Rollenerwartungen gegenüber Mächtigeren? Dies wird von den Erzählforschern oder Interpreten noch nicht genügend evaluiert. Diese rollentypisch fehlende Vertragstreue ist in unserer Wirtschafts- und Arbeitsverfassung nur noch ausnahmsweise denkbar – z. B. bei Nachfolgeversprechen in Eigentümerbetrieben.

- Auch Unternehmensleitsätze fordern oft Sozialkompetenzen – besonders für Manager. In Märchen sind Verhaltensgrundsätze für Höhergestellte und Machtvollere viel seltener.

- Unternehmensleitbilder thematisieren Führungs-/Kooperationsstile und Instrumente wie Assessments, Mitarbeitergespräche, organisatorische Unterstützung sowie Anerkennung und Gratifikationen. Märchenleitsätze gehen darauf kaum ein. So eignen sie sich mehr für die Sozialisierung von Werten mit inhaltlicher Reflexion und Kommunikation.

- Firmenleitsätze haben auch idealisierte Ansprüche und sind dabei indikativ (»Wir sind ein Team«) statt als Leitziele formuliert. Sie werden in Unternehmensvisionen oder -leitsätzen eingebaut, auch mit Bezug auf das Verhalten gegenüber Kunden, Eigentümern und Umwelt. Ob sie der Motivation, Sozialisation, nur der Legitimation (z. B. für Ratings bei Qualitäts- oder Exzellenzpreisen) dienen oder für die Unternehmenskultur typische Defizite zeigen (wollen), ist aus den Dokumenten nicht erkennbar.

- In Märchen wird der Umgang mit Armen und Schwachen als gezielter Sozialtest für die Helden und Heldinnen verstanden. Dieser ist eine Vorbedingung für spätere Unterstützung.

- Mitarbeitergespräche und -befragungen erfassen v. a. die Ist-Kultur. Ein Vergleich mit der in Leitsätzen formulierten Soll-Kultur fördert Veränderungsprogramme.

- Märchen wirken über Selbstreflexion oder Gespräche mit Erzählern oder Gleichaltrigen, besonders wenn damit konkrete Probleme und Erfahrungen verbunden werden können.

5 Literatur

Axelrodt, R. (1985): Die Evolution der Kooperation, 3. Aufl., München.
Balthasar, v., H. U. (1980): Die großen Ordensregeln, 4. Aufl., Einsiedeln.
Bärsch, H. (1983): 140 Jahre Verhaltensleitsätze bei Krupp, in: Wunderer, R. (Hrsg.): Führungsgrundsätze in Wirtschaft und öffentlicher Verwaltung, Stuttgart.
Bass, B./Riggio, R. (2005): Transformational Leadership.
Berne, E. (1967): Spiele der Erwachsenen, Reinbek.
Bettelheim, B. (2000/1977): Kinder brauchen Märchen, 22. Aufl., München.
Bleicher, K. (1989): Leitbilder, Stuttgart.
Bretz, E./Hertel, G./Moser, K. (1998): Kooperation und Organizational Citizen Behavior, in: Spiess, E./Nerdinger, F. W. (Hrsg.): Kooperation in Unternehmen, München/Mering, S. 79-97.
Bruch, H./Goshal, S. (2004): Drache und Prinzessin: Wie Unternehmen die Energiereserven ihrer Mitarbeiter mobilisieren, um strategische Ziele zu verwirklichen, in: Wirtschaftswoche, 32, S. 62-65.
Brüder Grimm (1999/1819) (Hrsg.): Kinder- und Hausmärchen (KHM), 19. Aufl., Düsseldorf.
Busch, W. (2005/1865): Max und Moritz, siehe: Hoffmann, F./Busch, W. et al., 2. Aufl.
Drewermann, E. (1993): Aschenputtel, Düsseldorf.
Frenschowski, M. (2004): Religiöse Motive, in: Brednich, W. et al. (Hrsg.): Enzyklopädie des Märchens, Bd. 11, Sp. 537-551.
Gabele, E./Liebel, H./Oechsler, W. A. (1982): Führungsgrundsätze und Führungsmodelle, Bamberg.
Gächter, S./Fehr, E.: Altruistic punishment in humans, in: Nature 415, 2002, Nr. 6868, S. 137-140.
Golemann, D. (1996): Emotionale Intelligenz, München.
Guserl, R. (1973): Das Harzburger Modell – Idee und Wirklichkeit, Wiesbaden.
Hermann, G. (2003): Sarbanes-Oxley 404: A Compliance Plan, in: Financial Executive (June), S. 42 f.
Hilb, M. (2009): Integrierte Governance, 3. Aufl., Berlin et al.
Hilb, M./Oertig, M, (2010): HR-Governance – Wirksame Führung und Aufsicht des Board- und Personalmanagements, Köln.
Hoffmann, F. (2005/1847): Der Struwwelpeter in: Hoffmann, F./Busch, W. et. al.: Der Struwwelpeter, Struwwelliese, Max und Moritz – Märchen für Kinder, die nicht brav sein wollen, 2. Aufl., Alsdorf.
Höhn, R. (1986): Stellenbeschreibung und Führungsrichtlinien, 9. Aufl., Bad Harzburg.
Jäger, U. (2001): Führungsethik – Mitarbeiterführung als Begünstigung humaner Leistung, Bern.
Kast, V. (1989): Märchen als Therapie, 3. Aufl., Düsseldorf.
Kirschner, S./Pavelec, B./Feinman, J. (1979): The Rule Book – Thousands of Reasonable, Raucous, Racy, Relevant, Remarkable, and Irresistible Rules to Read and Remember, New York.
Knigge, A. (1991/1788): Über den Umgang mit Menschen, Stuttgart.

Langer, Th. (1996): Sozialprinzipien im Betrieb, Paderborn et al.
Lüthi, M. (1999): Dümmling, Dummling, in: Brednich a. a. O., Sp. 937-946
Machiavelli, N. (1991/1513): Il Principe/Der Fürst, Stuttgart.
Mahari, J. (1985): Codes of Conduct für multinationale Unternehmen, Wilmington.
Pinchot, G. (1988): Intrapreneuring – Mitarbeiter als Mitunternehmer, Wiesbaden.
Riklin, A. (1996): Die Führungslehre von Niccolo Machiavelli, Bern.
Rölleke, H. (1997): »Dass unsere Märchen auch als ein Erziehungsbuch dienen«, in Wardetzky, K. a. a. O. S. 30-43.
Roth, G. (2003): Persönlichkeit, Entscheidung und Verhalten – Warum es so schwierig ist, sich und andere zu ändern, 5. Aufl., 2009.
Rutschky, K. (Hrsg.)(1997): Schwarze Pädagogik, 6. Aufl., Berlin.
Rowling, J. K. (2005): Harry Potter und der Halbblutprinz, Hamburg.
Schede, H.-G. (2004): Die Brüder Grimm, München.
Schieder, B. (1997): Chancen ganzheitlicher Märchenarbeit in Kindergarten und Schule, in: Wardetzky, K., a. a. O, S. 78-94.
Schilling, J. (2005): Führungsgrundsätze auf dem Prüfstand – Was Unternehmen unter Führung verstehen, in: Zeitschrift für Personalpsychologie, 4, S. 123-131.
Schreyögg, G./Dabitz, R.(Hrsg.)(1999): Unternehmenstheater, Wiesbaden.
Singer, W. (2003): Ein neues Menschenbild? Gespräche über die Hirnforschung, Frankfurt.
St. Galler Tagblatt (2010) vom 19.1.
Tolkien, J. R. R. (2001): Der Herr der Ringe, 13. Aufl., Stuttgart.
Ulrich, P./Thielemann, U. (1992): Ethik und Erfolg – Unternehmensethische Denkmuster von Führungskräften – eine empirische Studie, Bern.
Wardetzky, K./Zitzlsperger, H. (Hrsg.)(1997): Märchen in Erziehung und Unterricht heute.
Weinrebe, H. (1997): Machen Medien müde Märchen munter? Grimms Märchen und die Medien, in: Wardetzky, K./Zitzlsperger, H., a. a. O., S. 147-158.
Wille, F. (1992): Führungsgrundsätze in der Antike, Zürich.
Wunderer, R. (Hrsg) (1983): Führungsgrundsätze in Wirtschaft und öffentlicher Verwaltung, Stuttgart.
Wunderer, R./Heibült, U. (1986): Entwicklung und Einführung von Leitsätzen zur Führung und Zusammenarbeit, Schriftenreihe Verwaltungsorganisation, Bonn.
Wunderer, R. (1995): Verhaltensleitsätze, in: Kieser, A./Reber, G./Wunderer, R. (Hrsg.)(1995): Handwörterbuch der Führung, 2. Aufl., Stuttgart, Sp. 720-736.
Wunderer, R. (2004): Vom Selbst- zum Fremdvertrauen – Konzepte, Wirkungen, Märcheninterpretationen, in: Zeitschrift für Personalforschung, 18. Jg., H. 4, S. 30-70.
Wunderer, R./Klimecki, R. (1995): Führungsleitbilder, Stuttgart.
Wunderer, R. (2008): Der gestiefelte Kater als Unternehmer – Lehren aus Management und Märchen.
Wunderer, R. (2009): Führung und Zusammenarbeit – eine unternehmerische Führungslehre, 8. Aufl., Köln.

Problemlösungskompetenz

I Kreatives Problemlösen

Die deutschsprachige Betriebswirtschaftslehre erweist sich nach Analyse bekannter Handwörterbücher und Stichwortverzeichnisse (vgl. a. Handwörterbücher zu Führung, Personalwesen, Marketing, Organisation sowie der Betriebswirtschaft) als eine »märchenfreie Disziplin«; gleiche Ergebnisse erbrachten Internetanalysen.

In der US-amerikanischen Managementliteratur werden von Beratern, Trainern und Erfolgsautoren gerne Helden (z. B. Odysseus, Herkules, Sisyphos) aus der Sagenwelt, aus Märchen (Cinderella, Alice in Wonderland) sowie aus der Tierwelt, v. a. Pinguine (Kotter/Rathgeber 2005), Delfine, Wölfe, Hunde, Katzen, zur Illustration von Führungspersonen, -konzepten, -prozessen, -kulturen und -strategien verwendet.

Dies geschieht meist über Metaphern, allenfalls über Fallstudien, nicht über systematische Märchenforschung. Wir haben uns Märchen und Management schon aus verschiedenen Perspektiven angenähert (Wunderer 2008). Grundlage bilden Publikationen zu unternehmerischer Führung und Kooperation (vgl. Wunderer 2009 – daraus wurden viele Abbildungen übernommen) sowie die weltweit bekanntesten und am meisten verbreiteten Kinder- und Hausmärchen (KHM) der Brüder Grimm (1999/1819, 1812).

Dieses Kapitel konzentriert sich auf Kompetenzmanagement mit einem Portfolioansatz zu zwei unserer drei unternehmerischen Schlüsselqualifikationen: innovative mentale Problemlösungsfähigkeit und kreative Sozialkompetenz.

1 Unternehmerische Kreativität als innovative Problemlösungskompetenz

Kompetenzen werden als Dispositionen verstanden, die von Individuen selbstorganisiert realisiert werden können (Erpenbeck/Rosenstiel 2003: XVI). Man kann sie über Eigenschaften, kreatives Handeln oder Ergebnisse evaluieren. Dafür eignen sich Beobachtung, Interviews, Potenzial-, Verhaltens- und Leistungsbeurteilungen aus Sicht verschiedener Bezugsgruppen, Arbeitsproben, Tests bzw. Assessments.

»Kreativität« wird meist mit originellem, fantasievollem, assoziativem, alternativem, lateralem, divergentem, fließendem, intuitivem wie eigenmotiviertem und selbstvertrauendem Denken und Problemlösen umschrieben. Neben diesen Qualifikationen und Prozessen zählen auch dazu anregende Visionen und Anreize, Strategien und Produkte sowie fördernde Strukturen, vor allem Organisationskultur, Prozess- und Projektorganisation (Berndt 2000, Csikszentmihalyi 1997, de Bono 1986, Goleman 1997, 1996, Hauschildt 1993, Matussek 1989, 1974, Peters 1988, Saner 2001, Thom 1980, Witte 1973).

Wir erweitern den Fokus von mental kreativer Problemlösungskompetenz um soziale Kreativität, die allerdings im folgenden Kapitel unter sozio-emotionaler Intelligenz auch diskutiert wird. Von beiden Dimensionen handeln gerade die Märchen.

Der Psychoanalytiker Matussek (1989: 34) erklärt, dass »Kreativität sich weder leicht definieren noch schnell erklären lässt. So viel dürfte aber sichtbar sein: Kreativität befindet sich an einer wichtigen Schnittstelle zwischen Gemüt und Intelligenz.«

Matussek wie Saner betonen die Abtötung von Kreativität durch unkommunikative Erziehung (»Eltern-Ich«), besonders zu Gehorsam und Ordnung. Dagegen lässt sich »transaktionspsychologisch interpretiert« das fantasievolle »Kindheits-Ich« (Berne 1979) durch Märchen sehr anregen – und damit hoffentlich nachhaltig das »Erwachsenen-Ich« anreichern; denn Managemententwicklung sollte auch darauf aufbauen.

2 Analyse kreativen Problemlösungsverhaltens

2.1 Eigenschaftskriterien

Die oben schon angeführten kreativen Begabungen oder sozial-kreative Verhaltensweisen enthalten fast alle Persönlichkeitsinventare der differenziellen Psychologie (vgl. Hossiep/Mühlhaus 2005). Meist werden diese aber nur über Selbsteinschätzungen ermittelt. Besonders valide sind Intelligenztests, die aber einseitig auf die mentale Kreativität abzielen.

2.2 Verhaltenskriterien

Diese werden bei Externen gerne über Assessments in simulierten Situationen ermittelt; im mentalen Bereich (z. B. bei Tests oder Postkorbaufgaben) ist dies nicht so problematisch; bei internen Beurteilungen können beispielsweise auch folgende Kriterien beobachtet werden:

- sich gegenüber Neuem offen zeigen, lateral denken und zusammenarbeiten,
- sich chancenorientiert und kooperativ verhalten, soziale Werte vorleben,
- neue Ideen suchen, finden, umsetzen, dabei auf Vorschläge anderer eingehen,
- an Problemlösungen kreativ, sozial konstruktiv und konsequent arbeiten,
- andere von den Vorteilen der eigenen Lösungen überzeugen oder sie dafür begeistern; dabei Netzwerke bilden und ausbauen.

Auch standardisierte Personalbeurteilungen beziehen oft Kriterien zu Aspekten der Kreativität ein. Und im individuellen Mitarbeitergespräch kann man weitere berücksichtigen.

2.3 Ergebniskriterien

Sie gewinnen in der Praxis laufend an Bedeutung. Für Märchen waren sie immer schon am wichtigsten:

- die Anzahl und/oder Qualität entwickelter Ideen und ihre Akzeptanz bei anderen,
- die Anzahl und/oder Qualität von Verbesserungsvorschlägen – auch im Team,
- die Anzahl und Qualität verbesserter Produkte, Dienstleistungen oder Prozesse,
- die Zahl, Dauer und Qualität der Teamkultur und der Einbindung in Netzwerke,
- die Gestaltung oder/und Anwendung neuer Verfahren, Methoden, Instrumente,
- die Verwendung und nachhaltige Umsetzung der entwickelten neuen Ideen.

Grad, Intensität, Ergebnis der Kreativität sind nicht leicht zu bestimmen oder zuzurechnen. Oft fehlen dafür das objektive Wissen, z. B. die nötigen Kriterien, Standards und Instrumente sowie die Erfahrung der Beurteiler. Auch haben Sender und Empfänger oft erhebliche Diskrepanzen in der Beurteilung.

2.4 Continuous Improvement im Ideenmanagement

Kontinuierliche Verbesserung (Continuous Improvement) ist ebenso wichtig wie fundamentale Produkt-, Sozial- oder Organisationsänderung, weil sie überstürzte Restrukturierungen ersetzen kann. Dazu Hauschildt (1993, S. 243): »Kreativität soll so zu einer Eigenschaft ›normaler‹ Menschen werden, die in einer Gruppe bewusst zu neuartigen Assoziationen kommen – immerhin ein Versuch, den begnadeten Entdecker wenigstens in gewissem Umfang zu substituieren.«

Nach einer in der Zeitschrift Personalführung (9/2007, S. 10 f.) publizierten Studie des Deutschen Instituts für Betriebswirtschaft lieferten im Jahr 2006 100 Beschäftigte 64 Verbesserungsvorschläge, die ca. 1,5 Milliarden Kosten sparten. Dabei beteiligten sich nur zwei von zehn am kreativen Ideenmanagement, in der Autoindustrie immerhin 41 Prozent; bei Toyota wird von über 50 Vorschlägen pro Mitarbeiter berichtet – die meisten in Gruppensitzungen und mit Prämienbeteiligung auch der Vorgesetzten! Abbildung 1 zeigt dazu Leitsätze zur *Förderung des Problemlösungsverhaltens durch Chefs bei 3M*.

- Schaffen Sie Denkräume für Ihre Mitarbeiter.
- Heben Sie Denkverbote auf.
- Erlauben Sie Fehler.
- Würdigen Sie Innovationsleistungen.
- Fördern Sie intensive Kommunikation.
- Werden Sie Coach für Innovation.
- Beziehen Sie wichtige Kunden ein.
- Innovationen können aus vielen Quellen kommen.
- Rechnen Sie mit Innovationshürden.

Abb. 1: Grundregeln für Führungskräfte von 3M

3 Problemlösung als Schlüsselkompetenz

3.1 Innovative Problemlösung als (mit-)unternehmerische Kompetenz

J. Schumpeter (1912) definierte Unternehmer über die Kompetenz, neue Kombinationen auf dem Markt wie auch für die eigene Unternehmung zu entwickeln und durchzusetzen. Wir beschreiben internes Unternehmertum auch über drei Schlüsselqualifikationen: kreative Problemlösungs-, Sozial- und Umsetzungskompetenz (Abb. 2). Innovationen sollten dabei nachhaltig die Wertschöpfung sowie die Unternehmensstrategie fördern.

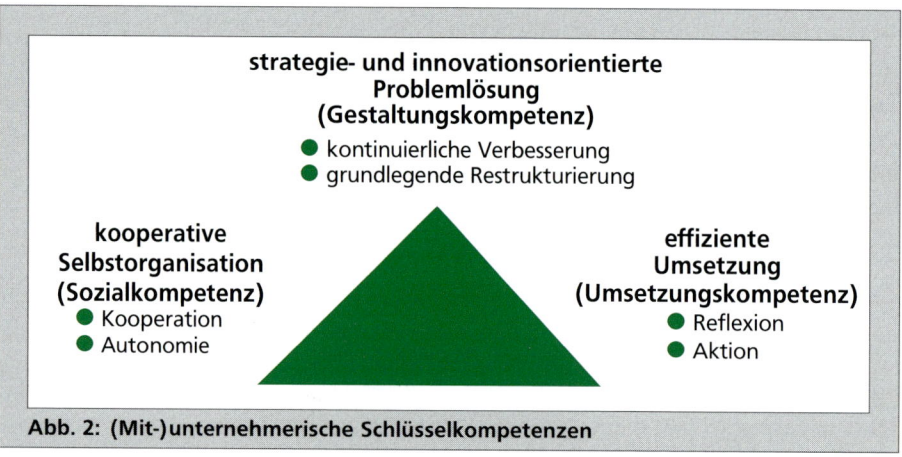

Abb. 2: (Mit-)unternehmerische Schlüsselkompetenzen

In Unternehmensbefragungen evaluierten wir Einschätzungen von Personalverantwortlichen und direkten Chefs, inwieweit diese Qualifikationen und damit verbundene Motivationen in der Organisationseinheit bzw. im Unternehmen bei den Führungskräften und Mitarbeitern verteilt sind. Die Ergebnisse zur mentalen Kreativität lagen in Groß- wie Kleinunternehmen bei immerhin 55 Prozent (vgl. Abb. 3). Der kritischste Schwachpunkt lag jedoch in der unzureichenden Umsetzung guter Ideen.

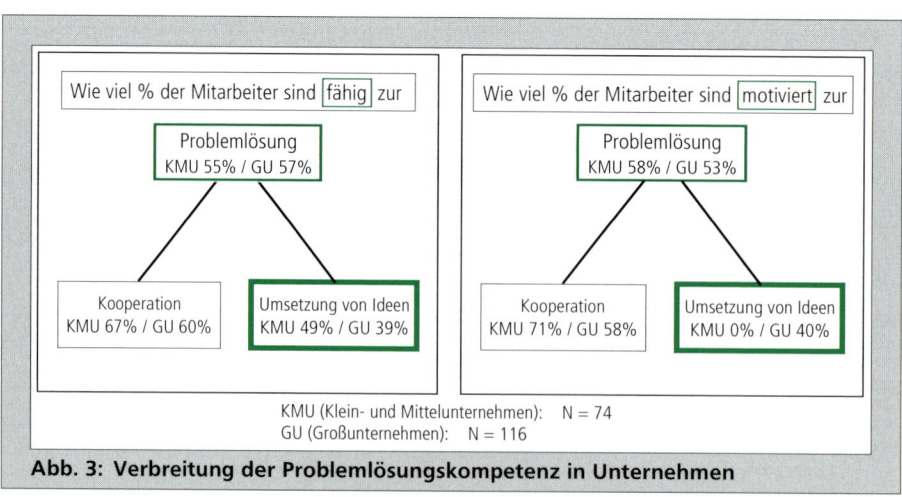

Abb. 3: Verbreitung der Problemlösungskompetenz in Unternehmen

Schon Schumpeter (1912, insbesondere S. 116 f.) betonte, dass gute Ideen auch zum Tagträumen führen könnten und »Die neuen Kombinationen kann man immer haben, aber das Unentbehrliche und Entscheidende ist die Tat und die Kraft zur Tat«. Unternehmer sei erst, wer »eine neue Kombination durchsetzt«.

3.2 Kreative Problemlösungskompetenz in Märchen – Der gestiefelte Kater (KHM 33, 1812) als Leitmärchen

Die Diskussion beginnt mit einer Fallstudie zum gestiefelten Kater, einem Märchenhelden, der unternehmerische mit sozialer Kreativität beispielhaft verbindet.

Das Märchen vom gestiefelten Kater (KHM 33, 1812)

Ein Müller hatte drei Söhne, seine Mühle, einen Esel und einen Kater; die Söhne mußten mahlen, der Esel Getreide holen und Mehl forttragen und die Katz die Mäuse wegfangen. Als der Müller starb, theilten sich die drei Söhne in die Erbschaft, der älteste bekam die Mühle, der zweite den Esel, der dritte den Kater, weiter blieb nichts für ihn übrig. Da war er traurig und sprach zu sich selbst: »ich hab es doch am allerschlimmsten kriegt, mein ältster Bruder kann mahlen, mein zweiter kann auf seinem Esel reiten, was kann ich mit dem Kater anfangen? laß ich mir ein paar Pelzhandschuhe aus seinem Fell machen, so ists vorbei.« »Hör, fing der Kater an, der alles verstanden hatte, was er gesagt, du brauchst mich nicht zu tödten, um ein paar schlechte Handschuh aus meinem Pelz zu kriegen, laß mir nur ein paar Stiefel machen, daß ich ausgehen kann und mich unter den Leuten sehen lassen, dann soll dir bald geholfen seyn.« Der Müllerssohn verwunderte sich, daß der Kater so sprach, weil aber eben der Schuster vorbeiging, rief er ihn herein und ließ ihm ein paar Stiefel anmessen. Als sie fertig waren, zog sie der Kater an, nahm einen Sack, machte den Boden desselben voll Korn, oben aber eine Schnur daran, womit man ihn zuziehen konnte, dann warf er ihn über den Rücken und ging auf zwei Beinen, wie ein Mensch, zur Thür hinaus.

Dazumal regierte ein König in dem Land, der aß die Rebhühner so gern: es war aber eine Noth, daß keine zu kriegen waren. Der ganze Wald war voll, aber sie waren so scheu, daß kein Jäger sie erreichen konnte. Das wußte der Kater und gedacht seine Sache besser zu machen; als er in den Wald kam, thät er den Sack auf, breitete das Korn auseinander, die Schnur aber legte er ins Gras und leitete sie hinter eine Hecke. Da versteckte er sich selber, schlich herum und lauerte. Die Rebhühner kamen bald gelaufen, fanden das Korn und eins nach dem andern hüpfte in den Sack hinein. Als eine gute Anzahl darin war, zog der Kater den Strick zu, lief herzu und drehte ihnen den Hals um; dann warf er den Sack auf den Rücken und ging geradeswegs nach des Königs Schloß. Die Wache rief: »halt! wohin.« – »Zu dem König« antwortete der Kater kurzweg. – »Bist du toll, ein Kater zum König?« – »Laß ihn nur gehen, sagte ein anderer, der König hat doch oft lange Weil, vielleicht macht ihm der Kater mit seinem Brummen und Spinnen Vergnügen.« Als der Kater vor den König kam, machte er eine Reverenz und sagte: »mein Herr, der Graf, dabei nannte er einen langen und vornehmen Namen, läßt sich dem Herrn König empfehlen und schickt ihm hier Rebhühner, die er eben in Schlingen gefangen hat.« Der König erstaunte über die schönen fetten Rebhühner, wußte sich vor Freude nicht zu lassen, und befahl dem Kater so viel Gold aus der Schatzkammer in den Sack zu thun, als er tragen könne: »das bring deinem Herrn und dank ihm noch vielmal für sein Geschenk.« Der arme Müllerssohn aber saß zu Haus am Fenster, stützte den Kopf auf die Hand und dachte, daß er nun sein letztes für die Stiefeln des Katers weggegeben, und was werde ihm der großes dafür bringen können. Da trat der Kater herein, warf den Sack vom Rücken, schnürte ihn auf und schüttete das Gold vor den Müller hin: »da hast du etwas vor die Stiefeln, der König läßt dich auch grüßen und dir viel Dank sagen.« Der Müller war froh über den Reichthum, ohne daß er noch recht begreifen konnte, wie es zugegangen war. Der Kater aber, während er seine Stiefel auszog, erzählte ihm alles, dann sagte er: »du hast zwar jetzt Geld genug, aber dabei soll es nicht bleiben, morgen zieh ich meine Stiefel wieder an, du sollst noch reicher werden, dem König hab ich auch gesagt, daß du ein Graf bist.«

Am andern Tag ging der Kater, wie er gesagt hatte, wohl gestiefelt wieder auf die Jagd, und brachte dem König einen reichen Fang. So ging es alle Tage, und der Kater brachte alle Tage Gold heim, und ward so beliebt wie einer bei dem König, daß er aus- und eingehen durfte und im Schloß herumstreichen, wo er wollte. Einmal stand der Kater in der Küche des Königs beim Heerd und wärmte sich, da kam der Kutscher und fluchte: »ich wünsch' der König mit der Prinzessin wär beim Henker! ich wollt ins Wirthshaus gehen und einmal trinken und Karte spielen, da soll ich sie spazieren fahren an den See.« Wie der Kater das hörte, schlich er nach Haus und sagte zu seinem Herrn: »wenn du willst ein Graf und reich werden, so komm mit mir hinaus an den See und bad dich darin.« Der Müller wußte nicht, was er dazu sagen sollte, doch folgte er dem Kater, ging mit ihm, zog sich splinternackend aus und sprang ins Wasser. Der Kater aber nahm seine Kleider, trug sie fort und versteckte sie. Kaum war er damit fertig, da kam der König dahergefahren; der Kater fing sogleich an, erbärmlich zu lamentiren: »ach! allergnädigster König! mein Herr, der hat sich hier im See gebadet, da ist ein Dieb gekommen und hat ihm die Kleider gestohlen, die am Ufer lagen, nun ist der Herr Graf im Wasser und kann nicht heraus, und wenn er länger darin bleibt wird er sich verkälten und sterben.« Wie der König das hörte, ließ er Halt machen und einer von seinen Leuten mußte zurückjagen und von des Königs Kleidern holen. Der Herr Graf zog die prächtigsten Kleider an, und weil ihm ohnehin der König wegen der Rebhühner, die er meinte von ihm empfangen zu haben, gewogen war, so mußte er sich zu ihm in die Kutsche setzen. Die Prinzessin war auch nicht bös darüber, denn der Graf war jung und schön, und er gefiel ihr recht gut. Der Kater aber war vorausgegangen und zu einer großen Wiese gekommen, wo über hundert Leute waren und Heu machten. »Wem ist die Wiese, ihr Leute?« fragte der Kater. – »Dem großen Zauberer.« – »Hört, jetzt wird der König bald vorbeifahren, wenn der fragt, wem die Wiese gehört, so antwortet: dem Grafen; und wenn ihr das nicht thut, so werdet ihr alle todtgeschlagen.« – Darauf ging der Kater weiter und kam an ein Kornfeld, so groß, daß es niemand übersehen konnte, da standen mehr als zweihundert Leute und schnitten das Korn. »Wem ist das Korn ihr Leute?« – »Dem Zauberer.« »Hört, jetzt wird der König vorbeifahren, wenn er frägt, wem das Korn gehört, so antwortet: dem Grafen; und wenn ihr das nicht thut, so werdet ihr alle todtgeschlagen.« – Endlich kam der Kater an einen prächtigen Wald, da standen mehr als dreihundert Leute, fällten die großen Eichen und machten Holz. – »Wem ist der Wald, ihr Leute?« – »Dem Zauberer.« – »Hört, jetzt wird der König vorbeifahren, wenn er frägt, wem der Wald gehört, so antwortet: dem Grafen; und wenn ihr das nicht thut, so werdet ihr alle umgebracht.« Der Kater ging noch weiter, die Leute sahen ihm alle nach und weil er so wunderlich aussah, und wie ein Mensch im Stiefeln daherging, fürchteten sie sich vor ihm.

Er kam bald an des Zauberers Schloß, trat kecklich hinein und vor ihn hin. Der Zauberer sah ihn verächtlich an, und fragte ihn, was er wolle. Der Kater machte einen Reverenz und sagte: »ich habe gehört, daß du in jedes Thier nach deinem Gefallen dich verwandeln könntest; was einen Hund, Fuchs oder auch Wolf betrifft, da will ich es wohl glauben, aber von einem Elephant, das scheint mir ganz unmöglich, und deshalb bin ich gekommen und mich selbst zu überzeugen.« Der Zauberer sagte stolz: »das ist mir eine Kleinigkeit,« und war in dem Augenblick in einen Elephant verwandelt; »das ist viel, aber auch in einen Löwen?« – »Das ist auch nichts,« sagte der Zauberer und stand als ein Löwe vor dem Kater. Der Kater stellte sich erschrocken und rief: »das ist unglaublich und unerhört, dergleichen hätt' ich mir nicht im Traume in die Gedanken kommen lassen; aber noch mehr, als alles andere, wär es, wenn du dich auch in ein so kleines Thier, wie eine Maus ist, verwandeln könntest, du kannst gewiß mehr, als irgend ein Zauberer auf der Welt, aber das wird dir doch zu hoch seyn.« Der Zauberer ward ganz freundlich von den süßen Worten und sagte: »o ja, liebes Kätzchen, das kann ich auch« und sprang als eine Maus im Zimmer herum. Der Kater war hinter ihm her, fing die Maus mit einem Sprung und fraß sie auf.

Der König aber war mit dem Grafen und der Prinzessin weiter spatzieren gefahren, und kam zu der großen Wiese. »Wem gehört das Heu?« fragte der König – »dem Herrn Grafen« – riefen alle, wie der Kater ihnen befohlen hatte. – »Ihr habt da ein schön Stück Land, Herr Graf,« sagte er. Darnach kamen sie an das große Kornfeld. »Wem gehört das Korn, ihr Leute?« – »Dem Herrn Grafen.« – »Ei! Herr Graf! große, schöne Ländereien!« – Darauf zu dem Wald: »wem gehört das Holz, ihr Leute?« – »Dem Herrn Grafen.« – Der König verwunderte sich noch mehr und sagte: »Ihr müßt ein reicher Mann seyn, Herr Graf, ich glaube nicht, daß ich einen so prächtigen Wald habe.« Endlich kamen sie an das Schloß, der Kater stand oben an der Treppe, und als der Wagen unten hielt, sprang er herab, machte die Thüre auf und sagte: »Herr König, Ihr gelangt hier in das Schloß meines Herrn, des Grafen, den diese Ehre für sein Lebtag glücklich machen wird.« Der König stieg aus und verwunderte sich über das prächtige Gebäude, das fast größer und schöner war, als sein Schloß; der Graf aber führte die Prinzessin die Treppe hinauf in den Saal, der ganz von Gold und Edelsteinen flimmerte. Da ward die Prinzessin mit dem Grafen versprochen, und als der König starb, ward er König, der gestiefelte Kater aber erster Minister.

Abb. 4: Der erste Minister
Illustration von A. Archipowa (Bildnachweis S. 223)

Dieses sehr bekannte und beliebte Märchen übernahmen die Grimms weitgehend von Perrault (2006/1697) nur in ihre erste Auflage (Brüder Grimm 1812, KHM 33) – wohl aus der damaligen politischen Konstellation Deutschland-Frankreich. Es ist die beste Fallstudie für »Managing the Boss« (Wunderer 2009: 253-268) und einen »Intracorporate Entrepreneur« (Intrapreneur genannt, a. a. O.: 61). Und Gleiches gilt für seine kreativ-listige Kompetenz bei höchst riskanten Problemlösungen, die er dazu mit sozialer Kreativität im Umgang mit dem König, dem Zauberer und weiteren Akteuren höchst erfolgreich ein- und umsetzt. So macht er einen benachteiligten Erben zum König und sich zu dessen erstem Minister.

4 Kreativitätsanalysen mit einem Portfolioansatz

Portfolios im Personalmanagement kombinieren meist die Kriterien Qualifikation und Motivation. Das Portfolio als Instrument des Personalcontrolling (Wunderer/Jaritz 2007, Wunderer 2009c) will für strategische Personalentscheide einen Überblick zur Verteilung von Mitarbeiterkompetenzen (z. B. bei Übernahmen, Fusionen, Auslandsengagements oder Restrukturierungen) sowie Gestaltungsempfehlungen zur Optimierung der qualitativen Personalstruktur geben, z. B. über Auswahl, Einsatz und Förderung. Qualifikation und Leistungsbereitschaft sind die dafür bevorzugten zwei Einfluss- bzw. Evaluationsgrößen.

4.1 Kreative Problemlösung im Portfolioansatz

Mit einem Portfolioansatz schätzten von uns befragte Personalverantwortliche und Manager von 240 Unternehmen summarisch ihre Firmen bzw. Teams nach unternehmerischer Qualifikation und Motivation – inklusive Problemlösung – ein. Abbildung 5 zeigt eine begrenzte Verbreitung von Unternehmerkompetenzen in der Praxis und damit zugleich die Problematik unrealistischer Forderungen in Führungsgrundsätzen: »Alle arbeiten unternehmerisch ...« (IBM). Deshalb sollten diese stabilen Persönlichkeitsmerkmale stufenweise und mittelfristig gefördert werden.

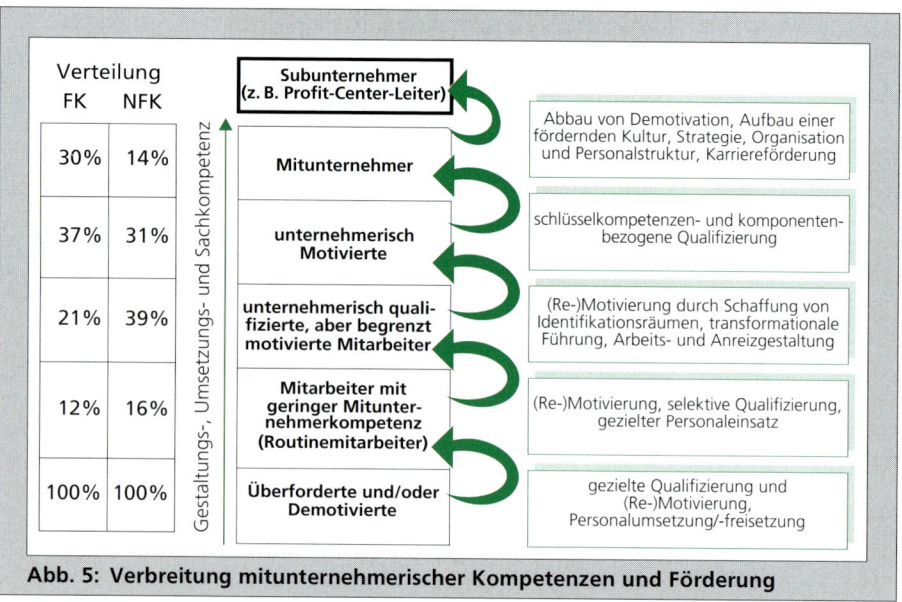

Abb. 5: Verbreitung mitunternehmerischer Kompetenzen und Förderung

Zur Kreativität bietet sich für die Märchenanalysen eine zweidimensionale Differenzierung nach mentaler und sozialer Kreativität an, denn beide Dimensionen erweisen sich in den relevanten Erzählungen als wesentliche Erfolgsfaktoren. Danach analysieren wir Helden und Heldinnen der KHM (Grimm 1999/1819, 1812) in einem erweiterten Portfolio mit sechs Feldern und charakterisieren dazu sechs »Märchenrepräsentanten«: mental und sozio-emotional Kreative (kreativ Exzellente), mental Kreative (Superhirne), sozial Kreative (Netzwerker), sozial wie mental begrenzt Kreative (Bystander), Unsoziale sowie mental Überforderte (Dummlinge).

4.2 Sechs Portfoliorepräsentanten aus Grimms Märchen

Die im Portfolio zitierten sechs Märchenhelden und -heldinnen werden kurz charakterisiert, um weitere Beispiele ergänzt und in den »Lessons Learned« ausführlicher mit der Managementpraxis verglichen.

Mental und sozial Kreative – kreativ Exzellente

Der gestiefelte Kater übertrifft Mäusekatzen durch sein höchst kreatives »Uptrading«, nämlich Rebhühner statt Mäuse (wie früher in der Mühle). Denn diese Vögel liebt der König; so findet er Einlass zu ihm. Ebenso mental wie sozial intelligent verschafft er loyal seinem unselbstständigen »Herrn« standesgemäße Kleider und eine Fahrt in dessen Kutsche – dazu noch mit einer heiratsfreudigen Prinzessin. Sein Meisterstück aber ist, wie einfallsreich er den eitlen, dabei höchst gefährlichen Zauberer zu einem »unfriendly takeover« verführt, damit dem Müllersohn noch ein höchst willkommenes Heiratsgut mit hohen Aktiven verschafft und dazu noch dessen falschen Grafentitel sichtbar legitimiert. So fädelt er auch noch beim König eine nun höchst attraktive Fusion beider bisher getrennten Macht- und Kapitalzentren des Reichs ein. Dazu formulierte übrigens schon Perrault lange vor den Grimms sein Erziehungsziel als Verhaltensleitsatz: »Wie groß auch sein mag der Betrag, den einer glücklich erben mag an Hab und Gut vom Vater auf den Sohn, gemeinhin sind für junge Leute doch Fleiß und klug erjagte Beute mehr wert als solch ein müheloser Lohn.«

Hohe Doppelbegabungen zu mentaler wie sozialer Kreativität zeigen mit ähnlichen Erfolgen auch die kluge Bauerntochter, Aschenputtel sowie der Diener in *Die weiße Schlange*.

Mental Kreative – Superhirne

Das tapfere Schneiderlein macht eine steile Karriere. Kaum hat er sieben (Fliegen) auf einen Streich erlegt, soll dies »die ganze Welt erfahren«. Und als er auf seiner Wanderschaft zwei Riesen mit List und Tücke in die Flucht schlägt, holt ihn ein ängstlicher König in seine Armee. Auch um den zu Starken wieder loszuwerden, soll er gefürchtete Feinde (Riesen, Einhorn, Wildschwein) unschädlich machen und dafür mit seiner Tochter als Gemahlin sowie dem halben Königreich belohnt werden. All das erledigt er rasch, mutig, listig wie Odysseus, fantasievoll und »cool« (»das ist ein Kinderspiel«). Sogar 100 vom König angebotene Reiter weist er zurück. Als er von einem Komplott seiner Angetrauten und des Schwiegervaters erfährt, ihn gefesselt außer Landes zu spedieren, findet er auch dafür ein intelligentes Gegenmittel. So »war und blieb das Schneiderlein sein Lebtag König«, ungeliebt, aber ebenso unangetastet. Aber: wie lange wird das gut gehen – vor allem in der Ehe?

C Problemlösungskompetenz

Der Held zeigt extreme mentale Kreativität – gepaart mit fast narzisstisch-autistischer Selbstbezogenheit (vgl. dazu den Untertitel von Welch 2003). Er ähnelt dem Intrapreneur der Managementlehre nach Pinchot (1988), besonders in dessen Maximen: »Wette nie in einem Rennen, wenn du nicht selbst darin mitläufst; umgehe alle Anordnungen, die deinen Traum stoppen könnten; halte deine Sponsoren in Ehren.« Weitere Märchenbeispiele zu dieser Kompetenz: *Der Hase und der Igel*, *Vom klugen Schneiderlein*, *Der Meisterdieb*.

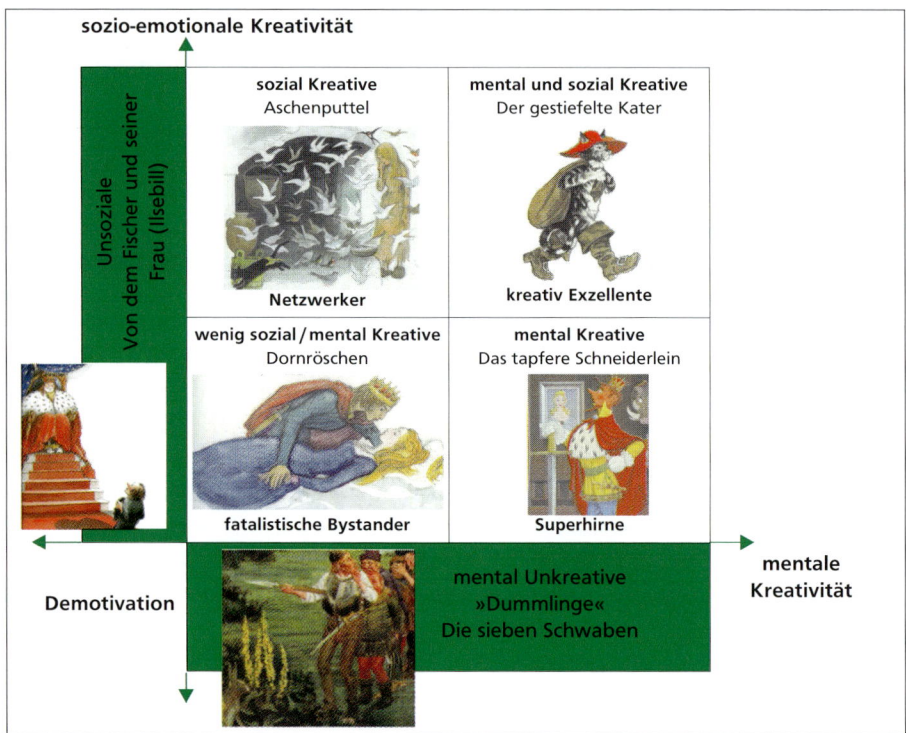

Abb. 6: Portfolioansatz zu kreativen Kompetenzen (Bildnachweis S. 223)

Sozial Kreative – Netzwerker

Aschenputtel widersteht eigenständig dem bösartigen Mobbing der Stiefmutter, deren Töchtern und sogar dem leiblichen Vater. Ihr Leitmotiv dazu: »endure it« (halte durch). Ebenso selbstständig fasst sie den Entschluss, am Prinzenball teilzunehmen. Dessen Umsetzung gelingt aber nur mithilfe eines Netzwerks, das ihr die verstorbene Mutter noch knüpfte. So kann sie nur mithilfe der himmlischen Tauben die Assessments der dabei noch wortbrüchigen Stiefmutter bestehen. Und nur über das Grabbäumchen bekommt sie die nötige Bekleidung, um den Prinzen zu bezaubern. Bei ihr entscheidet aber weniger mentale List. Vielmehr werden ihre Gutherzigkeit und das Erdulden dieser Mobbingsituation märchentypisch belohnt. Im Gegensatz zur »Sleeping Beauty« (Dornröschen) wirkt sie dabei beherzt und sozial klug. Dies belegt auch ihr dreimaliges Assessment des Prinzen, um dessen Beziehungsfähigkeit vor ihrer Bindungsentscheidung näher zu erkunden.

Sehr begabte Netzwerker sind noch: Der Diener in *Die Weiße Schlange*, der jüngste Bruder in *Das Meerhäschen*, Der Soldat in *Sechse kommen durch die ganze Welt* sowie der Junge in *Der Teufel mit den drei goldenen Haaren*.

Im »Managing the Boss«-Ansatz agieren so Kooperative und Vorleistungsbereite als sogenannte »Beziehungsspezialisten« (Wunderer 2009: 260 f.), übrigens mit besonderem Erfolg.

Begrenzt mental oder sozial Kreative – fatalistische »Bystander«

Eine missgünstige Fee verwünscht **Dornröschen** zum späteren Tode. Das kann von einer anderen Fee auf 100 Jahre Schlaf reduziert werden. Im 15. Jahr schlägt das Schicksal unbarmherzig zu. Im 115. Jahr erwacht die »Sleeping Beauty« durch den Kuss eines reizenden Prinzen. Nach ihrer Hochzeit »lebten (sie) vergnügt bis an ihr Ende«. Dafür hat sie vorher wie nachher als »Bystander« (Wunderer 2009: 260) nichts Erkennbares selbst bewirkt.

So erringen vom Schicksal Verfolgte viel Sympathie, selbst wenn sie weder mentale noch soziale Kreativität einsetzen. Sie bieten psychologische Projektionsflächen für alle mit einem mitfühlenden Helfersyndrom. Ähnliches schildern *Schneewittchen* oder *Die drei Spinnerinnen*.

Im Management haben aber so sympathische Einfältige keine Chancen – das belegten Analysen zu »Managing the Boss« (Wunderer 2009: 253 ff.).

Unsoziale

Ilsebill (*Von dem Fischer und seiner Frau*) ist das Abbild eines herrsch- und karrieresüchtigen Hausdrachens, dem ihr zu gut- und barmherziger Mann nichts entgegensetzen kann, denn: »Meine Frau die Ilsebill will nicht so, wie ich wohl will.« Der sonst erfolglose Fischer fängt nämlich einen Butt. Als der sich als Prinz outet, nimmt der Fischer ihn ohne Gegenleistung von der Angel. Ilsebill aber verlangt einen Bonus und will zunächst mal aus ihrem »Pisspott« in eine Hütte ziehen. Der Butt gewährt den Wunsch sowie immer noch größere (Schloss, Königin, Kaiserin, Päpstin). Als sie aber Gott selbst werden will, schickt der Butt die Unersättliche von ihrer Karriere- und Statusleiter wieder zurück in den »Pisspott«, in dem nun sie und ihr Mann bis auf den heutigen Tag wieder leben müssen. Ilsebill hat es in ihrer Gier und Maßlosigkeit sehr weit gebracht, aber gerade daran geht sie zugrunde.

In anderer Weise unsozial verhalten sich viele Stiefmütter, die z. B. Stiefkinder übel mobben, wie in *Aschenputtel, Schneewittchen, Frau Holle*.

Mobbing praktizieren auch Firmen. Manche gewitzte Topmanager haben wie Ilsebill ihre ehrgeizigen Karriereträume nach der »Krise« gründlich ausgeträumt und sitzen nun »im Pisspott« eines Bezirksgefängnisses der USA. Übrigens zeigten Forschungen negative Korrelationen zwischen extrinsisch motiviertem Karrierestreben und Kreativität (Matussek 1989).

C Problemlösungskompetenz

Mental Unkreative – Dummlinge

Die sieben Schwaben glauben alles zu können – außer Hochdeutsch. So gehen sie mit viel Elan, hehren »Visionen« und großen Sprüchen auf Abenteuer – alles gepaart mit niedrigster mentaler wie sozialer Intelligenz. Beim Anblick von Hasenohren hinter dem Hügel vermuten sie in trügerischem »groupthink«: »Es wird nit fehle um ein Haar, so ischt es wohl der Teufel gar« oder »Ischt er es nit, so ischts sei Muter oder des Teufels Stiefbruder.« So stolpern sie von einer in die andere Katastrophe bis in ein reißendes Wasser, weil sie das Quaken eines Frosches falsch dechiffrieren. Sie »ertranken, also dass ein Frosch ihrer sechse ums Leben brachte, und niemand aus dem Schwabenbund wieder nach Haus kam« (Grimm 1999/1819: 571).

Ähnliche mentale »Qualitäten« zeigen *Der gescheite Hans* oder *Die kluge Else*.

Da solche Schwankmärchen überzeichnen, sind direkte Vergleiche mit der Wirtschaftspraxis erschwert. Aber wie »Finanzdummlinge« in letzter Zeit – trotz globaler Erfahrungen erst vor wenigen Jahren – Milliarden ihrer gutgläubigen Kunden verspekulierten oder oberste Chefs bekannter Konzerne die gleichen Fehler mit ähnlichen Verlusten wiederholten und dann noch mit strategischen Visionen verbrämten, belegt dies vergleichbare mentale Inkompetenzen – nur auf höherem Niveau. Ebenso zeigen sich in Märchen wie Management die Gefahren von höchst kooperativem »groupthink« und damit auch Grenzen von zu einmütigen Teamentscheiden.

5 Lessons Learned

Märchen schildern Kreativität nicht nur als mentale Kompetenz, sondern erweitern sie um soziale Kreativität. Diesen Ansatz findet man in der personalen Testpsychologie kaum.

In den letzten zwanzig Jahren wurde die Rolle von emotionaler Intelligenz und Führung in der Managementforschung und -lehre zunehmend thematisiert (vgl. dazu Kapitel D). Auch deshalb bietet sich für sie ein zweidimensionaler Portfolioansatz an, der individuelle Ausprägungen von mentaler und sozialer Intelligenz sowie ihre Kombination einbezieht. Portfolioansätze sind im Finanzbereich und Marketing heute ein Standard. In der Personalpraxis findet man sie noch selten – z. B. bei der HypoVereinsbank in München für die Evaluation ihrer qualitativen Personalstruktur. In Märchen sind sie bislang unbekannt. Märchenhelden und -heldinnen sind meist schon wegen einer der beiden Dimensionen erfolgreich.

Erst die Umsetzung bringt kreative Ideen zu Leben und Wirkung. Diese Kompetenz ist in Firmen aber schwächer ausgeprägt als die mentale respektive die soziale Kreativität. Märchenerfolge leben dagegen immer von der mutigen, raschen – aber auch oft unreflektierten Umsetzung. Management wie Märchen können hier also voneinander lernen.

Treten in Märchen geistige Fähigkeiten mit asozialem Verhalten (v. a. Neid, Hochmut, Egozentrik, Egoismus, Mobbing) kombiniert auf, ist Scheitern programmiert; oft sind es die Stiefmütter bzw. ältere Geschwister. Auch die Führungsforschung belegt, dass asoziale Verhaltensweisen den Misserfolg von Führungskräften am häufigsten und stärksten bewirken.

Könige oder Eltern brechen in den Märchen oft ihre Versprechen (vgl. Kapitel E). Deshalb müssen die Betroffenen oft drei statt einer vereinbarten Probe bestehen, was kommentarlos hingenommen wird! In der Managementdiskussion avancierte »Walk your talk« (Halte Dein Wort, Lass Worten Taten folgen) zu der in Führungsgrundsätzen am häufigsten eingebrachten Forderung. Zugleich rangierten befragte mittlere Manager die Missachtung dieser Forderung an die Spitze von potenziellen sowie tatsächlichen Demotivatoren.

Wenden körperlich oder hierarchisch Schwächere gegenüber Stärkeren mentale oder soziale List an, ist auch unethisches Verhalten akzeptiert und erfolgreich. Die Forschung zum Thema »Managing the Boss« (vgl. Wunderer 2009: 253-267) zeigt ähnliche Ergebnisse. Da es sich in Organisationen um sogenannte »unendliche Spiele«, also langfristige Kooperationen handelt, vermeiden aber sozial Kluge möglichst Vertrauensbrüche.

Jüngere Geschwister sind in Märchen dank ihrer emotionalen und sozialen Intelligenz erfolgreicher; mentale Defizite werden durch Beistand (über-) irdischer Helfer kompensiert, die als stete Netzwerke unterstützen. Nicht nur in südlichen und asiatischen Ländern ist im Management »Networking« oft erfolgreicher als ein hoher IQ. Jedoch ist sogenannter »Welpenschutz« gegenüber Schwächeren im Management nicht die Regel – außer ein Gesetzgeber schreibt das vor.

Im Management wurde ergebnisorientierte Entlohnung extrem forciert; selbst im Tarifbereich zeigen sich Ansätze. In Märchen gibt es dagegen nur erfolgsbezogene Gratifikationen – und die werden oft erst nach der dritten bestandenen Probe gewährt. Dass hier Familien bzw. »oberes Management« Versprechungen nicht einhalten, gleicht einem Gewohnheitsrecht. Solche Enttäuschungen erleben heute auch viele in Unternehmen, aber hier gibt es zumindest Schutzbestimmungen und -institutionen.

In Märchen werden Misserfolge streng bestraft, schon bei nicht gelösten Rätseln mit dem Tode. Im Management wurden dagegen gerade in den letzten Jahren auch offensichtlich erfolglose obere Führungskräfte geschont und noch dazu mit fürstlichen Abfindungen entlohnt.

Schon diese ausgewählten Beispiele könnten die Beschäftigung mit Märchen anregen, also nicht nur, weil es sich hier um Archetypen des Umgangs mit Kreativität und Musterbrechern (Wüthrich 2006), Chancen und Risiken, mit Stärkeren oder Schwächeren handelt.

Personalentwickler setzen in ihrer Berufspraxis schon Märchen ein, v. a. als Fallbeispiele. Aber das sind noch zarte und seltene Pflänzchen. Eigene Erfahrungen dazu zeigen aber, dass Angebote zum Thema Management und Märchen interessiert wahrgenommen werden – oft mit hohem Emotions-, Erinnerungs- und Reflexionswert.

6 Literatur

Berndt, R. (2000) (Hrsg.): Innovatives Management, Berlin/Heidelberg.
Brüder Grimm (1999/1819): Kinder- und Hausmärchen, Gesamtausgabe 19. Aufl., München.
Brüder Grimm (1812): Kinder- und Hausmärchen, 1. Band, Berlin.
de Bono, E. (1986): Laterales Denken für Führungskräfte, Hamburg.
Erpenbeck, J./Rosenstiel, L. v. (2003): Handbuch Kompetenzmessung, Stuttgart.
Goleman, D. (1996): Emotionale Intelligenz, München.
Goleman., D. (1997): Kreativität entdecken, Wien.
Hauschildt, J. (1993): Innovationsmanagement, München.
Hossiep, R./Mühlhaus, O. (2005): Personalauswahl und -entwicklung mit Persönlichkeitstests, Göttingen.
Kotter, J./Rathgeber, H. (2005): Das Pinguin-Prinzip, München.
Matussek, P. (1998): Was ist Kreativität, in: Durisch, W. et al.: Kreativität, Baden, S. 31-35.
Matussek, P. (1974): Kreativität als Chance – Der schöpferische Mensch in psychodynamischer Sicht, München.
o. V. (2007): Zahlen zum Ideenmanagement, in Personalführung 9, S. 10 f.
Perrault, Ch. (2006/1697): Sämtliche Märchen, Stuttgart.
Peters, T. (1988): Kreatives Chaos, Hamburg.
Pinchot, G. (1988): Intrapreneuring – Mitarbeiter als Unternehmer, Wiesbaden.
Rölleke, H. (1999): Entstehungs- und Veröffentlichungsgeschichte der Grimmschen Märchen, in: Brüder Grimm (1999/1812), a. a. O., S. 827-878.
Saner, H. (1995): Geburt und Phantasie – Von der natürlichen Dissidenz des Kindes, Basel.
Schumpeter, J. (1912): Theorie der wirtschaftlichen Entwicklung, Leipzig.
Thom, N. (1980): Grundlagen des betrieblichen Innovationsmanagements, Königstein.
Welch, J. (2003): Was zählt – die Autobiografie des besten Managers der Welt, Düsseldorf.
Witte, E. (1973): Organisation für Innovationsentscheidungen, Göttingen.
Wunderer, R./Jaritz, A. (2007): Personal-Controlling – Evaluation der Wertschöpfung im Personalmanagement, 4. Aufl., Köln.
Wunderer, R. (2008): Der gestiefelte Kater als Unternehmer, Lehren aus Management und Märchen, Wiesbaden.
Wunderer, R. (2009): Führung und Zusammenarbeit – eine unternehmerische Führungslehre, 8. Aufl., Köln.
Wunderer, R. (2009c): Kreativität in Management und Märchen, in: Papmehl, A. et al. (Hrsg.): Die kreative Organisation, Wiesbaden, S. 229-242.
Wüthrich, H. et al. (2006): Musterbrecher – Führung neu leben, Wiesbaden.

II Fehlerkultur

Grundlegende Ausführungen zu den 70 Verhaltensleitsätzen aus 63 Kinder- und Hausmärchen der Brüder Grimm und zu ebenfalls 70 Leitsätzen aus 43 Unternehmen wurden schon in Kapitel B des Buches behandelt. »Lerne aus Fehlern« zählte in beiden Bereichen zu den acht häufigsten Kernleitsätzen.

Nach Ansätzen zur Lernförderung und zu Schlüsselkompetenzen folgt ein nach Qualifikation und Motivation differenziertes Lernportfolio mit Märchenhelden und -heldinnen. Dann werden zur Entwicklung einer mentalen wie sozialen Lernkultur 20 Maximen für Führungskräfte aus Märchensicht sowie 20 für Märchenhelden und -heldinnen aus Managementperspektive entwickelt. Diese sind nach risikoaverser Fehlervermeidung und chancenorientiertem Verbesserungslernen differenziert; Letzteres leben viele der Helden und Heldinnen. Abschließend folgen Lehren für Fehlerlernen. Die Managementsicht bildet das Fundament; als brillantes Leitmärchen dient *Die kluge Bauerntochter*.

1 Die kluge Bauerntochter (KHM 94) als Leitmärchen

»Es war einmal ein armer Bauer, der hatte kein Land, nur ein kleines Häuschen und eine alleinige Tochter, da sprach die Tochter ›wir sollten den Herrn König um ein Stückchen Rottland bitten.‹ Da der König ihre Armuth hörte, schenkte er ihnen auch ein Eckchen Rasen, den hackte sie und ihr Vater um, und wollten ein wenig Korn und der Art Frucht darauf säen. Als sie den Acker beinah herum hatten, so fanden sie in der Erde einen Mörsel von purem Gold. ›Hör,‹ sagte der Vater zu dem Mädchen, ›weil unser Herr König ist so gnädig gewesen und hat uns diesen Acker geschenkt, so müssen wir ihm den Mörsel dafür geben.‹ Die Tochter aber wollt es nicht bewilligen und sagte ›Vater, wenn wir den Mörsel haben und haben den Stößer nicht, dann müssen wir auch den Stößer herbei schaffen, darum schweigt lieber still.‹ Er wollte ihr aber nicht gehorchen, nahm den Mörsel, trug ihn zum Herrn König und sagte den hätte er gefunden in der Heide, ob er ihn als eine Verehrung annehmen wollte. Der König nahm den Mörsel und fragte ob er nichts mehr gefunden hätte? ›Nein,‹ antwortete der Bauer. Da sagte der König er sollte nun auch den Stößer her beischaffen. Der Bauer sprach den hätten sie nicht gefunden; aber das half ihm so viel, als hätt ers in den Wind gesagt, er ward ins Gefängnis gesetzt, und sollte so lange da sitzen, bis er den Stößer herbeigeschafft hätte. Die Bedienten mußten ihm täglich Wasser und Brot bringen, was man so in dem Gefängnis kriegt, da hörten sie, wie der Mann als fort schrie ›ach, hätt ich meiner Tochter gehört! ach, ach, hätt ich meiner Tochter gehört!‹ Da giengen die Bedienten zum König und sprachen das, wie der Gefangene als fort schrie ›ach, hätt ich doch meiner Tochter gehört!‹ und wollte nicht essen und nicht trinken. Da befahl er den Bedienten sie sollten den Gefangenen vor ihn bringen, und da fragte ihn der Herr König warum er also fort schrie ›ach, hätt ich meiner Tochter gehört!‹ ›Was hat eure Tochter denn gesagt?‹ ›Ja sie hat gesprochen ich sollte den Mörsel nicht bringen, sonst müßt ich auch den Stößer schaffen.‹

›Habt ihr so eine kluge Tochter, so laßt sie einmal herkommen.‹ Also mußte sie vor den König kommen, der fragte sie ob sie denn so klug wäre, und sagte er wollte ihr ein Räthsel aufgeben, wenn sie das treffen könnte, dann wollte er sie heirathen. Da sprach sie gleich ja, sie wollts errathen. Da sagte der König ›komm zu mir, nicht gekleidet, nicht nackend, nicht geritten, nicht gefahren, nicht in dem Weg, nicht außer dem Weg, und wenn du das kannst, will ich dich heirathen.‹ Da gieng sie hin, und zog sich aus splinternackend, da war sie nicht gekleidet, und nahm ein großes Fischgarn, und setzte sich hinein und wickelte es ganz um sich herum, da war sie nicht nackend: und borgte einen Esel fürs Geld und band dem Esel das Fischgarn an den Schwanz, darin er sie fortschleppen mußte, und war das nicht geritten und nicht gefahren: der Esel mußte sie aber in der Fahrgleise schleppen, so daß sie nur mit der großen Zehe auf die Erde kam, und war das nicht in dem Weg und nicht außer dem Wege. Und wie sie so daher kam, sagte der König sie hätte das Räthsel getroffen, und es wäre alles erfüllt. Da ließ er ihren Vater los aus dem Gefängnis, und nahm sie bei sich als seine Gemahlin und befahl ihr das ganze königliche Gut an.

Abb. 1: »Gell, da schaust!«
Illustration von C. Unzner (Bildnachweis S. 223)

Nun waren etliche Jahre herum, als der Herr König einmal auf die Parade zog, da trug es sich zu daß Bauern mit ihren Wagen vor dem Schloß hielten, die hatten Holz verkauft; etliche hatten Ochsen vorgespannt, und etliche Pferde. Da war ein Bauer, der hatte drei Pferde, davon kriegte eins ein junges Füllchen, das lief weg und legte sich mitten zwischen zwei Ochsen, die vor dem Wagen waren. Als nun die Bauern zusammen kamen, fiengen sie an sich zu zanken, zu schmeißen und zu lärmen, und der Ochsenbauer wollte das Füllchen behalten und sagte die Ochsen hättens gehabt: und der andere sagte nein, seine Pferde hättens gehabt, und es wäre sein. Der Zank kam vor den König, und der that den Ausspruch wo das Füllen gelegen hätte, da sollt es bleiben; und also bekams der Ochsenbauer, dems doch nicht gehörte. Da gieng der andere weg, weinte und lamentierte über sein Füllchen. Nun hatte er gehört wie daß die Frau Königin so gnädig wäre, weil sie auch von armen Bauersleuten gekommen

II Fehlerkultur

wäre: gieng er zu ihr und bat sie ob sie ihm nicht helfen könnte daß er sein Füllchen wieder bekäme. Sagte sie ›ja, wenn ihr mir versprecht daß ihr mich nicht verrathen wollt, so will ichs euch sagen. Morgen früh, wenn der König auf der Wachtparade ist, so stellt euch hin mitten in die Straße, wo er vorbei kommen muß, nehmt ein großes Fischgarn und thut als fischtet ihr, und fischt also fort und schüttet das Garn aus, als wenn ihrs voll hättet,‹ und sagte ihm auch was er antworten sollte, wenn er vom König gefragt würde. Also stand der Bauer am andern Tag da und fischte auf einem trockenen Platz. Wie der König vorbei kam und das sah, schickte er seinen Laufer hin, der sollte fragen was der närrische Mann vor hätte. Da gab er zur Antwort ›ich fische.‹ Fragte der Laufer wie er fischen könnte, es wäre ja kein Wasser da. Sagte der Bauer ›so gut als zwei Ochsen können ein Füllen kriegen, so gut kann ich auch auf dem trockenen Platz fischen.‹ Der Laufer gieng hin und brachte dem König die Antwort, da ließ er den Bauer vor sich kommen und sagte ihm das hätte er nicht von sich, von wem er das hätte: und sollts gleich bekennen. Der Bauer aber wollts nicht thun und sagte immer Gott bewahr! er hätt es von sich. Sie legten ihn aber auf ein Gebund Stroh und schlugen und drangsalten ihn so lange, bis ers bekannte, daß ers von der Frau Königin hätte.

Als der König nach Haus kam, sagte er zu seiner Frau ›warum bist du so falsch mit mir, ich will dich nicht mehr zur Gemahlin: deine Zeit ist um, geh wieder hin, woher du kommen bist, in dein Bauernhäuschen.‹ Doch erlaubte er ihr eins, sie sollte sich das Liebste und Beste mitnehmen was sie wüßte, und das sollte ihr Abschied sein. Sie sagte ›ja, lieber Mann, wenn dus so befiehlst, will ich es auch thun,‹ und fiel über ihn her und küßte ihn und sprach sie wollte Abschied von ihm nehmen. Dann ließ sie einen starken Schlaftrunk kommen, Abschied mit ihm zu trinken: der König that einen großen Zug, sie aber trank nur ein wenig. Da gerieth er bald in einen tiefen Schlaf und als sie das sah, rief sie einen Bedienten und nahm ein schönes weißes Linnentuch und schlug ihn da hinein, und die Bedienten mußten ihn in einen Wagen vor die Thüre tragen, und fuhr sie ihn heim in ihr Häuschen. Da legte sie ihn in ihr Bettchen, und er schlief Tag und Nacht in einem fort, und als er aufwachte, sah er sich um, und sagte ›ach Gott wo bin ich denn?‹ rief seinen Bedienten, aber es war keiner da. Endlich kam seine Frau vors Bett und sagte ›lieber Herr König, ihr habt mir befohlen ich sollte das Liebste und Beste aus dem Schloß mitnehmen, nun hab ich nichts Besseres und Lieberes als dich, da hab ich dich mitgenommen.‹ Dem König stiegen die Thränen in die Augen, und er sagte ›liebe Frau, du sollst mein sein und ich dein,‹ und nahm sie wieder mit ins königliche Schloß und ließ sich aufs neue mit ihr vermählen; und werden sie ja wohl noch auf den heutigen Tag leben.

In diesem alten Weisheitsmärchen lernen alle Hauptpersonen. Zunächst antizipiert die kluge Bauerntochter einen Fehler beim Plan des Vaters zur Rückgabe eines Fundes, was dann auch eintritt. Im Gefängnis bereut dann der Vater, dass er nicht auf seine Tochter hörte. Der König erkennt sein Fehlurteil, lässt die Bauerntochter kommen, sie ein sehr schweres Rätsel lösen und heiratet die dabei Erfolgreiche. Diese erfährt später von einem neuen Fehlurteil und will es heimlich korrigieren. Der Gatte erfährt das, ärgert sich über die Einmischung in seine Richterkompetenz und verstößt seine Frau (vgl. auch Gobrecht 2006). Diese akzeptiert zwar das Urteil, revidiert es aber durch einen genialen Plan. Nun erkennt und bereut der König seine Fehler. Sein zweiter Heiratsantrag ist nun von Liebe und Hochachtung für ihre mentale wie soziale Intelligenz geprägt. So fördert die kluge Bauerntochter auch eine neue Fehlerkultur im Königreich.

2 Definition und theoretische Grundlagen zu Lernen aus Fehlern

2.1 Theorien zum Fehlerlernen mit Märchenbezug

- Vertragstheoretische Ansätze konzentrieren sich auf vorausschauende, rationale Reflexion, besonders in der Spieltheorie. Märchenhelden und -heldinnen aber handeln meist rasch-unreflektiert und intuitiv sowie schlecht informiert (also mit »unvollkommen-asymmetrischer Information«). Und sie reagieren stärker auf intrinsische Anreize (herausfordernde Aufgaben, schöne, sympathische und liebenswerte Braut) als auf extrinsische (Geld, Status).

- Wissensorientiert fokussiert Kolodner (1983) auf das »episodische Gedächtnis«, das für die meist episodenorientierten Märchen relevant ist. Er unterscheidet sechs Handlungssequenzen: Entscheidung, Erkennen des Fehlers, Fehlersuche, aktuelle Fehlerkorrektur, grundsätzliche Erklärung des Fehlers, Speichern der Erkenntnis. Bei Märchen überwiegt intuitives und unreflektiertes Handeln. *Rotkäppchen, Der Geist im Glas, Die kluge Bauerntochter* sind eindrückliche Ausnahmen.

- Ihre »Theorie des negativen Wissens« untertiteln Oser/Spychinger 2005 mit »Lernen ist schmerzhaft«. Dies gilt in Märchen nicht nur für Antihelden und »Loser«. *Im Meerhäschen* sieht der Held 99 abgeschlagene Köpfe auf Pfählen vor dem Schloss der hochmütigen Prinzessin. Und doch wagt er die Proben, obgleich zuvor zwei ältere Brüder »schmerzhaft« zu Tode kamen. Den Erfolg bringt die Sozialkompetenz des Helden beim Aufbau und Einsatz eines Netzwerks, aus dem ein Fuchs ihm das Leben rettet. Der Junge sieht zwar nur Chancen, reflektiert dagegen die extremen Risiken nicht. Gerade deshalb könnte das Märchen Hörer und Leser anregen – z. B. zur Reflexion von Ursachen von (Miss-) Erfolg sowie zur Einschätzung des eigenen Risikoprofils in gefährlichen Situationen.

- Mit »beneficial failure« betonen Knott/Posen (2005: 617 ff.; vgl. auch Lamberg/Pajunen 2005) die positive Seite eines reflektierten Fehlerlernens. Hier kann Rotkäppchen als Patin stehen: »[…] du willst dein Leben lang nicht wieder allein vom Wege ab in den Wald laufen, wenn dirs die Mutter verboten hat« (KHM 26, 179).

- Zur Messung entwickelten Rybowiak et al. (1999) einen »Error Orientation Questionnaire« mit acht Skalen. Diese reduzierten Bauer et al. (2003) nach einer statistischen Evaluation auf drei Skalen mit 37 Items: Bewertung von Fehlern, Strategien zum lernförderlichen Umgang mit Fehlern sowie Emotionen in Verbindung mit Fehlern. Dazu evaluierten sie auch Manager und Nichtführungskräfte. Hier unterschieden sich Führungskräfte signifikant nur in etwas höherer Risikoneigung bei der Bewertung von Fehlern!

- Solches Verhalten wird in den Märchen nicht bestätigt, da hier oft Risikomeidende »Mächtige« (z. B. Könige) Probleme auf chancenorientierte Helden ohne Fachkenntnisse oder Erfahrung »outsourcen«. Letztere zeigen dann selbst in höchster Gefahr selten Emotionen, verlassen sich auf ihre Kreativität, auf Mut, Glück oder Helfer und bevorzugen bei der Fehlereinschätzung die Items von Bauer: »Ich halte an meinem Ziel fest, auch wenn ich Fehler machen könnte« sowie »Ich mache lieber etwas falsch, als dass ich überhaupt nichts tue.« Diese reflexionsarme Handlungsorientierung charakterisiert die meisten Märchenpersonen. Auch deshalb unterscheiden wir zwischen risikoorientiertem Vermeidungslernen und chancenorientiertem Verbesserungslernen.

- Der Neuropsychologe Spitzer (2002) ortet das Lernzentrum im Glückszentrum. Müssten deshalb lernende Menschen glücklich sein? Und gilt Lernen auch für Hans im Glück?

2.2 Verhaltensleitsätze in Märchen

Märchen prägen besonders Kinder, auch durch bewusste Erziehung (Perrault 1697, Brüder Grimm 1999/1819, Uther 2008, Zitzlsperger 2007). In ihrer – aus neuropsychologischer Sicht (Roth 2009, Spitzer 2002, Singer 2003) – entscheidenden Entwicklungsphase hören sie von morgens bis abends moralische und praktische Normen, Regeln, Leitsätze und Maximen. Jede der Bezugspersonen kommuniziert sie in anderer Weise: Mutter, Vater, Kindergärtnerinnen, Geschwister, Großeltern, Tanten, Onkel, Cousins und Gleichaltrige.

Den Kleinen werden heute Märchen in vielen Medien vermittelt, meist vor dem Einschlafen oder am Morgen der Wochenenden. Sie kennen dann weder Verfasser noch »Sender«. Maximen werden meist in »Fallstudien« versteckt, seltener als früher mit erhobenem Zeigefinger vermittelt. Märchennormen können sich dann tiefer als die täglichen Regelvorgaben verankern, besonders wenn sie Verbindungen mit Traumwelten oder Tagesfantasien fördern. Märchen dienten stets als Sozialisationshilfen; so lassen sich spezielle Erziehungsziele unterstützen.

In der Psychoanalyse bewirken sie Projektionen auf eigene Entwicklungsphasen und -konflikte, z. B. sich als lernbereites Rotkäppchen oder als stets gleich handelnder Hans im Glück zu fühlen.

Weil Firmenleitsätze neben Normen auch unterstützende Instrumente, Führungsstile und Fördermaßnahmen enthalten, sind sie umfassender, strukturierter und abstrakter als die aus einem Fallbeispiel abgeleiteten und meist am Schluss platzierten Märchenmaximen.

3 »Lerne aus Fehlern« in Führungs- und Märchenleitsätzen

In Führungs- und Kooperationsbeziehungen findet man den Leitsatz: »Lerne aus Fehlern« häufiger als in Märchen, zudem ohne damit verbundene Sanktionen.

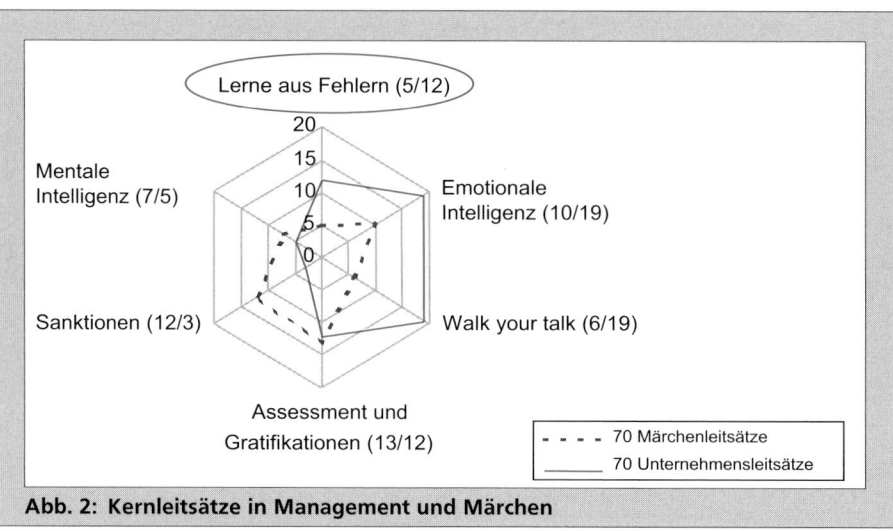

Abb. 2: Kernleitsätze in Management und Märchen

Wegen unserer Differenzierung nach Lernen durch Selbstreflexion oder durch Autoritäten wurden gegenüber obiger Auswertung vier weitere Beispiele aus den KHM einbezogen.

3.1 »Lerne aus Fehlern« in Führungsgrundsätzen der Unternehmen (Auswahl)

»Wir gewähren Spielraum für neue Ideen und nehmen auch Fehlschläge in Kauf.«
Ciba, CH

»Führung heißt, Fehler zuzulassen, bewusst zu machen und aus ihnen zu lernen.«
Parion Versicherung, Deutschland

»Risiken eingehen, Fehler öffentlich machen und zeigen, wie man mit Fehlern konstruktiv umgeht (Lernkultur)«
Elektrizitätswerke des Kantons Zürich, CH

»Wir sorgen dafür, dass aus Fehlern gelernt wird.«
BASF, Deutschland

»Natürlich können nicht alle Entscheidungen immer richtig sein. Sollte mal eine falsche dabei sein, analysieren Sie mit dem jeweiligen Mitarbeiter die Gründe. Das eröffnet die Chance, für die Zukunft zu lernen.«
Douglas, Deutschland

> »Ermuntern Sie Ihre Mitarbeiter und fordern Sie von sich selbst, dass ein aufgetretener Fehler künftig aktiv vermieden wird.«
> Veba Oel, Deutschland
>
> »Jeder darf Fehler machen – nur nicht zu viele …«
> BMW, Deutschland
>
> Führungskräfte sind im besonderen Maße in der Lage, Fehler einzugestehen oder falsche Entscheidungen zurückzunehmen und dafür Verantwortung zu tragen.«
> Bewag, Deutschland
>
> »Reagieren Führungskräfte intolerant und kritisch auf Fehler, brechen sie dabei die Initiative und den Ideenreichtum der Mitarbeiter.«
> 3M, CH

Die meisten Leitsätze richten sich an Führungskräfte und gewichten Chancenorientierung vor Risikovermeidung. Sie wollen so eine innovative Problemlösungskultur fördern und deshalb auch Fehleinschätzungen tolerieren. Die dafür nötige Vertrauenskultur soll die Bereitschaft zur öffentlichen Fehleranalyse und -akzeptanz sowie damit erwünschte Lernprozesse fördern. Diese kreative und konstruktive Fehlerkultur bildet dann die Basis eines umfassenden Qualitätsmanagements (vgl. Abschnitt 4.2) – mit Fokus auf mentale, antizipierende und kollektive Problemlösungs- bzw. Entscheidungsprozesse. Kunden- wie Mitarbeiterzufriedenheit rangieren dabei vor bürokratisch-ängstlichem Perfektionismus.

Die folgenden Märchenmaximen konzentrieren sich dagegen auf individuelles und soziales Lernen – oft über Selbstreflexion nach schlechten Erfahrungen. Die Lehr- und Lernbeispiele zeigen konkretes eigenes Fehlverhalten mit einschneidenden Folgen. Die erkennbaren Entwicklungsprozesse sollen die Hörer und Leser beeindrucken, möglichst auch »erziehen«. Das wird auf oft drastische Weise durch Autoritäten und höhere Mächte vermittelt.

3.2 »Lerne aus Fehlern« in Märchen – Schwerpunkt Selbstreflexion

> Der Vater klagt im Gefängnis: »ach, hätt ich meiner Tochter gehört! ach, ach, hätt ich meiner Tochter gehört!«
> Die kluge Bauerntochter: 476

> Rotkäppchen aber dachte »du willst dein Lebtag nicht wieder allein vom Wege ab in den Wald laufen, wenn dirs die Mutter verboten hat.«
> Rotkäppchen: 179

> »Da erkannte er die Strafe seiner Habgier und begann laut zu weinen.«
> Die Geschenke des kleinen Volkes: 748

> »Da tat er einen Schwur, kein Lumpengesindel mehr ins Haus zu nehmen, das viel mehr verzehrt, nichts bezahlt, und zum Dank noch obendrein Schabernack treibt.«
> Das Lumpengesindel: 90

> »... merkten sie, dass sie betrogen waren: und damit die Geschichte nicht unter die Leute käme, und sie nicht genarrt und gespottet würden, verschwuren sie sich untereinander, so lang davon stillzuschweigen, bis einer unverhofft das Maul auftäte.«
> Die sieben Schwaben: 568

3.3 »Lerne aus Fehlern« in Märchen – Schwerpunkt Fremderziehung

> »... hättet ihr den gezogen, wie er noch jung war, so wäre er nicht fortgelaufen; jetzt wird er hart und knorzig sein.«
> Der Meisterdieb: 776

> Der Vater: »geh nur hin, durch Schaden wirst du klug werden.«
> Die goldene Gans: 368

> »›Das alles ist geschehen, um deinen stolzen Sinn zu beugen‹. Da weinte sie bitterlich und sagte ›ich habe großes Unrecht gehabt und bin nicht wert, Deine Frau zu sein‹. Er aber sprach ›tröste dich, die bösen Tage sind vorüber, jetzt wollen wir unsere Hochzeit feiern.‹«
> König Drosselbart: 297

> »›Na, was will sie denn?‹ fragte der Butt. ›Ach‹, sagte er, ›sie will wie der liebe Gott werden.‹ ›Geh nur hin, sie sitzt schon wieder in dem alten Pott.‹«
> Von dem Fischer und seiner Frau: 142

4 Lernansätze im Management

4.1 Selbstentwicklung als gefördertes Lernen aus eigener Erfahrung

Dieser Abschnitt konzentriert sich auf Analysen wechselseitiger Verbindungen und Einflüsse des Lernens aus Fehlern. Deshalb stehen weder weitere lerntheoretische Dispute noch allgemeine Fördermöglichkeiten zur Diskussion (vgl. Wunderer 2007).

Lernen aus eigener Erkenntnis und Erfahrung steht bei den relevanten Kernleitsätzen im Management seltener als in den Märchentexten im Vordergrund.

Das Selbst- oder Menschenbild beeinflusst die Kalkulation der Erfolgsaussichten zur Selbst- und Fremdentwicklung (vgl. die Spannweite der Zitate in Abb. 3). Von uns befragte Führungskräfte und Studierende entschieden sich meist für die zweite Maxime.

Die hier bevorzugte Selbstentwicklung ist eng mit Commitment (Lernverpflichtung) verbunden. Die wissenschaftliche Diskussion unterscheidet dabei drei Motive (Meyer/Allen 1997), die auch in Märchen nachweisbar sind: ethische bzw. normative (z. B. Rotkäppchen), emotionale bzw. affektive (Die goldene Gans) und nutzenorientierte bzw. kalkulative (Rumpelstilzchen). Ethisches Commitment zu »Aus Fehlern lernen« resultiert primär aus persönlicher Verpflichtung, emotionales Commitment aus individueller Bindung an Personen, Werte und Ziele.

»Du bleibst doch immer, was Du bist.«
(J. W. Goethe, Faust I)

»Man kann einen Menschen nichts lehren – man kann ihm nur helfen, es in sich selbst zu entdecken.«
(G. Galilei)

»Gib mir ein Dutzend gesunde Kinder in guter Verfassung und meine eigene Auffassung, wie ich sie weiterbringen kann. Dann garantiere ich, jeden davon zufällig Ausgewählten so zu trainieren, dass er ein von mir ausgewählter Spezialist wird: Doktor, Jurist, Künstler, Händler, ja sogar ein Bettler und Dieb. Ohne Berücksichtigung seiner Talente, Neigungen, Fähigkeiten, Anlagen oder Rasse.«
(Watson, J.: Behaviourismus, People's Institute, N.Y., 1924, S. 82)

Abb. 3: Maximen zur Selbst- und Fremdentwicklung

4.2 Instrumente zur Selbstentwicklung

Geförderte Selbstentwicklung zum »Fehlerlernen« wird gerne mit Coaching und Counselling verbunden (Wunderer 2007: 371 ff.). Coaching als Führungsfunktion meint die gezielte Unterstützung von Mitarbeitenden durch Vorgesetzte beim mentalen bzw. sozialen Lernen. Zeitlich und thematisch begrenzt können Berater (Coaches) diese Aufgaben übernehmen. Dabei sollen Wahrnehmungsblockaden gelöst und Selbstentwicklung initiiert werden. Dies geschieht über Zielentwicklung, Sensibilisierung für eigene bzw. fremde Bedürfnisse, erweiterte Perspektiven sowie Hilfe bei personalen oder organisationalen Konflikten (Abb. 4). Coaching durch Externe verbreitet sich in der Führungspraxis. Das belegen 20 Coaching-Verbände allein in Deutschland. Direkte Vorgesetzte verstehen Coaching noch selten als Kerngebiet ihrer Führungsaufgabe – allenfalls bei neuen Mitarbeitern oder Auszubildenden. Ein Märchenbeispiel ist König Drosselbart, der seiner Angetrauten Stolz und Hochmut durch extremes Coaching abgewöhnt.

Charakteristika
- Coach und Klient (Mitarbeiter) entwickeln eine individuelle und persönliche Beziehung, die zu einem Dialog führt.
- Coaching ist als Begleitung auf Zeit und als Hilfe zur Selbsthilfe zu verstehen.

Voraussetzungen
- Freiwilligkeit
- Akzeptanz
- Vertrautheit

Vorteile
- Der Mitarbeiter wird nach seinen individuellen Bedürfnissen situationsgerecht gefördert.
- Durch den Aufbau einer kommunikativen Beziehung wird auch für die Führungskraft eine Reflexion des Kommunikations- und Führungsverhaltens möglich.
- Neben fachlichen können auch private Probleme diskutiert werden.

Grenzen
- Zeitprobleme
- Vertrauensebene muss fundiert sein.
- Coach muss Techniken der Kommunikation, psychologische Stresstechniken sowie Problemlösungstechniken beherrschen.

Abb. 4: Personalentwicklung durch Coaching

Counselling wird als eine besondere Form der Beratung von Vorgesetzten oder Kollegen auch durch Mitarbeitende verstanden. In vielen Konzepten zu sogenannten »Mitarbeitergesprächen« ist diese »Aufwärtsberatung« schon institutionalisiert. Sie betont auch die Wechselseitigkeit jeder Führungs- und Kooperationsbeziehung (Abb. 5). In Märchen beraten oft Kinder ihre Eltern, z. B. in *Der alte Großvater und der Enkel* Letzterer warnt, den Opa schlecht zu behandeln, es könnte ihnen später ähnlich ergehen.

Lernen von Benchmarks (Vergleichswerten) bezieht sich meist auf Handlungen anderer – sei es aus eigener Beobachtung, aus Medienberichten, (Auto-)Biografien oder eben aus Märchen, wenn sie eng mit der eigenen Lebenswelt verbunden werden.

BMW prämierte sogar in einem Werk den »Fehler des Monats«. Das sollte auch riskantes Beschreiten neuer Wege fördern – sofern diese sorgfältig reflektiert wurden. Diesen Fehler beachteten Mitarbeitende mehr als manche Qualitätsanweisung.

Charakteristika
- eine kooperativ-wechselseitige Führungsbeziehung wird für wichtige Rückkoppelungsinformationen des Mitarbeiters eingesetzt
- informell: im täglichen Arbeitsprozess
- institutionell: z. B. im Mitarbeitergespräch

Voraussetzungen
- eine vertrauensvolle, kooperative Führungsbeziehung
- Lernfähigkeit und -motivation des Vorgesetzten
- Beratungsfähigkeit und -motivation des Mitarbeiters
- institutionelle Unterstützung und »Führungskultur«

Vorteile
- Unterstützung von Zivilcourage
- Entwicklung von kooperativen Führungsbeziehungen
- Förderung des Engagements des Mitarbeiters
- wichtige Informationen für den Vorgesetzten aus Mitarbeiterperspektive (über die fachlichen Belange hinaus)

Grenzen
- aktive Beratungsbereitschaft des Mitarbeiters und passive des Vorgesetzten sind nicht zwangsläufig gegeben
- hierarchische Hemmnisse
- Missinterpretation durch Kollegen und Vorgesetzte (z. B. »Günstlingswirtschaft«, »graue Eminenz«)

Abb. 5: Personalentwicklung durch Counselling

Werden Leitsätze erzählend und mit lernfördernden Folgerungen vermittelt, dann fördern sie die differenzierte Reflexion von Fehlverhalten und Fehlervermeidung an einem Fallbeispiel. So lässt sich Rotkäppchens Lernen auf die eigene Person übertragen. Das tapfere Schneiderlein oder der gestiefelte Kater bieten Benchmarks für kreative mentale Problemlösungen – auch mit ihren sozialen Grenzen. Märchen betonen mehr als Führungsgrundsätze soziales Lernen – z. B. wie man mit Selbstvertrauen, Hilfsbereitschaft und Netzwerkknüpfen Erfolge erzielt.

Typisch ist in Märchen die Umsetzung von Lernerlebnissen, selbst wenn sie wenige Episoden behandeln. Dass Märchenhelden und -heldinnen lernbereit sein sollten, vermitteln viele der Erzählungen. Dazu kommt das Akzeptieren von Schicksal oder Bedrohungen durch überirdische Mächte, ebenso von angebotener Unterstützung.

In der Wirtschaftspraxis sind die gesundheits- bis lebensbedrohenden Folgen vieler Märchen selten. Dafür wird auf die Analyse und Reflexion von Fehlern Wert gelegt: »Führung heißt, Fehler zuzulassen, bewusst zu machen und aus ihnen zu lernen« (Parion Versicherung). Weiter wird eine Fehlerkultur gefordert, die chancenorientierte innovative Lösungen durch Fehler nicht behindert. So 3M: »Reagieren Führungskräfte intolerant und kritisch auf Fehler, brechen sie dabei die Initiative und den Ideenreichtum der Mitarbeiter.«

4.3 Allgemeine Fördermöglichkeiten

Neben dem (geförderten) Selbstlernen können andere Instrumente der Personalentwicklung eingesetzt werden. Neben Coaching und Counselling bieten sich On-the-Job- sowie Near-the-Job-Konzepte (Qualitätszirkel, Projekte) an. Hier ist der Praxisbezug hoch. Dabei sollte inhaltlich klar sowie prophylaktisch auf Fehler bzw. abweichendes Verhalten fokussiert werden, um Scheitern in Aufgaben, Projekten, Positionen oder Beziehungen zu vermeiden. Auch sollte man die Förderung auf strategische Ziele ausrichten und die Instrumente integriert einsetzen.

In Märchen dominiert Lernen bei der Arbeit sowie mittels Coaching und Counselling. Dagegen finden sich selten Versuche, Märchenhelden für ihre Aufgaben vorzubereiten oder den Aufstieg zu unterstützen. Das beklagen der Sohn in *Der Meisterdieb* oder die Bremer Stadtmusikanten.

4.4 Qualitätsmanagement als spezifische Lernfunktion

Seit rund 50 Jahren hat Qualitätsmanagement zur vorbeugenden wie nachbereitenden Vermeidung von Fehlern hohen Stellenwert, besonders im industriellen Bereich (hier im Automobilbau). In den letzten 30 Jahren entwickelte man in Japan, den USA und Europa nationale bzw. regionale Modelle. Diese wurden auch Klein- und Mittelbetrieben oder dem öffentlichen Dienst angepasst. Das Europäische Qualitätsmodell hat sich als integrierter Ansatz für organisatorisches Lernen durchgesetzt (Seghezzi 2007, Wunderer et al. 1997). Hier dominieren Analysen und Gestaltungsempfehlungen zu struktureller Führung. Fehlerbewusstsein und -toleranz, Fehlerkultur, Umgang mit Kreativität, kritische Erfolgsfaktoren, Controlling sind Stichworte zum Umgang mit Fehlern und damit verbundenen Lernprozessen. Keiner der zitierten Leitsätze der Firmen zu »Lerne aus Fehlern« verweist aber auf Qualitätsmanagement, selbst wenn diese Programme praktizieren. Nun zwei Beispiele aus Unternehmen mit hohen Qualitätsstandards: 3M entwickelte für ihre Führungskräfte Leitsätze und Programme zur Weiterbildung, um Innovation und Lernen aus Fehlern zu fördern (Abb. 6).

- Schaffen Sie Denkräume für Ihre Mitarbeiter.
- Heben Sie Denkverbote auf.
- Erlauben Sie Fehler.
- Würdigen Sie Innovationsleistungen.
- Fördern Sie intensive Kommunikation.
- Werden Sie Coach für Innovation.
- Beziehen Sie wichtige Kunden ein.
- Innovationen können aus vielen Quellen kommen.
- Rechnen Sie mit Innovationshürden.

Abb. 6: 3M-Grundregeln für Innovation und Fehlertoleranz

Sulzer analysierte Faktoren zur Förderung von Fehlertoleranz mit dem Ziel, innovative Problemlösungen auf breiter Front zu fördern (Abb. 7).

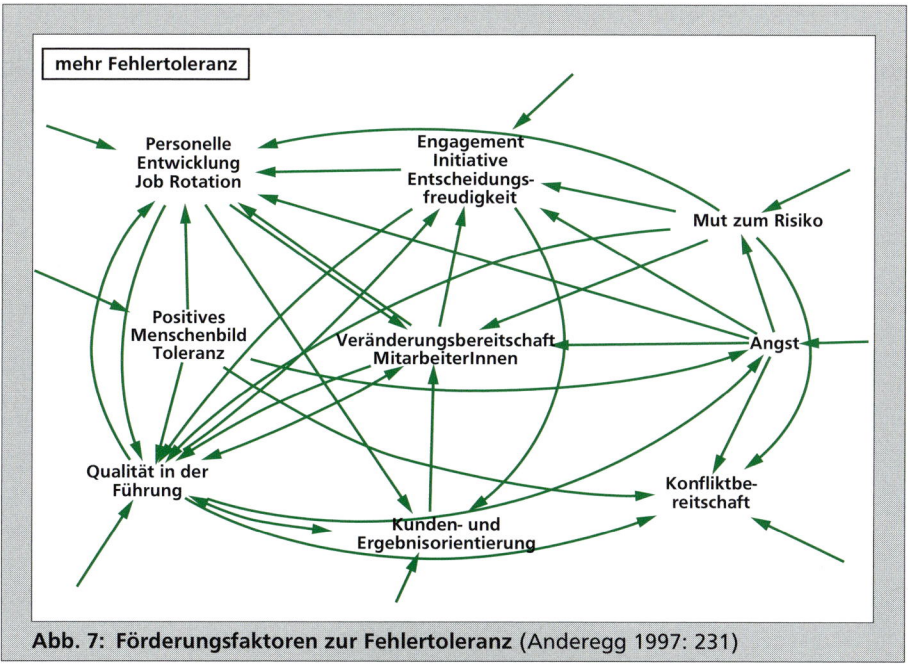

Abb. 7: Förderungsfaktoren zur Fehlertoleranz (Anderegg 1997: 231)

Märchen kennen keine Programme zur Qualitätssicherung. Das persönliche Verhalten und Entwickeln stehen im Mittelpunkt – und hier wiederum das soziale Lernen (z. B. Der Meisterdieb, Der alte Großvater und der Enkel). Das gilt ebenso für Lehren zur Arbeitsmoral (Frau Holle). Und Meister Pfriem ist ein Beispiel für das Scheitern eines selbst ernannten Qualitätsexperten.

Abschließend hier noch einige Zitate von Dichtern und Denkern zu Irrtum und Fehlern (Osten 2006, Oser/Spychinger 2006):

> »Wer noch nie Fehler gemacht, hat sich nie an etwas Neuem versucht.«
> A. Einstein
>
> »Es irrt der Mensch, solang er strebt.«
> J. W. Goethe
>
> »Der Irrtum kann nur durch das Irren geheilt werden.«
> J. W. Goethe
>
> »Das sind die Weisen, die durch Irrtum zur Wahrheit reisen. Die bei dem Irrtum verharren, das sind die Narren.«
> F. Rückert
>
> »Das einzige Mittel, den Irrtum zu vermeiden, ist die Unwissenheit.«
> J.-J. Rousseau
>
> »Selbst wenn alle Fachleute einer Meinung sind, können sie sehr im Irrtum sein.«
> B. Russel

5 Unternehmerische Schlüsselkompetenzen für fördernde Lernprozesse

Da Eigenschaften und spezifische Verhaltensmuster in Management- wie in Märchenleitsätzen im Mittelpunkt stehen, werden nun fördernde Kompetenzen zum chancenorientierten Verbesserungslernen wie auch risikominderndem Verhalten diskutiert. Dazu bieten sich unsere drei (mit-)unternehmerischen Schlüsselkompetenzen an: strategieorientierte Problemlösung, kooperative Selbstorganisation sowie reflexionsfundierte Umsetzungskompetenz (Abb. 8 sowie Wunderer 2009: 58).

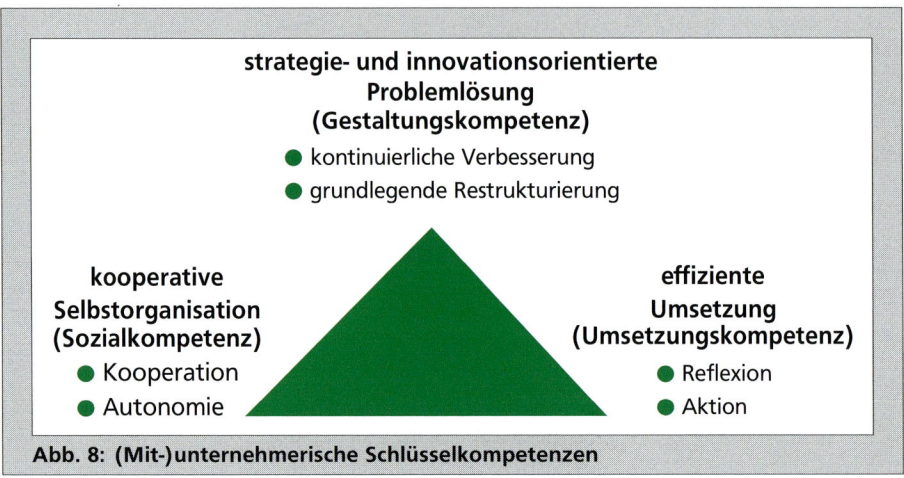

Abb. 8: (Mit-)unternehmerische Schlüsselkompetenzen

Alle drei tragen dazu bei, Scheitern unternehmerisch zu vermeiden, zu minimieren oder zu bewältigen. Chancenorientiert sind dabei viele Verhaltens- sowie die noch bedeutsameren Ergebniskriterien. Das belegen Beispiele aus Abbildung 9 zur kreativen Gestaltungskompetenz.

Zahlreiche Märchen zeigen dies (z. B. Der gestiefelte Kater, Das tapfere Schneiderlein, Das Meerhäschen, Die kluge Bauerntochter, Der Hase und der Igel, Der Meisterdieb, Sechse kommen durch die ganze Welt, Vom klugen Schneiderlein).

Verhaltenskriterien	Ergebniskriterien
Gestaltungskompetenz	
• sich gegenüber Neuem offen zeigen • neues Wissen in den Aufgabenbereich einbringen • Suchen und Aufgreifen neuer Ideen • an Problemlösungen konsequent und kreativ arbeiten • andere begeistern und von den Vorteilen des eigenen Handlungsziels überzeugen • sich chancenorientiert verhalten	• Anzahl und/oder Qualität entwickelter Ideen • Akzeptanz und Übernahme/Anwendung der entwickelten Ideen • Anzahl und Qualität von Verbesserungsvorschlägen – auch gegenüber dem Team • Anzahl und Qualität verbesserter Produkte und Dienstleistungen • Gestaltung/Anwendung neuer Verfahren, Methoden und Instrumente

Abb. 9: Verhaltens- und Ergebniskriterien zur Gestaltungskompetenz

Andere Erzählungen betonen die Bedeutung sowie Kriterien der Sozialkompetenz (Abb. 10).

Verhaltenskriterien	Ergebniskriterien
Sozialkompetenz	
• sich die Ideen anderer anhören und auf Bedenken eingehen • sich in einem Team kooperativ verhalten • andere kontaktieren, begeistern, unterstützen • selbst- und fremdvertrauend • eigene Ideen zielbewusst und bestimmt vertreten • Konfliktlösungen konstruktiv betreiben • Vertrauen und soziale Netzwerke aufbauen, pflegen und erweitern • soziale Werte und Normen vorleben	• Zufriedenheit von Mitarbeitern, Vorgesetzten und Kollegen mit Handlungen, Ergebnissen • Wertschätzung durch andere (z. B. in 360°-Beurteilungen) • Beiträge zur gemeinsamen Lösung von Konflikten • gute Ergebnisse in Mitarbeiterbefragungen/Beurteilungen, Audits • Zahl, Dauer und Qualität der Einbindung in Netzwerke • Einbindung in übergreifende Teams bzw. ehrenamtliche Aufgaben

Abb. 10: Verhaltens- und Ergebniskriterien zur Sozialkompetenz

Vieles davon rangiert auch in Katalogen zu Anforderungen an erfolgreiches Management unter Sozialkompetenz bzw. Kooperations-/Teamfähigkeit.

Ohne soziale Kompetenz würden all die Märchenhelden und -heldinnen scheitern, denen es an Kreativität, Fachkompetenz oder Mut fehlt. Viele davon finden aber mit ihrer Empathie, Bescheidenheit, Hilfsbereitschaft und Duldernatur Helfer – oft in höchster Not (vgl. Kapitel D). Dazu zählen überirdische Mächte, zauberfähige Feen oder Zwerge sowie dankbare Tiere. Ebenso sind Selbst- und Fremdvertrauen zentral (Wunderer 2008, Kapitel 4). Beispiele für belohnte Sozialkompetenz sind: Die weiße Schlange, Aschenputtel, Rotkäppchen, Schneewittchen, Rapunzel.

Umsetzungshandeln als dritte unternehmerische Kompetenz (Abb. 11) wird in den Führungsgrundsätzen der Unternehmen kaum explizit angesprochen.

Das gilt auch für die vielen Märchen, deren Helden *implizit* durch mutiges, (blitz-)schnelles Umsetzen ihrer Ideen vor Scheitern bewahrt werden. Nicht selten fehlt dann aber die vorgängige Reflexion, das Abwägen von Alternativen, das Vermeiden zu hoher Risiken. Und erzählt wird nur von den Erfolgreichen, wie eben im Management auch.

Hohe, oft unreflektierte Umsetzungskompetenz charakterisiert also Märchen. Im Management fehlt es nach Umfragen besonders an Umsetzungsqualifikation und -motivation (Guttropf 1995, Wunderer 2009). Guttropf ermittelte für die Schweiz folgende Innovations- und Lernhemmer: Denken in geschlossenen Systemen, Hang zum Perfektionismus, die Chefs entscheiden nicht mehr selbst sowie Angst vor innovativen Mitarbeitern.

Verhaltenskriterien	Ergebniskriterien
Umsetzungskompetenz	
• Reflektiertes und beharrliches Verfolgen persönlicher Leistungsziele • systematische Planung, Organisation und Evaluation der eigenen Arbeit • Anwendung von Managementmethoden (z. B. MbO) bei Planung und Beschlussfassung • Antizipation von Gegenargumenten • Nutzung von Informationstechnologien und Netzwerken • proaktives Überzeugen, Kommunizieren, Verhandeln und Durchsetzen	• Anzahl und Qualität erreichter Ziele • Qualität der erarbeiteten Konzepte und Pläne • verbesserte Prozesse, Produkte, Besprechungen, Verhandlungen • Effektivitäts- und Effizienzsteigerungen (Kosten, Wirtschaftlichkeit, Erfolg, Wertschöpfung) • Verbesserung von Umsatz-/Erfolgsindikatoren, technischen, ökonomischen und sozialen Leistungsgrößen • Zustimmungsrate bei Kollektiventscheiden

Abb. 11: Verhaltens- und Ergebniskriterien der Umsetzungskompetenz

Fazit: Wer über die drei mit-unternehmerischen Schlüsselkompetenzen verfügt, macht weniger Fehler, muss daraus weniger lernen. Im Mittelpunkt sollte chancenorientiertes Lernen stehen. Vielen Kreativen fehlt es in Management und Märchen an kooperativer Sozialkompetenz. Und andere sind nicht mental kreativ, was sie über externe Helfer oft ausgleichen können, wenn sie durch soziales Handeln Netzwerke bilden und mobilisieren. Dies schließt die Differenzierung wie Konflikte zwischen mentalem und sozialem Fehlerlernen ein. Man kann mit dem »Kopf« bei Chancen/Risiken dafür, mit dem »Bauch« dagegen sein. Umsetzen könnten aber mehr Führungskräfte, vor der Umsetzung erst reflektieren sollten mehr Märchenhelden.

6 Ein Märchenportfolio zu Lernkompetenzen

Mit den diskutierten unternehmerischen Qualifikationen folgt nun ein Märchenportfolio zu Lernkompetenzen. Differenziert wird – wie oft im Personalmanagement – nach Lernfähigkeit und Lernmotivation in vier Quadranten. Je ein treffendes Märchen für mentale (jeweils das erste Beispiel) wie für emotionale Kompetenz wird in Abb. 12 eingefügt und dann kurz begründet.

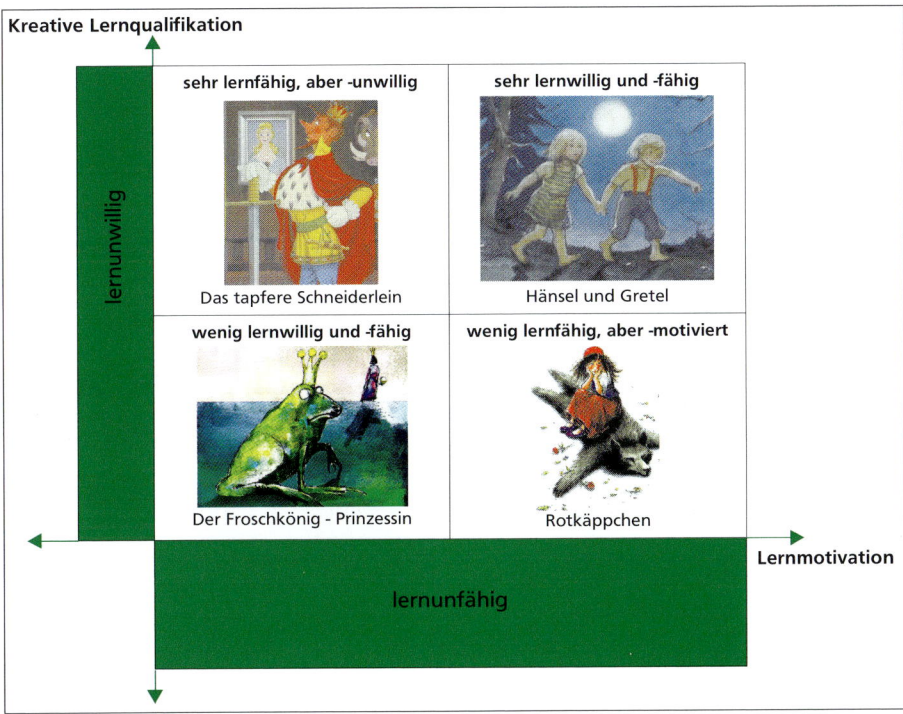

Abb. 12: Ein Lernportfolio mit Märchenbeispielen (Bildnachweis S. 223)

Kurzkommentierung

Gretel *(Hänsel und Gretel)* überlässt zunächst Hänsel die mentale Führung. Seine Gefangenschaft fordert einen Wechsel. Und nun lernt das Mädchen, diese Rolle in vielen Episoden kreativ-listig, klug reflektierend, geduldig und handlungsstark auszuüben.

Die kluge Bauerntochter erweist sich mental wie sozial als beispielhaft lern- und lehrfähig. Sie sieht Fehlreaktionen voraus, lernt so schon virtuell. Ebenso geht sie mit aktuellen Bedrohungen genial um. Und sie vermittelt dem Vater wie dem königlichen Gatten und dem geprellten Bauern tiefgreifende Lernerlebnisse.

Im gleichen Quadranten rangiert **Aschenputtel**, die sich klug zu behaupten lernt.

Rotkäppchen reflektiert mit gewissenhafter Lernmotivation, aber eingeschränkter Umsetzung lebensbedrohende Folgen nach ihrem Bruch eines Versprechens, nicht vom Wege abzugehen. Sie lernt damit aus Erfahrungen und schafft es dann noch, mit der Großmutter den zweiten Wolf unschädlich zu machen.

Der alte Großvater und der Enkel vermittelt den wichtigsten Verhaltensleitsatz, die »goldene Regel« (Verhalte Dich so, wie Du von anderen behandelt werden willst). Diese lehrt der **Junge** die Eltern bei der Behandlung des (Schwieger-)Vaters, der mit seinen Essmanieren störte. In diesen Quadrant passt auch die Lernbereitschaft der zuvor hochmütigen Prinzessin in *König Drosselbart* nach hartem Coaching durch ihren Mann.

Die **Prinzessin** im *Froschkönig* passt ihr Verhalten nur bei direkter Kontrolle des Vaters kurzfristig an. Mental bzw. sozial Lernunfähige bzw. Lernunwillige gibt es bei den Grimms viele: **Die sieben Schwaben** erkennen einen gravierenden Fehler, den sie aber vertuschen statt verbessern. Ihre Inkompetenz bezahlen sie dann mit ihrem Leben. **Ilsebill** in *Von dem Fischer und seiner Frau* ist mit ihrer unersättlichen Karrieregier auch ein extremes Beispiel für soziale Lerninkompetenz. Ebenso reiht sich **Hans im Glück** im Marktverhalten mit fünf Tausch- bzw. Täuschgesellen in diese Gruppe ein. Dazu kommen die vielen sozial inkompetenten Antihelden; oft sind es böse Stiefmütter oder Feen, hochmütige Prinzessinnen und unredliche Mächtige.

Das tapfere Schneiderlein besticht durch kreativ-listige Problemlösungen, mit denen er alle Aufgaben erfolgreich löst. Er zeichnet sich auch durch Selbstorganisation und Spontaneität aus. Nur in der Beziehungsebene lernt der Autist nie dazu. Gleiches lebt *Der Meisterdieb*.

7 Zur Entwicklung einer Lernkultur

Zwei Ansätze werden mit je 20 Empfehlungen diskutiert und dabei nach chancenorientiertem oder risikomeidendem Lernen geordnet. Der erste Ansatz entwickelt zum Kernleitsatz »Lerne aus Fehlern« Maximen aus Märcheninterpretationen für das Management – etwa nach 3M (Abb. 6) – mit Hinweis auf Märchenbeispiele. Der zweite ist eine Premiere, weil er Leitsätze aus der aktuellen Managementdiskussion für Märchenheldinnen und -helden der Brüder Grimm ableitet.

7.1 Was könnten Führungskräfte aus Märchen zur Fehlerkultur lernen?

Vorwiegend chancenorientiertes Lernen aus Fehlern

- Bevorzuge die goldene Regel (»Wie immer ihr wollt, dass die Leute mit euch umgehen, so geht auch mit ihnen um«, Matthäus 7,12) als zentralen Verhaltensgrundsatz (Der alte Großvater und der Enkel).
- Rangiere Chancen- vor Risikoorientierung (Das tapfere Schneiderlein, Der gestiefelte Kater).
- Nütze günstige Situationen mutig (der Junge in Der Teufel mit den drei goldenen Haaren), denn oft kommt eine Chance nur einmal.
- Sei aber auch bereit, es »dreimal« zu wagen (wie sehr viele Märchenhelden).

- Vertraue deiner eigenen Kompetenz (Die kluge Bauerntochter). Werde selbst ein Vorbild, statt mit steten Benchmark-Analysen lieber zu kopieren als zu kapieren und zu kreieren.
- Besonders wirkt Eigenmotivation beim Ergreifen von Chancen (viele Märchen zeigen das).
- Reagiere lieber auf deine intrinsische Motivation als auf äußere Anreize (auch das gilt für die meisten Märchen – selbst wenn hohe Anreize anderes vermuten lassen).
- Lerne mit Demotivation konstruktiv umzugehen (Aschenputtel, anders Hans im Glück).
- Sei auch bereit, deine Hilfsbedürftigkeit zu zeigen. Damit aktivierst du Hilfe – obgleich im Märchen häufiger als im Management (die Müllerstochter in Rumpelstilzchen).
- Suche und etabliere Netzwerke, die dir helfen können, deine Schwächen zu kompensieren (die Müllerstochter in Rumpelstilzchen, Aschenputtel, Die weiße Schlange).
- Lasse dich von selbstbewusst auftretenden Experten und Beratern nicht zu schnell ins Bockshorn jagen (z. B. vom Scherenschleifer bei Hans im Glück).
- Sei bereit, schwierige Situationen durchzustehen – endure it (Aschenputtel).
- Wähle Mitarbeiter oder Kollegen nach den drei Schlüsselkompetenzen aus statt primär nach Ausbildung und Erfahrung (die meisten Prinzipale in Märchen leben das vor).
- Bilde Teams und Projektgruppen nach ergänzenden Kompetenzen statt nach der vermuteten Ähnlichkeit mit dir (Sechse kommen durch die ganze Welt, Die Bremer Stadtmusikanten).
- Du kannst in deine Erfolgsstrategie auch Fehler von anderen einbeziehen (Das Tapfere Schneiderlein, Der gestiefelte Kater).

Vorwiegend risikoorientierte Fehlervermeidung
- Reflektiere mehr als Märchenhelden und meide Chancen mit extremen Risiken (das lehren Märchen selten). Das Meerhäschen zeigt die Folgen für die zuvor 99 Erfolglosen.
- Lerne von negativen Erfahrungen oder Benchmarks (Die kluge Bauerntochter).
- Rechne mit begrenzter Lernfähigkeit (Hans im Glück, Die sieben Schwaben). Denn nach Skriptanalysen wiederholt man leicht auch Fehler – nur auf anderen »Bühnen«.
- Scheue nicht intuitive »Bauchentscheide« – auch die Führungspraxis zeigt sie häufig. Und Kahnemann erhielt 2002 für diesen Nachweis einen Nobelpreis für Ökonomie.
- Lerne wenigstens durch Erfahrung nach Fehlern (Rotkäppchen).
- Setze deine Lernergebnisse um (Rotkäppchen).

7.2 Was könnten Märchenhelden vom heutigen Management lernen?

Dieser neue Ansatz soll mit Leitsätzen zu weiteren Reflexionen über Lernbarrieren in Märchen anregen. Er könnte sich besonders für Aus- und Weiterbildungsziele eignen.

Vorwiegend chancenorientiertes Verbesserungslernen

- Vertraue deinen unternehmerischen Kompetenzen (Umsetzung, kreative Problemlösung, Sozialkompetenz). Aber reflektiere Entscheide besser vorher als nur nachher.
- Evaluiere auch kritische situative Erfolgsfaktoren rechtzeitig (z. B. Qualifikation, Motivation, Information, Stärken von Mitbewerbern).
- In schwierigen Mobbingsituationen erdulde nicht nur – nimm auch die Hilfe von Kollegen, Personalexperten, Vorgesetzten, Arbeitnehmervertretern und Anwälten in Anspruch.
- Im Management hast du meist mehr als eine Chance, denke also nicht nur kurzfristig phasen- oder projektbezogen. Und in Unternehmen geht es nicht um Leib und Leben.
- Halte Verträge auch als »Prinzipal« ein. »Walk the talk« wird im und vom Management oft gefordert, aber ebenso häufig beklagt.
- Als Manager könntest du manchmal noch mehr als in den Märchen verdienen – dies bei wesentlich geringeren Risiken. So überstieg der Lohn des bestbezahlten Hedgefonds-Managers (3,64 Milliarden im Jahr 2007) weit den Wert vieler Königreiche der Märchen.
- Strebe tendenziell einen transformationalen Führungsstil an. Er ist beliebt, dabei sehr anspruchsvoll. Er verbindet missions-, ziel- und ergebnisorientierte mit werteverändernder und emotionaler Führung (Bass/Riggio 2006, auch kritisch Wunderer 2009). Er wird als inspirierend, diplomatisch, team- und leistungsorientiert, entscheidungsfreudig sowie administrativ-kompetent umschrieben.
- Baue auch virtuell – z. B. über das Internet – soziale Netzwerke auf. Manager können sich nicht so oft wie in Märchen auf Helfer verlassen, schon gar nicht auf überirdische oder Tiere.

Vorwiegend risikoorientierte Fehlervermeidung

- Reflektiere Risiken gründlicher. Unsicherheitsvermeidung fand sich bei Befragungen von 60 Ländern v. a. in Unternehmenskulturen der Schweiz (Wunderer/Weibler 2002, Guttropf 1995).
- Verringere mit konstruktiver Fehlervermeidungskultur Entscheidungsrisiken. Fördere aber auch die konstruktive »Fehlertoleranz« des Qualitätsmanagements.
- Evaluiere zur Fehlervermeidung auch Fehler gescheiterter Vorgänger.

- Auch im Management schreibst du nur als »Surviver« Erfolgsgeschichten. Von »Losern« – bei den Brüdern Grimm mit oft tödlichen Folgen – wird selten genauer berichtet.
- Reflektiere den Verzicht auf Sanktionen in neueren Führungsleitsätzen. Verstehe auch viele Märchensanktionen als nicht mehr zeitgemäß. Vermittle deshalb Normen argumentativ, sprich Konflikte an, appelliere an die Einsicht und verstehe Fehler als Lernansatz.
- Führungskräfte scheitern wie Märchenhelden meist an Sozialinkompetenz. Achte also bei Auswahl, Beurteilung, Beförderung und Gratifikationen besonders darauf.
- Als »Egotyp« scheiterst du im Management sogar eher als im Märchen. Verhalte dich deshalb möglichst wenig übelwollend, selbstbezogen, statusorientiert, gesichtswahrend, autokratisch und Konflikte induzierend (Weibler/Wunderer 2007: 275).
- Aber mit altruistischer Gutmütigkeit, Barmherzigkeit, Bescheidenheit kommst du im Management meist nicht so weit wie in vielen Märchen. Hier fehlen die »Helfer«.
- Orientiere dich nicht primär an Jugend, Schönheit, Reichtum wie in den Märchen und kümmere dich mehr um fachliche Ausbildung, Erfahrung und Entwicklung – sie sind auch im Management heute wichtiger als in den Haus- und Kindermärchen des 19. Jahrhunderts.
- Auf falsche Berater und Kollegen solltest du stets achten. Vertrauen ist gut, aber Kontrolle auch – besonders bei unbekannten Personen und Situationen.

8 Lessons Learned

- Die Brüder Grimm bearbeiteten die Märchen sprachlich wie inhaltlich kräftig. Sie verstanden ihre Märchen ausdrücklich als Erziehungsmittel, teils durch den Handlungsverlauf der Geschichten, teils explizit über Merk- und Lehrsätze. Letztere sind in diesem Beitrag diskutiert. Ihre »Kinder- und Hausmärchen« (KHM) vermittelten die damaligen, vielfach noch heute geforderten gesellschaftlichen Werte bzw. Tugenden.
- Die in der ersten Gesamtausgabe von 1819 publizierten 201 Märchen wurden auf explizite Verhaltensregeln analysiert, dabei 70 Leitsätze aus 63 Märchen zitiert. Daraus wurden acht Kernleitsätze interpretiert. Dann suchten wir in Führungs- und Kooperationsgrundsätzen von 43 Unternehmen nach den Kernleitsätzen der Märchen, wurden bei sechs der acht evaluierten fündig und beschränkten uns hier ebenso auf 70.
- In verstärktem Maße gilt das für »Lerne aus Fehlern«. Bei der Analyse von je 70 Verhaltensgrundsätzen ist die Zahl der 19 dazu interpretierten Managementleitsätze höher als in Märchen. Dort sind sie aber existenziell weit bedeutsamer.

- Aus wissenschaftlicher Sicht eignen sich auch für Märchen der Ansatz des schmerzhaften Lernens (Oser/Spychinger 2005) sowie das empirische Konzept von Bauer et al. 2003.
- Wir differenzierten zwischen mentalem und sozialem Lernen sowie zwischen chancen- und risikoorientierter Fehlerkultur. Dazu wurden Empfehlungen aus Märchen für Führungskräfte und weitere für Märchenhelden und -heldinnen aus heutiger Managementsicht entwickelt.
- In Märchen- wie Managementleitsätzen überwiegt eine chancenorientierte Fehlerkultur. Und Märchen thematisieren eindeutiger soziales Lernen.
- Wir unterscheiden zwischen mentaler und sozialer Fehlerkultur. Manager verstehen sich mehr als rational-kopfgesteuert, Märchenhelden agieren dagegen meist sozio-emotional.
- Extrem sind in Märchen viele Sanktionen, die wohl den Lernprozess verstärken sollten. Warum aber reflektierten die Brüder Grimm solche Sanktionen nach Art der »schwarzen Pädagogik« (Ruschky 1993) nicht, zumal sie ihre Märchen »entschärfen« und auf »die reine Kinderseele ausrichten« wollten?
- In den Führungs- und Kooperationsgrundsätzen der Wirtschaft finden sich keine konkreten Sanktionen – nicht einmal die Verweigerung von Gratifikationen. Das wäre eine weitere Reflexion wert. Die Forschung zeigt den Erfolg von Sanktionen für extrinsisch Motivierte.
- Eigene Umfragen in über 300 Unternehmen zeigten, dass etwa 60 bis 70 Prozent schriftliche Führungsgrundsätze positiver als »ungeschriebene Regeln« einschätzen (Wunderer/Klimecki 1995). Zentral waren Information und Kommunikation. Die »Selbstverpflichtung« (Commitment) der Mitarbeiter auf Leitsätze wurde noch höher rangiert. Eine vergleichbare Wirkungsanalyse von expliziten Leitsätzen in Märchen als Beitrag zur langfristigen Frühförderung ausgewählter Erziehungsziele aus Sicht von Erziehern und ihren »Zöglingen« fehlt unseres Wissens, wäre aber einer vertieften Untersuchung wert.
- Märchen bieten keinen Katalog von Verhaltensleitsätzen, die Führungsgrundsätze immer. Hier wird der Unterschied zwischen der erzählenden Pädagogik von Märchen und der abstrakten Maximenvermittlung der Unternehmen deutlich. Letztere könnten versuchen, mit Gleichnissen, Metaphern, Allegorien, über die Einbindung konkreter Situationen, Fälle und Vorbilder sowie über wiederholendes Reflektieren mehr zu bewirken.
- »Lerne aus Fehlern« könnte nicht nur im Qualitätsmanagement, sondern auch in der Verhaltensbeurteilung, der Weiterbildung und in Mitarbeitergesprächen thematisiert werden.
- Denn diese Erzählungen eignen sich – so die (Neuro-) Psychologie und Pädagogik – für eine langfristige Sozialisierung von Werten und Tugenden. Sie wirken über Selbstreflexion oder Gespräche, wenn sie konkrete Erfahrungen damit verbinden. Der Entwicklungspsychologe Montada (2002: 624) fordert statt Strafen induktive

Erziehungsstile, die Verständnis durch argumentative Erläuterungen mit durchdachten Lösungsmöglichkeiten fördern.

- Kast (1999: 12 f.) antwortete auf die Frage, warum wir die »alten« Märchen verwenden und nicht moderne: »Vielleicht ist es kränkend, dass wir immer noch dieselben Probleme haben wie Menschen im Mittelalter, aber menschliche Probleme gleichen sich auch über Jahrhunderte hinweg, wir haben vielleicht nur die Möglichkeit, die Probleme auch anders zu sehen. Das können wir mit Interpretationen leisten.«

- Wir dürfen deshalb weiter der Wirkung gut ausgewählter und vermittelter Märchen vertrauen – auch für eine Frühsozialisation mit Blick auf spätere Berufspraxis (Zitzlsperger 1997, 2007) sowie als Fallbeispiele für aktuelle Konflikte und Problemlösungen, für Storytelling, Coaching (Frenzel et al. 2004), für Projektworkshops, für Mitarbeitergespräche und nicht zuletzt für die Aus- und Weiterbildung. So kann man diese Fragen für die Arbeitswelt, für sich selbst und seine Familie analysieren bzw. mit konkreten Folgerungen verbinden. Die Managementpraxis beginnt damit; märchenversierte Weiterbildner warten mit Interesse darauf. »Und wers nicht glaubt, der zahlt einen Taler« (Vom klugen Schneiderlein).

9 Literatur

Anderegg, W. (1997): Assessment nach dem Europäischen Qualitätsmodell – eine Chance für HR-Verantwortliche, in: Wunderer, R. et al., a. a. O, S. 213-233.

Axelrodt, R. (1985): Die Evolution der Kooperation, 3. Aufl., München.

Bass, B./Riggio, R. (2006): Transformational Leadership, 2. Aufl., Mahwah.

Bauer, J. et al. (2003): Fehlerorientierung im betrieblichen Alltag, in: Forschungsbericht Nr. 5, Lehrstuhl für Lehr-Lernforschung und Medienpädagogik an der Universität Regensburg.

Brüder Grimm (1999/1819) (Hrsg.): Kinder- und Hausmärchen (KHM), 1. Gesamtausgabe 1819, 19. Aufl., Düsseldorf/Zürich. Hieraus stammen die Märchenzitate, wenn nicht anders vermerkt.

Brüder Grimm (1812) (Hrsg.): Der gestiefelte Kater (KHM 33), in: KHM, Bd. 1.

Brüder Grimm (1957/1857) (Hrsg.): Vollst. Ausgabe letzter Hand, 27. Aufl., Taschenbuch.

Bundesministerium für Familie, Senioren, Frauen und Jugend (2006)(Hrsg.): Einstellungen zur Erziehung – Kurzbericht Institut für Demoskopie, Allensbach S. 1-21.

Busch, W. (2007): Max und Moritz, München.

Butler, H.: (1991): Towards Understanding and Measuring Conditions of Trust Inventory, in: Journal of Management, S. 643-663.

Frenzel, K./Müller, M./Sottong, H. (2004) Storytelling, Das Harun-al-Raschid-Prinzip – Die Kraft des Erzählens für das Unternehmen nutzen, München.

Gobrecht, B. (2006): Die Bauerntochter und der König oder Klugheit contra Macht, in: Märchenforum, Sommer, S. 11-14.

Grimm, J. & W. (2004): Märchen, Kleine Ausgabe, illustriert von A. Born, Prag.

Guttropf, W. (1995): Warum dauert die Umsetzung einer guten Idee in der Schweiz so lange?, Umiken.

Kast, V. (1989): Märchen als Therapie, 3. Aufl., Olten.

Kast, V. (1999): Familienkonflikte in Märchen, 3. Aufl., München.

Knott, A./Posen, H. (2005): Is Failure good?, in: Strategic Management Journal, 26, S. 617-641.

Kolodner, J. (1983): Toward an understanding of the role of experience in the evolution from novice to expert, in: International Journal of Man-Machine Studies, 19, S. 497-518.

Lamberg, J./Pajunen, K. (2005): Beyond the metaphor: The morphology of organizational decline and turnaround, in: Human Relations, 58, 8, S. 947-980.

Lord, R./Emrich, C. (2001): Thinking outside the box by looking inside the box, in: Leadership Quaterly, 11, S. 551-579.

Meyer, J./Allen, N. J. (1997): Commitment in the Workplace, Thousand Oaks.

Montada, L. (2002): Moralische Entwicklung und moralische Sozialisation, in: Oerter, R./Montada, L. (Hrsg.): Entwicklungspsychologie, 5. Aufl., Weinheim et al., S. 619-647.

Oser, F./Spychinger, M. (2005): Lernen ist schmerzhaft – Zur Theorie des Negativen Wissens und zur Praxis der Fehlerkultur, Weinheim 2005.

Osten, M. (2006): Die Kunst, Fehler zu machen, Frankfurt/M.

Rölleke, H. (1997): Daß unsere Märchen auch als ein Erziehungsbuch dienen, in Wardetzky/Zitzelsperger, a. a. O., S. 30-43.
Roth, G. (2003): Fühlen, Denken, Handeln. Wie das Gehirn unser Verhalten steuert, Frankfurt.
Rutschky, K. (1993) (Hrsg.): Schwarze Pädagogik, 6. Aufl., Berlin.
Rybowiak, V. et al. (1999): Error Orientation Questionaire (EOQ): Reliability, validity, and different language equivalence, in: Journal of Organizational Behavior, 20, S. 527-547.
Schede, H.-G. (2004): Die Brüder Grimm, München.
Schieder, B. (1997): Chancen ganzheitlicher Märchenarbeit in Kindergarten und Schule, in: Wardetzky, K., a. a. O, S. 78-94.
Schläfli, A. (1986): Förderung der sozial-moralischen Kompetenz: Evaluation, Curriculum und Durchführung von Interventionsstudien, Frankfurt.
Seghezzi, H. D. (2007): Integriertes Qualitätsmanagement, 3. Aufl., München.
Singer, W. (2003): Ein neues Menschenbild? Gespräche über die Hirnforschung, Frankfurt.
Solms, W. (1999): Die Moral von Grimms Märchen, Darmstadt.
Spitzer, M. (2002): Lernen – Gehirnforschung und die Schule des Lebens, Heidelberg.
Uther, H. J. (2004): Europäische Märchen und Sagen, Digitale Bibliothek Band 110, Berlin.
Uther, H. J. (2008): Handbuch zu den »Kinder- und Hausmärchen« der Brüder Grimm, Berlin/NewYork.
Wardetzky, K./Zitzlsperger, H. (1997) (Hrsg.): Märchen in Erziehung und Unterricht heute – im Auftrag der Märchenstiftung Walter Kahn in Verbindung mit der Europäischen Märchengesellschaft.
Wunderer, R. (1983) (Hrsg.): Führungsgrundsätze in Wirtschaft und öffentlicher Verwaltung, Stuttgart.
Wunderer, R. (1995): Verhaltensleitsätze, in: Kieser, A./Reber, G./Wunderer, R. (1995) (Hrsg.): Handwörterbuch der Führung, 2. Aufl., Stuttgart, Sp. 720-736.
Wunderer, R./Klimecki, R. (1995): Führungsleitbilder, Stuttgart.
Wunderer, R./Gerig, V./Hauser, R. (1997) (Hrsg.): Qualitätsorientiertes Personalmanagement: Das Europäische Qualitätsmodell als unternehmerische Herausforderung, München.
Wunderer, R. (2007): Verhaltensleitsätze in Märchen und Management – ein Vergleich, in: Zeitschrift für Personalforschung (ZfP), 21(2), S. 138-167.
Wunderer, R./Weibler, J. (2002): Risikovermeidung und Vorsorge als Schlüssel der schweizerischen Nationalkultur?, in: Auer-Rizzi et al. (Hrsg.): Management in einer Welt der Globalisierung und Diversität, Stuttgart, S. 159-178.
Wunderer, R. (2008): Der gestiefelte Kater als Unternehmer – Lehren aus Management und Märchen, Wiesbaden.
Wunderer, R. (2008a) (Hrsg.): Corporate Governance – Zur personalen und sozialen Dimension, Köln.
Wunderer, R. (2009): Führung und Zusammenarbeit – eine unternehmerische Führungslehre, 8. Aufl., Köln.
Zitzlsperger, H. (2007): Märchenhafte Wirklichkeiten, Weinheim/Basel.

Sozio-emotionale Kompetenz

D

Unter dem Leitstern »rational choice« wurden Emotionen als Störfaktor ausgeblendet. Inzwischen haben die betriebswirtschaftliche Managementlehre und auch die Nationalökonomie Emotionen wiederentdeckt – besonders im Bereich von Marketing, Führung, Kooperation und (De-)Motivation sowie z. B. Glücksökonomie. Belege der Neurowissenschaften trugen dazu viel bei. Heute dominiert die These, dass Denken ohne Emotionen unmöglich sei.

Im Managementjargon wird Gefühl mehr im Verdauungstrakt als in bestimmten Hirnregionen angesiedelt. »Bauchentscheide« werden beim ersten Eindruck von Bewerbern oder Kunden akzeptiert, doch sonst solle man sich beruflich möglichst wenig von Emotionen leiten lassen. Andererseits wird prognostiziert, mit weiter sinkender Zeit für Managemententscheide könne selbst ein homo oeconomicus kaum noch nur rational erfolgreich entscheiden, verhandeln oder gar führen. Deshalb bringen Führungsleitbilder zunehmend Aussagen zur emotional-sozialen Dimension. Und der inzwischen einmütig-unkritisch geforderte »Transformationale Führungsstil« (Wunderer 2009: 244 ff.) gilt nun als kaum hinterfragter emotionaler Königsweg der Führungserfolg suchenden Manager.

Bei Märchenhelden und -heldinnen wie auch bei Antihelden (gen-egoistische Stiefmütter, hochmütige Prinzessinnen, hinterhältige Könige oder Hexen) dominieren »basale Emotionen« wie Empathie, Hilfsbereitschaft, emotionales Commitment, Treue und Liebe oder aber Neid, Rache, Wut, Habgier oder Angst und Risikoaversion. Das gilt für typische Märchenassessments wie für Auslobungen von »Hierarchen« über explizite wie implizite Werk- oder Arbeitsverträge bzw. Weisungen.

Dieses Kapitel stimmt mit einem thematisch idealen Märchen für sozio-emotionale Intelligenz in vertikalen Führungs- und für laterale Kooperationsbeziehungen ein. Es ist die selten interpretierte und illustrierte Erzählung aus den Kinder- und Hausmärchen (KHM) der Brüder Grimm (1999/1819): *Die weiße Schlange*. Der Diener eines Königs spielt die Hauptrolle und erreicht dessen Position schließlich auch.

Nach geschichtlichen, begrifflichen und theoretischen Grundlegungen folgt ein Vergleich von Kernleitsätzen aus Märchen zur sozio-emotionalen Kompetenz mit relevanten Normen und Regeln in Leitbildern der Wirtschaft. Grundlage dafür ist eine interpretative Analyse von 70 häufigen und expliziten Leitsätzen aus 63 der 201 KHM nach typischen Kernaussagen. Dann wurden 70 schriftliche Führungs- und Kooperationsgrundsätze von 43 Unternehmen ausgewertet und relevanten Maximen der Märchen zugeordnet. Sozio-emotionale Kompetenz war dabei der in Management und Märchen häufigste Kernleitsatz. Weitere Abschnitte diskutieren dazu Forschungsergebnisse, Testinventare sowie »Sozialkapital« als weiterführenden Ansatz. Dann werden Möglichkeiten und Grenzen der Veränderung dieser Kompetenz angesprochen und Folgerungen für das gewählte Thema gezogen.

Auch hier gilt die Empfehlung, die wichtigsten Märchen zu lesen, z. B. sehr schön illustriert in: »Kleine Ausgabe« von Jacob und Wilhelm Grimm 2004, illustriert von A. Born oder illustriert von A. Archipowa (2001) oder Svend Otto S. (2002), sowie die KHM-Märchen in letzter Fassung elektronisch (Uther 2004).

D Sozio-emotionale Kompetenz

1 Die weiße Schlange (KHM 17) als Leitmärchen

Es ist nun schon lange her, da lebte ein König, dessen Weisheit im ganzen Lande berühmt war. Nichts blieb ihm unbekannt, und es war, als ob ihm Nachricht von den verborgensten Dingen durch die Luft zugetragen würde. Er hatte aber eine seltsame Sitte. Jeden Mittag, wenn von der Tafel alles abgetragen und niemand mehr zugegen war, mußte ein vertrauter Diener noch eine Schüssel bringen. Sie war aber zugedeckt, und der Diener wußte selbst nicht, was darin lag, und kein Mensch wußte es, denn der König deckte sie nicht eher auf und aß nicht davon, bis er ganz allein war. Das hatte schon lange gedauert, da überkam eines Tages den Diener, der die Schüssel wieder wegtrug, die Neugierde, daß er nicht widerstehen konnte, sondern die Schüssel in seine Kammer brachte. Als er die Tür sorgfältig verschlossen hatte, hob er den Deckel auf, und da sah er, daß eine weiße Schlange darin lag. Bei ihrem Anblick konnte er die Lust nicht zurückhalten, sie zu kosten; er schnitt ein Stückchen davon ab und steckte es in den Mund. Kaum aber hatte es seine Zunge berührt, so hörte er vor seinem Fenster ein seltsames Gewisper von feinen Stimmen. Er ging hin und horchte, da merkte er, daß es die Sperlinge waren, die miteinander sprachen und sich allerlei erzählten, was sie im Felde und Walde gesehen hatten. Der Genuß der Schlange hatte ihm die Fähigkeit verliehen, die Sprache der Tiere zu verstehen.

Abb. 1: »Zwar weiß ich viel, doch möcht ich alles wissen.«
(J. W. Goethe), Illustration von C. Unzner (Bildnachweis S. 223)

Nun trug es sich zu, daß gerade an diesem Tage der Königin ihr schönster Ring fortkam und auf den vertrauten Diener, der überall Zugang hatte, der Verdacht fiel, er habe ihn gestohlen. Der König ließ ihn vor sich kommen und drohte ihm unter heftigen Scheltworten, wenn er bis morgen den Täter nicht zu nennen wüßte, so sollte er dafür angesehen und gerichtet werden. Es half nichts, daß er seine Unschuld beteuerte, er ward mit keinem besseren Bescheid entlassen. In seiner Unruhe und Angst ging er hinab auf den Hof und bedachte, wie er sich aus seiner Not helfen könne. Da saßen die Enten an einem fließenden Wasser friedlich nebeneinander und ruhten, sie putz-

1 Die weiße Schlange (KHM 17) als Leitmärchen

ten sich mit ihren Schnäbeln glatt und hielten ein vertrauliches Gespräch. Der Diener blieb stehen und hörte ihnen zu. Sie erzählten sich, wo sie heute morgen all herumgewackelt wären, und was für ein gutes Futter sie gefunden hätten, da sagte eine verdrießlich »mir liegt etwas schwer im Magen, ich habe einen Ring, der unter der Königin Fenster lag, in der Hast mit hinuntergeschluckt.« Da packte sie der Diener gleich beim Kragen, trug sie in die Küche und sprach zum Koch »schlachte doch diese ab, sie ist wohl genährt.« »Ja,« sagte der Koch und wog sie in der Hand, »die hat keine Mühe gescheut, sich zu mästen, und schon lange darauf gewartet, gebraten zu werden.« Er schnitt ihr den Hals ab, und als sie ausgenommen ward, fand sich der Ring der Königin in ihrem Magen. Der Diener konnte nun leicht vor dem Könige seine Unschuld beweisen, und da dieser sein Unrecht wieder gutmachen wollte, erlaubte er ihm, sich eine Gnade auszubitten, und versprach ihm die größte Ehrenstelle, die er sich an seinem Hofe wünschte.

Der Diener schlug alles aus und bat nur um ein Pferd und Reisegeld, denn er hatte Lust die Welt zu sehen und eine Weile darin herumzuziehen. Als seine Bitte erfüllt war, machte er sich auf den Weg und kam eines Tags an einem Teich vorbei, wo er drei Fische bemerkte, die sich im Rohr gefangen hatten und nach Wasser schnappten. Obgleich man sagt, die Fische wären stumm, so vernahm er doch ihre Klage, daß sie so elend umkommen müßten. Weil er ein mitleidiges Herz hatte, so stieg er vom Pferde ab und setzte die drei Gefangenen wieder ins Wasser. Sie zappelten vor Freude, streckten die Köpfe heraus und riefen ihm zu »wir wollen dirs gedenken und dirs vergelten, daß du uns errettet hast.« Er ritt weiter, und nach einem Weilchen kam es ihm vor, als hörte er zu seinen Füßen in dem Sand eine Stimme. Er horchte und vernahm, wie ein Ameisenkönig klagte »wenn uns nur die Menschen mit den ungeschickten Tieren vom Leib blieben! da tritt mir das dumme Pferd mit seinen schweren Hufen meine Leute ohne Barmherzigkeit nieder!« Er lenkte auf einen Seitenweg ein, und der Ameisenkönig rief ihm zu »wir wollen dirs gedenken und dirs vergelten.« Der Weg führte ihn in einen Wald, und da sah er einen Rabenvater und eine Rabenmutter, die standen bei ihrem Nest und warfen ihre Jungen heraus. »Fort mit euch, ihr Galgenschwengel,« riefen sie, »wir können euch nicht mehr satt machen, ihr seid groß genug, und könnt euch selbst ernähren.« Die armen Jungen lagen auf der Erde, flatterten und schlugen mit ihren Fittichen und schrien »wir hilflosen Kinder, wir sollen uns selbst ernähren und können noch nicht fliegen! was bleibt uns übrig, als hier Hungers zu sterben!« Da stieg der gute Jüngling ab, tötete das Pferd mit seinem Degen und überließ es den jungen Raben zum Futter. Die kamen herbeigehüpft, sättigten sich und riefen »wir wollen dirs gedenken und dirs vergelten.«

Er mußte jetzt seine eigenen Beine gebrauchen, und als er lange Wege gegangen war, kam er in eine große Stadt. Da war großer Lärm und Gedränge in den Straßen, und kam einer zu Pferde und machte bekannt, die Königstochter suche einen Gemahl, wer sich aber um sie bewerben wolle, der müsse eine schwere Aufgabe vollbringen, und könne er es nicht glücklich ausführen, so habe er sein Leben verwirkt. Viele hatten es schon versucht, aber vergeblich ihr Leben daran gesetzt. Der Jüngling, als er die Königstochter sah, ward er von ihrer großen Schönheit so verblendet, daß er alle Gefahr vergaß, vor den König trat und sich als Freier meldete.

Alsbald ward er hinaus ans Meer geführt und vor seinen Augen ein goldener Ring hineingeworfen. Dann hieß ihn der König diesen Ring aus dem Meeresgrund wieder hervorzuholen, und fügte hinzu »wenn du ohne ihn wieder in die Höhe kommst, so wirst du immer aufs neue hinabgestürzt, bis du in den Wellen umkommst.« Alle bedauerten den schönen Jüngling und ließen ihn dann einsam am Meere zurück. Er stand am Ufer und überlegte, was er wohl tun sollte, da sah er auf einmal drei Fische daherschwimmen, und es waren keine andern als jene, welchen er das Leben gerettet hatte. Der mittelste hielt eine Muschel im Munde, die er an den Strand zu Füßen des Jünglings hinlegte, und als dieser sie aufhob und öffnete, so lag der Goldring darin. Voll Freude brachte er ihn dem Könige und erwartete, daß er ihm den verheißenen Lohn gewähren würde. Die stolze Königstochter aber, als sie vernahm, daß er ihr nicht ebenbürtig war, verschmähte ihn und verlangte, er sollte zuvor eine zweite Aufgabe lösen. Sie ging hinab in den Garten und streute selbst zehn Säcke voll Hirsen ins Gras. »Die muß er morgen, ehe die Sonne hervorkommt, aufgelesen haben,« sprach sie, »und darf kein Körnchen fehlen.« Der Jüngling setzte sich in den Garten und dachte nach, wie es möglich wäre, die Aufgabe zu lösen, aber er konnte nichts ersinnen, saß da ganz traurig und erwartete, bei Anbruch des Morgens zum Tode geführt zu werden. Als aber die ersten Sonnenstrahlen in den Garten fielen, so sah er die zehn Säcke alle wohl gefüllt nebeneinander stehen, und kein Körnchen fehlte darin. Der Ameisenkönig war mit seinen tausend und tausend Ameisen in der Nacht angekommen, und die dankbaren Tiere hatten den Hirsen mit großer Emsigkeit gelesen und in die Säcke gesammelt. Die Königstochter kam selbst in den Garten herab und sah mit Verwunderung, daß der Jüngling vollbracht hatte, was ihm aufgegeben war.

Aber sie konnte ihr stolzes Herz noch nicht bezwingen und sprach »hat er auch die beiden Aufgaben gelöst, so soll er doch nicht eher mein Gemahl werden, bis er mir einen Apfel vom Baume des Lebens gebracht hat.« Der Jüngling wußte nicht, wo der Baum des Lebens stand, er machte sich auf und wollte immer zugehen, solange ihn seine Beine trügen, aber er hatte keine Hoffnung, ihn zu finden. Als er schon durch drei Königreiche gewandert war und abends in einen Wald kam, setzte er sich unter einen Baum und wollte schlafen: da hörte er in den Ästen ein Geräusch, und ein goldener Apfel fiel in seine Hand. Zugleich flogen drei Raben zu ihm herab, setzten sich auf seine Knie und sagten »wir sind die drei jungen Raben, die du vom Hungertod errettet hast; als wir groß geworden waren und hörten, daß du den goldenen Apfel suchtest, so sind wir über das Meer geflogen bis ans Ende der Welt, wo der Baum des Lebens steht, und haben dir den Apfel geholt.« Voll Freude machte sich der Jüngling auf den Heimweg und brachte der schönen Königstochter den goldenen Apfel, der nun keine Ausrede mehr übrig blieb. Sie teilten den Apfel des Lebens und aßen ihn zusammen: da ward ihr Herz mit Liebe zu ihm erfüllt, und sie erreichten in ungestörtem Glück ein hohes Alter.

2 Kommentierung

2.1 Kommentierung aus Märchensicht

Die weiße Schlange kommentiert überwiegend Führungsbeziehungen zwischen einem Diener und seinem Herrn sowie die Kooperation mit einer emanzipierten, egozentrischen, wortbrüchigen Prinzessin auf Freiersuche. Ebenso zeigt das Märchen, wie durch sozio-emotionales Handeln des Dieners sogar absichtslos gebildete Netzwerke mobilisiert und zu entscheidenden Erfolgsfaktoren werden.

Die Erzählung beginnt mit der neugierigen Illoyalität des Dieners als Basis seiner Erfolge. Dann muss er falsche Anschuldigungen des Königs entkräften und anschließend mit wiederholtem Vertragsbruch einer Prinzessin in hoch riskanten »Freierproben« konstruktiv umgehen. »Endure it«, kooperiere empathisch und handle chancenorientiert, lauten seine Bewährungsziele. In vielen Zaubermärchen wird Bedrängten geholfen, wenn sie sich in sozio-emotionalen »Assessments« bewähren und noch unternehmerische Eigenständigkeit beweisen. Hier halten die Tiere ihre Versprechen stets reziprok helfend. Sie müssen dazu nicht einmal gerufen und gebeten werden.

Dann berichtet das Märchen noch seltene Verhaltensweisen. Denn da zeigt sich der Held nicht nur als »Lichtgestalt«: erst hintergeht er neugierig seinen Herrn, was ihm später aber das Leben rettet. Dann überrascht der Entschluss, sein Pferd zu töten, um damit drei junge Raben zu füttern, die ihm jedoch zu einer ihn schließlich liebenden Frau verhelfen. Drittens lässt er sich nur schon von der Schönheit einer charakterlich schwachen Frau »verblenden«.

Und ein König bereut offen seine falsche Anschuldigung und bietet noch dazu hohen Schadensausgleich. Solch vorbildliches Herrscherverhalten findet man bei den Grimms selten. So eignet sich die Erzählung auch für psychoanalytische Interpretationen nach C. G. Jung, der das Wesen des Menschen aus Licht- wie Schattenseiten erklärt.

Bei den Freierproben der Prinzessin bleibt offen, ob sie mit ihren ohne Hilfe unlösbaren Prüfungen wirklich einen Ehepartner sucht oder ob sie – wie der gehörnte Sultan in 1001 Nacht – wagemutige Opfer demütigen und dezimieren möchte – aus welchen Gründen auch immer. Solche Prinzessinnen findet man bei den Grimms mehrfach (Das Meerhäschen, Vom klugen Schneiderlein).

Die Zauberwelt wird von Tieren beherrscht. Die Schlange verleiht dem König vermeintliche Weisheit; sie ist seine »Enigma«, mit der er Tiersprachen als wichtige Umfeldinformationen entschlüsselt. Und die Fische, Ameisen und Raben – noch heute »Lebensgefährten« des Menschen in Wasser, Erde und Luft – verstehen nicht nur dessen Sprache, sondern können sie über weite Distanzen erfahren. So können sie ungefragt Hilfe leisten, die sie stets mit dem gleichen Leitsatz ankündigen: »Wir wollen dirs gedenken und dirs vergelten.« Diese Betonung über wörtliche Wiederholung eines expliziten Verhaltens- und Lernziels hat in Grimms Märchen Seltenheitswert.

Und Reziprozität gilt als »goldene Regel« ebenso für Tiere, sogar noch zuverlässiger: »Wer hilft, dem wird geholfen« oder »Behandle andere so, wie du selbst behandelt werden möchtest.« Diese Lernziele vermittelt hier gerade die Tierwelt, obgleich man ihr gern das Motto zuschreibt: Fressen, um nicht gefressen zu werden. Sozio-emotionale Kompetenz wird hier nicht nur von Menschen gelebt, ebenso die Bildung und Mobilisierung von »Netzwerken« als »prosozialem Kapital«.

All das geschieht ohne verklärenden »Heiligenschein«, sogar erst mit hier rettenden Schattenseiten der Agierenden. Dazu zählen falsche Anschuldigungen mit Todesdrohung, Illoyalität, Schonen und zugleich Töten für Hilfeleistungen, Vertragsbruch, Standesdünkel, Verblendung des Helden durch äußere Schönheit der charakterschwachen Prinzessin.

2.2 Kommentierung aus Managementsicht

Diese Erzählung sowie Illustrationen dazu findet man sehr selten in Auswahlbänden oder als Interpretationen verschiedener Disziplinen.

Die weiße Schlange zeigt einen unternehmerisch wagemutigen Mitarbeiter, der sich nicht einmal durch goldene Fesseln oder verlockende Karriereversprechen von seinem Plan abbringen lässt, die Welt kennenzulernen und hoch riskante Aufgaben chancenorientiert anzunehmen.

Die Delegation von Fehlerzuweisungen mit falschen Anschuldigungen behandeln nicht nur Märchen. Und vorbildlich auch für die Führungspraxis ist das großzügige Angebot des Königs zur Wiedergutmachung.

So kluge Mitarbeiter mit der Kompetenz zu »Managing the Boss« verschaffen sich auch in prekären Fällen selbst Informationen und »Gehör«. Die Forschung zu erfolgreichen Einflussstrategien »von unten« evaluierte unterstützendes und freundliches Verhalten als zentral. Der relevante Persönlichkeitstyp heißt hier »Beziehungsspezialist« – mit starken Fähigkeiten zur Koalitionsbildung und wechselseitigen Unterstützung (Wunderer 2009: 258 ff.).

Netzwerke bilden und mobilisieren ist in der arbeitsteiligen Dienstleistungsgesellschaft ein zentraler Erfolgsfaktor, nicht nur für Projektmanagement oder Querschnittsabteilungen. Schonender Umgang mit der Natur fordert und fördert Sozialverhalten. Sein Pferd aber zur Fütterung von drei jungen Raben zu töten, das kann man wohl besser psychoanalytisch erklären.

Die Maxime »Endure it« gilt für den Diener wie für die Arbeitswelt. Mitarbeiter können mit dieser heute so gefragten Werthaltung Demotivationen überwinden und – wie fast alle Märchen – zusätzlich auf das »Prinzip Hoffnung« setzen.

Das Reziprozitätsprinzip gehört nach empirischen Forschungsergebnissen (Axelrodt 1985) zu den erfolgreichsten Interaktionsstrategien. Fast alle Religionsstifter betonen diese sogenannte »goldene Regel«: »Wie Du willst, dass man Deine Bedürfnisse und Interessen berücksichtigt, so berücksichtige auch Du die Bedürfnisse und Interessen der anderen« (vgl. die Übersicht in Wunderer 2009: 497). In diesem Märchen lautet sie: »Wir wollen dirs gedenken und dirs vergelten.«

Im Märchen wird – anders als in der Arbeitswelt – mit Unbekannten besser kooperiert als in direkten Führungsbeziehungen. Mensch wie Tier zeigen diese sozio-emotionalen Kompetenzen.

In der Managementpraxis sind viele Strategien vom »egoistischen Gen« geprägt, z. B. bei Fusionen (Beispiel VW-Porsche) oder gar (feindlichen) Übernahmen. Auch davon handelt das Märchen. Denn erst in der dritten Episode entscheidet sich die Prinzessin für ein »friendly takeover« mit dem nicht Standesgemäßen – dem »Apfel des Lebens« sei Dank.

Dass Entscheide und Versprechungen nicht eingehalten werden, das ist in Märchen bei Hierarchen fast die Regel. Dies kennt man besonders bei sogenannten feindlichen

Übernahmen oder bei Karrierezusagen. Die Prinzessin verhält sich zum »verblendeten« Freier geradezu asozial, bis sie sich durch eine seltene »Droge« zum »friendly takeover« eines nicht Standesgemäßen entschließt.

So erweist sich *Die weiße Schlange* als ein höchst anregendes Lehrstück für vielfältige und nicht immer nur vorbildliche Führungs- und Kooperationsbeziehungen. Dazu zählen der Wert von Durch- und Aushalten, Lernen aus Fehlern, die Folgen prosozialen Verhaltens auch auf eigene Kosten und nicht immer nur kalkulativ sowie der Wert konsequenter Umsetzung.

Schließlich beeindruckt, wie der unternehmerische Diener Netzwerke bzw. »Sozialkapital« bildet und mobilisiert, weil er auf dem Weg zur »Unternehmensspitze« neben Umsetzungsvermögen und Kreativität vorbildlich sozio-emotionale Intelligenz vorlebt, damit Sozialkapital generiert, mit dem er endlich die Prinzessin und ein Königreich gewinnt. So werden das Karrieremodell eines Mitarbeiters mit hoher emotionaler Intelligenz und der märchentypische Entwicklungsprozess der attraktiven, willensstarken, listenreichen wie wortbrüchigen Prinzessin geschildert, der erst durch Helfer und rare Mittel gelingt. Sichert aber allein der Apfel eine lange glückliche Kooperation?

Abb. 2: Führt dieser Apfel nun ins Paradies?
Illustration von C. Unzner (Bildnachweis S. 223)

D Sozio-emotionale Kompetenz

3 Leitsätze aus Management und Märchen zu sozio-emotionalem Verhalten

3.1 Acht Kernleitsätze aus je 70 Verhaltensleitsätzen von Märchen und Unternehmen

Märchen prägen zunächst besonders Kinder, auch durch bewusste Erziehung mit ihnen (Perrault 1697, Bettelheim 2000, Brüder Grimm 1999/1819, Roth 2007, Uther 2008, Wardetzky 2009). Die Kinder- und Hausmärchen (KHM 1999/1819) der Brüder Grimm sind bis heute das meist aufgelegte und übersetzte deutschsprachige Werk. Sie wurden auf explizite Leitsätze analysiert. Bei 63 fanden wir 70 Leitsätze, davon 42 im (vor-)letzten Schlusssatz – ein weiterer Beleg für die Erziehungsziele der Herausgeber.

Weil Führungsgrundsätze neben Normen noch unterstützende Instrumente, Führungsstile und Fördermaßnahmen enthalten, sind sie umfassender, strukturierter und abstrakter als die aus einem Fallbeispiel abgeleiteten und meist am Schluss platzierten Märchenmaximen.

Eine interpretative Inhaltsanalyse ergab folgende acht Kernleitsätze:

> Verhalte Dich mental intelligent, z. B. beim kreativen Problemlösen (7/5).
> Lerne aus Fehlern und entwickle Dich weiter (5/12).
> **Verhalte Dich emotional intelligent (10/19).**
> Halte Dein Wort – Walk your talk (6/19).
> Rechne mit Prüfungen und damit verbundenen Gratifikationen (13/12).
> Rechne mit Sanktionen (12/3).

Die erste Zahl in Klammern betrifft die Nennungen in den Märchen, die zweite in den Unternehmensgrundsätzen.

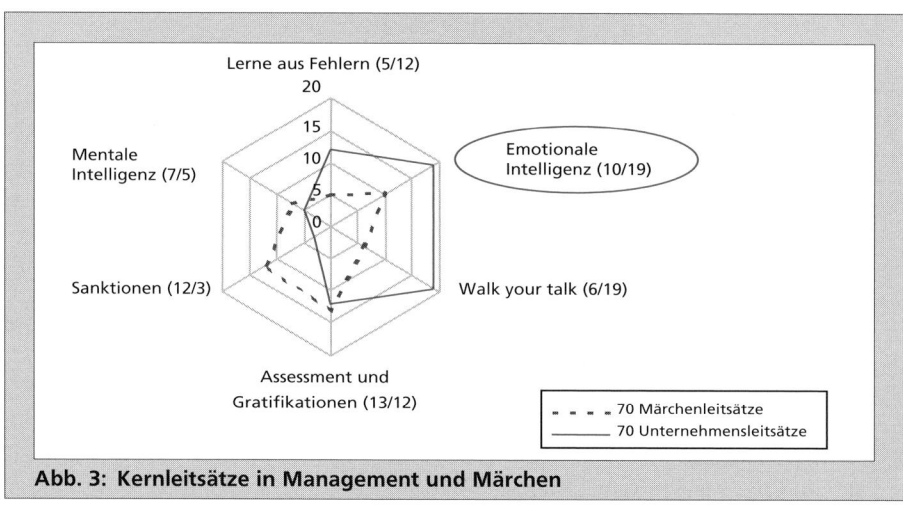

Abb. 3: Kernleitsätze in Management und Märchen

3 Leitsätze aus Management und Märchen zu sozio-emotionalem Verhalten

Von den acht Märchenleitsätzen wurden in den Unternehmensleitbildern sechs davon gefunden. Diese gemeinsamen Kernleitsätze konzentrieren sich auf emotional intelligentes Denken und Handeln – wieder mit Gratifikationen und Sanktionen. Letztere werden in Unternehmensleitsätzen – im Gegensatz zu den Märchen – weitgehend ausgeblendet. Negative emotionale Kompetenzen werden oft extrem bestraft, positive aber auch sehr hoch belohnt.

Nach weiterem quantitativen Vergleich von je 70 Märchen- und Unternehmensleitsätzen formulieren Märchen Sanktionen wesentlich häufiger, konkreter und härter. Hierarchiebezogene soziale Klugheit sowie Bescheidenheit fanden dagegen keinen Eingang in Führungsgrundsätze der Firmen – wohl eine Folge des Wertewandels von Erziehungszielen.

Zur emotionalen Intelligenz in Führungs- und Kooperationsbeziehungen fanden sich 29 Leitsätze, davon zehn in Märchen und 19 in Führungsleitsätzen. Weitere vier wurden hier hinzugefügt. Die ausgewählten relevanten Leitbilder werden nun zitiert, dabei nach Kriterien der Emotionsforschung strukturiert, dann verglichen und kommentiert.

3.2 Leitsätze zu sozio-emotionalem Verhalten in Management und Märchen

3.2.1 Sozio-emotionale Kompetenz in Märchen

In den Leitsätzen dominieren folgende vier Dimensionen: Reflexion, soziales Engagement, Sozialkultur, Teamorientierung mit der Bildung von Netzwerken und Sozialkapital.

- **Reflexion:**

    »Rotkäppchen aber dachte, ›du willst dein Lebtag nicht wieder allein vom Wege ab in den Wald laufen, wenn dirs die Mutter verboten hat.‹«
    Rotkäppchen: 179

    »›Ach, Vater‹, erwiderte der Sohn, ›der junge Baum war an keinen Pfahl gebunden und ist krumm gewachsen: jetzt ist er zu alt; er wird nicht wieder grad.‹«
    Der Meisterdieb: 776

    »Das ist alles geschehen, um deinen stolzen Sinn zu beugen und dich für deinen Hochmut zu strafen, womit du mich verspottet hast ...« *Da weinte sie bitterlich und sagte* »ich habe großes Unrecht gehabt und bin nicht wert, deine Frau zu sein.« Er aber sprach, »tröste dich, die bösen Tage sind vorüber, jetzt wollen wir unsere Hochzeit feiern.«
    König Drosselbart: 297

    »Zweiäuglein aber hieß sie willkommen und tat ihnen Gutes und pflegte sie, *also dass die beiden von Herzen bereuten, was sie ihrer Schwester in der Jugend Böses angetan hatten.*«
    Einäuglein, Zweiäuglein, Dreiäuglein: 619

»Da sahen sich Mann und Frau eine Weile an, fingen endlich an zu weinen, holten alsofort den alten Großvater an den Tisch und ließen ihn von nun an immer mitessen.«
Der alte Großvater und der Enkel: 403

- **Soziales Engagement und Verständnis:**

Der Diener eines Königs rettet mehrere Tiere, die danach alle versprechen: »Wir wollen dirs gedenken und dirs vergelten, dass du uns errettet hast.«
Die weiße Schlange: 131

Der jüngste Königssohn zu seinen Brüdern: »Lasst die Tiere in Frieden, ich leids nicht, dass ihr sie stört ... tötet ... verbrennt.«
Die Bienenkönigin: 363

»Und nicht eher sollte die Verwünschung aufhören, als bis ein Mädchen zu uns käme, so gut von Herzen, dass es nicht gegen die Menschen allein, sondern auch gegen die Tiere sich liebreich bezeigte.«
Das Waldhaus: 713

Eine alte Frau mit Zauberkraft zum Jäger: »Für Dein gutes Herz will ich Dir ein Geschenk machen.« (jeden Morgen ein Goldstück, R. W.)
Der Krautesel: 580

»Weil Du ein gutes Herz hast und von dem Deinigen gerne mitteilst, so will ich dir Glück bescheren.«
Die goldene Gans: 368

»... ob es gleich sein Hemdlein weggegeben, so hatte es ein neues an, und das war vom allerfeinsten Linnen. Da sammelte es sich die Taler hinein und war reich für sein Lebtag.«
Die Sterntaler: 668

- **Sozialkultur:**

»Weil du dich betragen hast, wie sichs geziemt, *nicht übermütig wie deine falschen Brüder*, so will ich dir Auskunft geben.«
Das Wasser des Lebens: 487

»Die Lehre aus dieser Geschichte aber ist erstens, dass sich keiner, und wenn er sich auch noch so vornehm dünkt, einfallen lassen soll, *sich über einen kleinen Mann lustig zu machen*, und wäre es auch nur ein Igel. Und zweitens, dass es gut ist, *wenn einer heiratet, dass er sich eine Frau von seinem Stand nimmt*, die geradeso aussieht wie er. Wer also ein Igel ist, der muß darauf sehen, daß auch seine Frau ein Igel ist.«
Der Hase und der Igel: 767

3 Leitsätze aus Management und Märchen zu sozio-emotionalem Verhalten

- **Teamorientierung mit Bildung von Netzwerken und Sozialkapital:**

  »*Wenn wir sechs zusammen sind*, sollten wir wohl durch die ganze Welt kommen.« Sechse kommen durch die ganze Welt: 388

  »… ›gleich und gleich gesellt sich gern, wir wollen beieinander bleiben.‹
  ›… du … hast mir das Leben gerettet … ich will schon für dich sorgen.‹«
  Die Stiefel von Büffelleder: 806, 809

  »Es waren drei Handwerksburschen, die hatten verabredet, *auf ihrer Wanderung zusammen zu bleiben und immer in einer Stadt zu arbeiten*.«
  Die drei Handwerksburschen: 572

  »Der Vater: ›du hast das … Meisterstück gemacht, das Haus ist dein.‹ Die beiden Brüder waren damit zufrieden, *wie sie es vorher gelobt hatten, und weil sie sich einander so lieb hatten, blieben sie alle drei zusammen im Haus und trieben ihr Handwerk.*« Die drei Brüder: 592

Fazit: In den Märchenleitsätzen geht es um Reflexion sozialen Verhaltens, um Fordern und Leben einer hilfsbereiten Sozialkultur sowie kooperativer Teamorientierung, auch über die Grenzen des bekannten Umfelds hinweg. Das bezieht Straßenbekanntschaften und Tiere ein, besonders zur Bildung und Mobilisierung von Netzwerken im Sinne eines hilfreichen »Sozialkapitals«.

Häufiger als in expliziten Maximen vermitteln viele weitere Märchen implizit, prosoziales Verhalten lohne sich. Gerade intellektuell weniger Kluge (sogenannte »Dummlinge«) sind wegen ihrer emotionalen Kompetenz erfolgreicher als andere Mitbewerber, weil sie meist uneigennützig Netzwerke bzw. Sozialkapital bilden und damit Helfer finden.

3.2.2 Märchenleitsätze zu sozio-emotionalem Commitment

Die Commitment-Dimension ergänzt die vorher zitierten Märchenleitsätze, die nun mehr auf ethischer oder reziproker Selbstverpflichtung gründen. Wie schon an anderer Stelle (Wunderer 2009a) zu Vertragstreue diskutiert wurde, zeigen hier viele explizite Leitsätze eine starke sozio-emotionale Selbstbindung gegenüber Eltern oder »Vorgesetzten«. Die Entscheide dazu sind mit hohen Risiken und Nachteilen verbunden.

»Da versprach sie ihm aber (die Prinzessin dem Vater, R. W.), sie wollte gerne mit ihm gehen, wann er (Hans als Igel) käme, *ihrem alten Vater zuliebe*.«
Hans mein Igel: 531.

»Es war aber ein alter König im Land, vor dem musst' er (der Märchenheld, R. W.) spielen, und der geriet darüber so in solche Freude, dass er dem Hans seine älteste Tochter zur Ehe versprach.« (Diese lehnt ab.) »Da gab ihm der König die jüngste, *die wollt's ihrem Vater zu Liebe gern tun*.«
Des Teufels rußiger Bruder: 501

> »*Liebster Vater*, was ihr versprochen habt, muss auch gehalten werden.«
> Das singende springende Löweneckerchen: 439
>
> Der treue Johannes verspricht dem sterbenden König: »Ich will ihn (den Prinzen, R. W.) nicht verlassen und *ihm mit Treue dienen, wenns auch mein Leben kostet.*«
> Der treue Johannes: 66

3.3 Führungs- und Kooperationsgrundsätze von Unternehmen

In diesen Leitsätzen dominieren Respekt und Empathie, konstruktive Streitkultur, Lernen/Weiterentwicklung sowie Teamorientierung mit dem Bilden und Mobilisieren von Sozialkapital.

- **Respekt und Empathie:**

  »Sie gehen *respektvoll* mit ihren Mitarbeitern, Mitarbeiterinnen und Kollegen, Kolleginnen und Vorgesetzten um.«
  Sanacorp, Deutschland

  »Unsere Führungskräfte begegnen ihren Mitarbeiter/innen mit *hoher Aufmerksamkeit und Einfühlungsvermögen.*«
  Groß-Gerauer Volksbank eG., Deuschland

  »*Miteinander reden und sich gegenseitig informieren* sind die vertrauensbildenden Grundlagen für Zusammenarbeit.«
  Dräger, Deutschland

- **Konstruktive Streitkultur:**

  »Wir fördern *Meinungsvielfalt* und pflegen eine *konstruktive Streitkultur.*«
  BASF, Deutschland

  »Haben Sie den Mut und die *Verpflichtung zu offener und konstruktiver Kritik* gegenüber Vorgesetzten und Mitarbeitern.«
  Haspa, Deutschland

- **Stete Verbesserung und Weiterentwicklung:**

  »Leadership leben bedingt ein Verhalten, das von *Offenheit … Fairness* und dem Willen zur ständigen Verbesserung geprägt ist.«
  Hilti, Liechtenstein

  »Unsere Führungskräfte sind sich stets ihres eigenen Führungsverhaltens bewusst, sehen sich *selbst kritisch und entwickeln sich weiter.*«
  Isar-Amper-Werke, Deutschland

  »Wir müssen unsere … Energie aktivieren, um *uns ständig weiter zu entwickeln.*«
  Breuninger, Deutschland

- **Teamorientierung, auch zur Mehrung von Sozialkapital, als Schwerpunkt:**

  »Wir bilden das beste Team in der Industrie, indem wir die gruppenweite Vielfalt an persönlicher und fachlicher Kompetenz fördern.«
  BASF, Deutschland

  »Wir sind ein Team.«
  Hilti AG, Liechtenstein

  »Im Team sind wir unschlagbar. Jeder von uns ist ein Teil des erfolgreichen Teams und leistet seinen Beitrag dazu.«
  Spar Management AG, CH

  »Wir erreichen unsere Unternehmensziele im Team.«
  HP, Deutschland

  »Wir arbeiten gemeinsam an den Unternehmenszielen.«
  Wolters Kluwer, Deutschland

  »Wir fördern und unterstützen die Arbeit im Team.«
  SV-Versicherung, Deutschland

  »Wir arbeiten teamorientiert.«
  Schweizerische Volksbank, CH

  »Gemeinsam sind wir stärker.«
  Metro, CH

  »Wir suchen die Zusammenarbeit über Team- und Departementsgrenzen hinweg.«
  Zug, CH

  »Wer Mitarbeiter führt, muss ihre Zusammenarbeit sicherstellen.«
  Hoechst, Deutschland

  »Die Zusammenarbeit im Team ist wichtig.«
  Breuninger, Deutschland

  »Zur Zusammenarbeit gehört … konstruktive Teamarbeit zur Erreichung der gemeinsamen Ziele.«
  IBM, Deutschland

Fazit: Emotionale Intelligenz im Umgang mit sich selbst wird in Führungsgrundsätzen selten explizit gefordert. Dagegen wird viel Wert auf sozial kompetentes Verhalten gegenüber anderen gelegt, ganz besonders im Team. Kooperative Außenbeziehungen wie in Märchen fehlen.

4 Emotionale Intelligenz – Begriff, Bedeutung und Forschungsansätze

4.1 Seit wann wird emotionale Intelligenz (EI) erforscht und diskutiert?

Nach Schulze et al. (2006: 5) »hat seit Freud wohl kaum ein psychologischer Begriff eine derart schnelle Übernahme in die Alltagssprache erfahren, noch ... einen ähnlich großen Einfluss auf die Gegenwartskultur gehabt.« Engelberg et al. (2006: 291 f.) sehen in EI »eines der Hauptkonzepte zur Beschreibung individueller Unterschiede im einundzwanzigsten Jahrhundert«, dies mit Betonung der »Fähigkeit zur Förderung sozialer Interaktionen und Beziehungen«.

Die Diskussion kann bis zu Beginn des letzten Jahrhunderts zurückverfolgt werden. Aber erst seit etwa 1990 erschienen dazu Beiträge – oft auch kritische (Matthews et al. 2004, Schuler 2002, Zeidner et al. 2002) in wissenschaftlichen Fachpublikationen. Davor gab es nur ganz wenige Publikationen in der englischsprachigen Literatur. Auch mangelt es immer noch an empirisch fundierten Arbeiten. Nach Süss et al. (2005: 252) ist EI terminologisch noch nicht geklärt und Schuler (2002) findet diesen Begriff überflüssig. In die Führungsforschung wurde der Begriff EI spät eingeführt und ab 1995 durch Daniel Goleman (2007/1995) popularisiert. 2002 folgt seine Monografie zu »Emotionale Führung« (2005), die neurowissenschaftliche Forschungsergebnisse einbezieht. Ihr Ziel sei, »positive Gefühle zu wecken« (2005: 9 f.). Schon um 1930 wurde Ähnliches mit den sogenannten Michigan-Studien thematisiert bzw. über die Ohio-Studien empirisch und methodisch fundiert (Wunderer 2009: 206 ff.), z. B. die zentrale Führungsdimension »Mitarbeiterorientierung (consideration)«.

4.2 Was wird unter emotionaler Intelligenz verstanden?

Dazu gibt es Vorschläge in der neueren wissenschaftlichen Literatur (z. B. Abraham 2006, Sun-Mee Kang 2006, Neubauer 2006), die sich konzeptionell wie begrifflich unterscheiden, dabei oft klaren Definitionen ausweichen.

Süss (2005: 356) bringt Beispiele zu ergebnis- vs. potenzialorientierten Terminologien sowie ein Kombinationsmodell von Kanning (2002), das komplex formuliert ist, dabei Effizienz mit sozialer Akzeptanz des Verhaltens verbindet. Seine tautologisch anmutende Definition von EI lautet: »Gesamtheit des Wissens, der Fähigkeiten und Fertigkeiten des Personals, welche sozial kompetentes Verhalten fördern.« Letzteres definiert er als »kontextspezifisches Verhalten zur Zielerreichung unter Wahrung der sozialen Akzeptanz«.

Nach Schulze et al. (2006a: 16) begründen inkompatible Theorieansätze das Manko einheitlicher Terminologie so:

> »Emotionen sind in Beziehung gesetzt worden zu
> - verschiedenen modularen Gehirnsystemen;
> - einem zentralexekutiven Kontrollsystem im frontalen Kortex;
> - mittels Fragebogen erfassten Dimensionen subjektiver Erfahrungen und Erlebnisse;
> - Informationsverarbeitungsroutinen zur Selbstregulation.«

Daraus schließen die Autoren: »Die gegenwärtige empirische Befundlage ist nicht ausreichend, um zu entscheiden, welche Definition die angemessenste ist« (ebd.: 17). Matthews et al. (2004: 179) bezeichnen die Suche danach als »Mythos 1: Definitions of EI are conceptually coherent«.

Weiter wird unterschieden zwischen *basalen Emotionen* wie Freude, Furcht, Ärger, Trauer, Verachtung, Akzeptanz, Ekel, Überraschung sowie *Stimmungs- und Affektdimensionen* wie Sympathie, Begeisterung, Anspannung, Müdigkeit (vgl. Schulze et al. 2006a).

Ihre Definition der EI formuliert ebenso oben hin: »eine Fähigkeit, die eng mit dem emotionalen System verknüpft ist und von diesem profitiert [...] EI könnte dabei eine ganze Schar von Konstrukten umfassen, die Konzepten aus eher traditionellen Ansätzen zur Messung der akademischen Intelligenz gegenübergestellt werden können« (Schulze a. a. O.: 12).

Selbst in Golemans 22. Auflage (2007) sucht man vergebens nach einer klaren Definition. Bei Anwendung auf Führung verwendet er nur Metaphern (Goleman 2004: 60 bzw. 21): »Emotionale Führung heißt Resonanz zu erzeugen« bzw. »kollektive Emotionen in eine positive Richtung zu lenken und den Smog zu beseitigen, der durch negative Emotionen entsteht.«

Fazit: Damit ist die jeweils vorgeschlagene Terminologie zu EI allenfalls indirekt aus Konstrukten und Items der Testinventare ableitbar. Deshalb konzentrieren wir uns zunächst darauf.

4.2.1 Ansätze aus der Neurowissenschaft

Nach dem Neurobiologen Roth (2007: 13 f.) bestimmen vier Determinanten die Persönlichkeit:

- individuelle genetische Ausrüstung,
- individuelle (vorgeburtliche und frühe nachgeburtliche) Hirnentwicklung,
- vorgeburtliche und frühkindliche Bindungserfahrungen,
- psychosoziale Einflüsse während des Kindes- und Jugendalters.

Für die Frühsozialisierung seien Vermeidungslernen, Belohnungen sowie glaubwürdige Vorbilder wirksame Hilfen (ders.: 299 f.). Der Prägungsprozess verlaufe »selbststabilisierend« und werde zunehmend gegen spätere Einflüsse resistent (ebd.: 13 f.), »sodass Erwachsene nur noch in geringem Maße in ihrer Persönlichkeit veränderbar sind« (ebd.: 225).

Roth (222 ff.) diskutiert neben emotionalen noch motorische und mentale Dimensionen und verbindet sie mit Lernchancen:

- Motorische Fertigkeiten können lebenslang trainiert oder stabilisiert werden, auch als stete Verbesserungsmöglichkeit gegen Alterung.
- Mentale Fähigkeiten nehmen v. a. im Bereich des Kurzzeitgedächtnisses ab, sind aber bis ins hohe Alter trainierbar. Besonders die geistige Beweglichkeit nehme

nach dem zwanzigsten Lebensjahr ab, dafür würden im Alter beide Hemisphären integriert benutzt – quasi als geistiges »Ersatznetzwerk« (ders.: 224).

Personalpolitisch unterscheidet Roth (2007) noch fünf *Mitarbeitertypen*, die teilweise unserem Mitunternehmer-Portfolio (vgl. Abb. 5) entsprechen (Wunderer 2009: 300 ff.):

- Leistungsfähige Selbstständige (Freiheit, aber klare Absprachen, auf Risiken hinweisen, regelmäßige Treffen und Kontrollen),
- Weniger Leistungsfähige, aber Willige (brauchen besondere Hilfe),
- Faule (phlegmatisches Temperament; bei Demotivation sieht Roth noch Möglichkeiten),
- Widerspenstige (oft ein Signal für: ich brauche deine Hilfe),
- Oppositionelle vom Dienst.

Roth empfiehlt, sich von Mitarbeitenden der Kategorien drei und fünf zu trennen.

Folgerungen

Eine vorläufige **Arbeitsdefinition** von **sozio-emotionaler Kompetenz** könnte so lauten:

Sie gründet auf sehr früh geprägten, stabilen Persönlichkeitseigenschaften beim emotionalen Umgang mit sich selbst und anderen. Zu dieser emotionalen Kompetenz zählen Temperament, emotionale Stabilität, Extraversion, Optimismus, Empathie, Selbstvertrauen und -kontrolle. Diese verbindet sich mit situativer Sozialintelligenz. Dazu zählen Kooperation und soziales Commitment, Begeisterung, Respekt, Stress- bzw. lösungsorientiertes Konfliktverhalten, aktives Netzwerken. Resultate sind die Bildung von Ressourcen wie Sozialkapital, Akzeptanz, Status, Aufstieg, Zufriedenheit sowie von mentaler und psychischer Gesundheit.

Die Märchenleitsätze verbinden emotionale Motive mit sozialem Verhalten, wie Mitleid haben, Gutes tun, mit anderen teilen, Worttreue leben – v. a. im Umgang mit »Hierarchen« und »Kollegen«. Die Firmenleitlinien fokussieren auf kognitive Verhaltenskriterien wie Aufmerksamkeit, Offenheit und selbstkritische Reflexion in der Führung sowie Teamorientierung – v. a. mit Mitarbeitenden und Gleichgeordneten.

Nach der Neurowissenschaft sind rationale Entscheide meist in emotionale Motive eingebettet. Sie sieht bei Erwachsenen im sozio-emotionalen Bereich kaum strukturelle Entwicklungs- oder gar kurzfristige Veränderungschancen. Deshalb plädieren Vertreter auch für Personaleinsatzentscheide zur sozio-emotionalen Kompetenz.

4.2.2 Ergebnisse interkultureller Kultur- und Leadership-Forschung (Globe)

- **Das internationale Globeprojekt** (Chhokar et al. 2007, Wunderer/Weibler 2002)

Hier wurde zur Ermittlung ein Schwerpunkt auf emotionale Dimensionen und Items gelegt. Ziele waren die länderspezifische Ermittlung der Führungs- und Kooperationskultur sowie potenzialbezogene Anforderungen an mittlere Führungskräfte in drei

Branchen von über 60 Ländern. Das betonen auch Brodbeck/Frese im Einführungskapitel: »The items in the Globe scale address mainly prosocial behavior in interpersonal situtations (e.g., concern about others, tolerance of errors, being generous, being friendly, and being sensitive toward others).«

Deutsche Führungskräfte zeigten »… die niedrigste Ausprägung an ›human orientation‹; diese delegieren sie lieber an Institutionen, wie den Staat als soziale Solidargemeinschaft« (Brodbeck/Frese 2007: 165).

Die von uns befragten Manager der Schweiz wählten in der Ist-Bewertung der »Societal Culture« ebenfalls ein tiefes Ranking (53. Rang von 61 Ländern), aber viel höhere Ansprüche beim »should be« (22. Rang). Als wichtigste Eigenschaften exzellenter Führungskräfte bewerteten sie Integrität, Inspiration, Vision, Leistungsorientierung (Weibler/Wunderer 2007: 263, 273). Damit wählten sie zentrale Dimensionen einer *transformationalen* wie *transaktionalen* Führung (Bass/Riggio 2006). Das interessante Konzept wird nun kurz referiert.

- **Ein empirisch ermitteltes Führungskonzept exzellenter Manager** (Bass/Riggio 2006)

Der renommierte Führungsforscher und Unternehmensberater Bernhard Bass evaluierte mit seinem »Multifactor Leadership Questionnaire« von der Managementpraxis vorgeschlagene Manager mit hohem Leistungserfolg. Die statistische Auswertung ergab eine Kombination von »transaktionaler« und »transformationaler Führung« (Wunderer 2009: 241-251). Letztere basierte auf seinen schon 1988 publizierten Studien zu charismatischer Führung.

Transaktionale Führung konzentriert sich aufgaben- und sachbezogen auf rationale, ziel- und ergebnisorientierte Führung mit leistungsbezogener Gratifikation und Management by Exception.

Transformationale Führung beeinflusst dagegen vorwiegend emotionale Schichten sowie Werte mit vier zentralen Faktoren: individuell, intellektuell, inspirierend und identifizierend (Abb. 3).

Diese Ergebnisse wurden später von der zitierten Globestudie gestützt. Und sie dürften auch Goleman bei der Entwicklung seines Konzepts beeinflusst haben, das er ab 1995 publizierte.

Folgerungen für die zitierten Märchen: Die Auslobungen von chancenträchtigen, aber hoch riskanten Werkverträgen durch »Hierarchen« (Könige, Prinzessinnen, Eltern) erfolgen überwiegend auf transaktionaler Basis, die rationales Management (Planen, Entscheiden, Organisieren, Kontrollieren) sowie das Anreiz-Beitragskonzept betont. Die erfolgreichen Märchenhelden beeinflussen aber oft transformational, also sozio-emotional, kreativ, intrinsisch motiviert, meist integer sowie mit Chancen- statt Risikoorientierung. Zur Beeinflussung ihrer »Hierarchen« praktizieren sie öfters ein »Managing-the-Boss-Konzept«. Dabei schmieden sie listig Koalitionen, bevorzugen diplomatisches Verhalten und ertragen auch Unfairness und Wortbruch (z. B. Aschenputtel, Die kluge Bauerntochter, Das tapfere Schneiderlein, Der gestiefelte Kater).

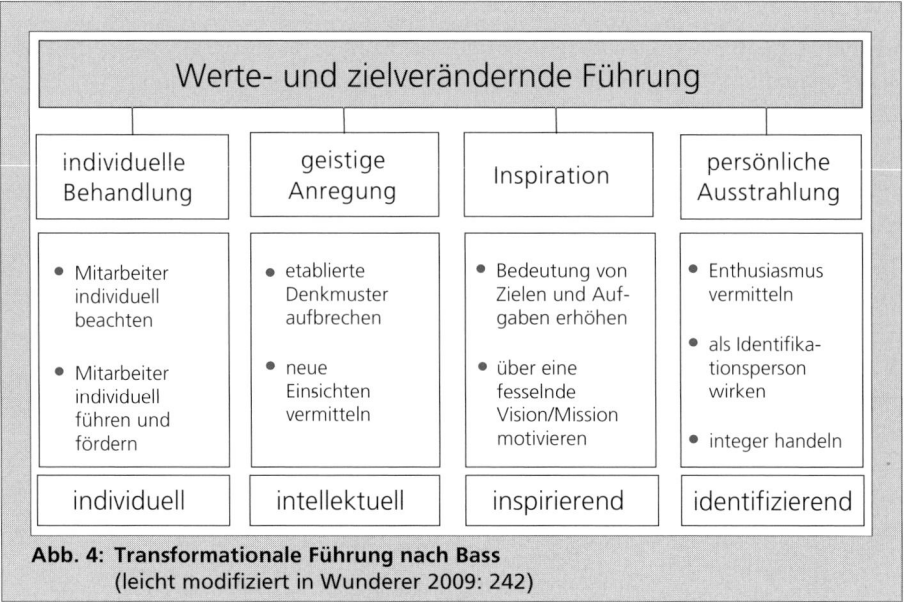

Abb. 4: Transformationale Führung nach Bass
(leicht modifiziert in Wunderer 2009: 242)

4.2.3 Das Konzept emotionaler Führung von Goleman – mit Märchenbeispielen

Der Berater und Harvarddozent Goleman (2007, 2005) popularisierte emotionale Intelligenz (EI), auch weil er einfach formulierte und mit seinem »Erfolgsquotienten« ein Konzept zur Messung von EI entwickelte. Weniger überzeugend war der wissenschaftliche Nachweis seines Messansatzes (vgl. Perez et al. 2006, Sieben 2001). Aber auch die Kritiker verwendeten die nun zitierten Faktoren und Items.

Goleman et al. (2005) differenzieren EI im Führungsprozess in zwei Domänen: *Persönliche Kompetenzen für das Selbstmanagement und soziale Kompetenzen für das Management der Beziehungen zu anderen* – diese in je zwei Faktoren und jene in je drei bis sieben weitere Items.

Kompetenzen mit Märchenbeispielen – Wie manage ich mich selbst und andere?

Hier dient das Analysekonzept von Goleman (2005) für die Wahl der Dimensionen und Items der EI. Dabei fungieren bekannte sowie möglichst oft die gleichen Märchen der Brüder Grimm als Beispiele – je ein bis zwei mit sehr positiver vs. solche mit besonders schwacher oder negativer Ausprägung.

Persönliche Kompetenzen – Wie reguliere ich mich?

Selbstwahrnehmung

- Emotionale Selbstwahrnehmung: eigene Emotionen und ihre Wirkungen kennen – gestiefelter Kater vs. tapferes Schneiderlein
- Sich bei Entscheiden auch von Intuition leiten lassen – Hans im Glück vs. Meisterdieb

- Selbsteinschätzung: eigene Stärken/Grenzen kennen – Aschenputtel vs. tapferes Schneiderlein
- Selbstvertrauen: sich seiner Werte und Fähigkeiten bewusst sein – Aschenputtel, der gestiefelte Kater vs. Goldmarie in *Frau Holle*

Selbstmanagement

- Emotionale Selbstkontrolle, besonders bei negativen Emotionen – Aschenputtel vs. Meister Pfriem
- Transparenz: Aufrichtigkeit, Integrität und Vertrauenswürdigkeit vermitteln – der treue Johannes vs. Stiefmutter des Schneewittchen
- Anpassungsfähigkeit: sich flexibel Veränderungen anpassen, Hindernisse überwinden – tapferes Schneiderlein vs. Meister Pfriem, die sieben Schwaben
- Leistung: mit hohen Standards verbessern – der gestiefelte Kater vs. der faule Heinz
- Initiative: Gelegenheiten ergreifen, handeln – der gestiefelte Kater vs. *Vom Fischer und seiner Frau*
- Optimismus: die positiven Aspekte sehen – Hans im Glück vs. Meister Pfriem

Soziale Kompetenzen – Wie manage ich andere?

Soziales Bewusstsein

- Empathie: die Emotionen anderer wahrnehmen und verstehen, sich für ihre Anliegen interessieren – Diener in *Die weiße Schlange* vs. Dornröschen, Pechmarie
- Organisationsbewusstsein für: Entscheidungsnetzwerke, Interessengruppen, implizite Regeln – der gestiefelte Kater vs. das tapfere Schneiderlein, Meister Pfriem,
- Service: Bedürfnisse von Bezugsgruppen erkennen und erfüllen – Diener in *Die weiße Schlange*, die kluge Bauerntochter vs. Meister Pfriem, Pechmarie

Beziehungsmanagement

- Inspirierende Führung: mit überzeugender Vision motivieren und lenken – der gestiefelte Kater, die kluge Bauerntochter vs. Müllerstochter in *Rumpelstilzchen*, Dornröschen
- Einfluss: Taktiken einsetzen, um andere zu überzeugen – der gestiefelte Kater vs. Dornröschen
- Fördern: andere durch Feedback und Anleiten verbessern – König Drosselbart vs. Dornröschen
- Veränderungskatalysator: Change initiieren, managen – der gestiefelte Kater vs. Dornröschen
- Konfliktmanagement: Meinungsverschiedenheiten lösen – die drei Brüder vs. tapferes Schneiderlein

- Bindungen aufbauen: ein Netzwerk aufbauen und erhalten – der Diener in *Die weiße Schlange*, Aschenputtel vs. Pechmarie, das tapfere Schneiderlein
- Teamwork und Kooperation: Zusammenarbeit und Teambildung – die Bremer Stadtmusikanten vs. das tapfere Schneiderlein, die sieben Schwaben

Fazit: Der Diener in *Die weiße Schlange*, der gestiefelte Kater, Aschenputtel und die kluge Bauerntochter erfüllen emotionale Kompetenz in mehreren Dimensionen oder Items sehr gut. Weniger oder negative EI-Kompetenz zeigen die Müllerstochter in *Rumpelstilzchen*, Dornröschen, das tapfere Schneiderlein, Meister Pfriem, Pechmarie, die Sieben Schwaben sowie viele Stiefmütter und Prinzessinnen.

Ein Märchenportfolio zu sozio-emotionaler Kompetenz nach den zwei Dimensionen bei Goleman (2005) zeigt Abbildung 5.

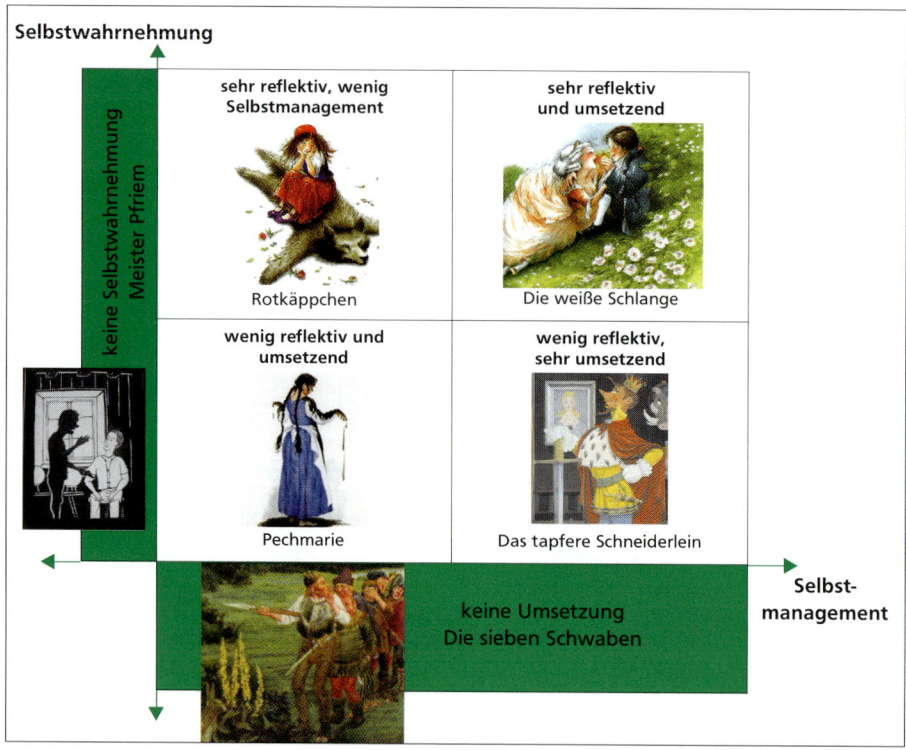

Abb. 5: Sozio-emotionale Kompetenz – Portfolio mit Märchenhelden/-heldinnen
(Bildnachweis S. 223)

Die kurze **Kommentierung** des Portfolios nach zentralen emotionalen Kompetenzen in bekannten Märchen der Brüder Grimm (KHM) soll auch zur Lektüre der Märchen motivieren (vgl. Kapitel A). Sie will zudem Möglichkeiten und Funktionen einer systematischen Differenzierung von EI für personalpolitische Ziele aufzeigen.

Der **Diener** als Märchenheld in *Die weiße Schlange* rangiert im Portfolio als »Star«. Seine *Selbstwahrnehmung* ist geprägt von Selbstvertrauen sowie seiner Verliebtheit in eine hochmütige und wortbrüchige Prinzessin. Und er entscheidet sich meist intuitiv und spontan.

Beim *Selbstmanagement* beeindrucken die emotionale Selbstkontrolle nach den falschen Anschuldigungen des Königs, sein Drang nach Höherem statt nach einer Sinekure beim König als Schadensausgleich sowie seine rasche und konsequente Umsetzung in allen Situationen.

Das *soziale Bewusstsein* ist ebenso hoch. Empathisch nimmt er sogar Emotionen der Tierwelt wahr und erfüllt umgehend ihre Anliegen – ohne kalkulative Absichten und zunächst zu eigenem Nachteil. Im Beziehungsmanagement besticht sein Aufbau eines helfenden Netzwerks, das ihn aus Lebensgefahr errettet und ihm dann zu einer ihn endlich liebenden Frau verhilft. Er initiiert Veränderungen und Herausforderungen mit sehr ungewissem Ausgang und tauscht sie gegen den angebotenen Posten im gewohnten Umfeld. Und er fördert das Weiterleben der Tiere sowie der »verblendet« geliebten, stolzen und wortbrüchigen Prinzessin.

Das tapfere Schneiderlein brilliert beim *Selbstmanagement*. Auch weil er dabei übertreibt, erzielt er Furcht und Respekt, kann sich blitzschnell auf neue Beziehungen und Bedrohungen einstellen, stört sich nie am Wortbruch des Königs und erfüllt alle Aufträge kreativ, mit Lust, Optimismus sowie narzisstischer Selbstdarstellung.

Seine *Selbstwahrnehmung* bleibt aber unterentwickelt. Er vertraut auf mentale und motorische Kompetenzen. Echte Zuneigung kann er nie gewinnen, auch nicht bei seiner Frau.

Die sieben Schwaben offenbaren fehlende *persönliche Kompetenz und Selbsteinschätzung* bei ihrer »Drachenjagd« sowie im Selbstmanagement beim Umgang mit Bedrohungen. Neben mentaler fehlt es ihnen an *sozialer Kompetenz* für ihr Team und ihre Umwelt. Ihre Vision überfordert sie dauernd, weil sie sogar reflektierte Fehler im »groupthink« wiederholen. Sie verstehen einen zufällig getroffenen Frosch als Teil eines hilfreichen Netzwerks und gehen daran unter.

Meister Pfriem erweist sich als Benchmark für fehlende emotionale Intelligenz. Seine *Selbstwahrnehmung* ist autistisch – selbst im Traum. Ihm fehlt jede Kontrolle über negative Emotionen und sein beckmesserisch-egozentrisches Verhalten. *Soziales Bewusstsein* reduziert sich auf demotivierende Führung seines Gesellen, die Unfähigkeit zur Überzeugung selbst Gutwilliger, ein negatives Menschenbild und die stete Besserwisserei.

Pechmarie hat zuhause nie Empathie, Hilfsbereitschaft und emotionales Commitment gelernt. Deshalb besteht sie keine Prüfung bei Frau Holle, die sie abschreckend mit lebenslangem Pech an Haar, Haut und Kleidern bestraft. Ihre Mutter wird wieder einmal biedermeierlich geschont.

Rotkäppchen beweist hohe *Selbstreflexion* in ihrer Beziehung zu Mutters teils kleinkarrierten Leitsätzen. Sie bleibt dabei aber freundlich, hilfreich und optimistisch, auch sich selbst gegenüber. Und in der letzten Episode erledigt sie in Teamarbeit mit der Großmutter noch den zweiten Wolf, zeigt dabei emotionale Selbstentwicklung – alles aber mit mehr mittlerer Ausprägung.

Fazit: Selbstwahrnehmung und Selbstmanagement als zentrale persönliche Kompetenzen sowie soziales Bewusstsein und Beziehungsmanagement erweisen sich als nützliche emotionale Dimensionen. Die ausgewählten positiven und negativen Märchenpersonen zeigen große Streuung in ihrer emotional-sozialen Kompetenz. Zugleich eignen sich diese Märchen besonders als Case Studies.

5 Testinventare zu sozio-emotionalen Kompetenzen

Weil Goleman seinen Ansatz nach heutigen statistischen Standards nicht ausreichend belegt, diskutiert ihn die Forschung zu Messkonzepten und -instrumenten der emotionalen Intelligenz nicht vertieft. Perez et al. (2006) liefern zu Alternativen eine Übersicht, aus denen relevante Konstrukte und Messansätze zur emotionalen und sozialen Intelligenz ausgewählt wurden.

5.1 Das Big-Five-Persönlichkeitsmodell

Das Fünf-Faktoren-Modell entspricht »dem Persönlichkeitsmodell, das von fast allen Autoren dieses Buchs verwendet wird« (Schulze 2006a: 23). Das sind 34 Experten der EI-Forschung (Abb. 6)!

> **Die »Big Five« der Persönlichkeit**
> - **Extraversion** (aktiv, impulsiv, gesellig, dominant, gesprächig)
> - **Emotionale Stabilität** (unbekümmert, mutig, optimistisch, gelassen)
> - **Verträglichkeit** (freundlich, flexibel, vertrauensvoll, kooperativ)
> - **Gewissenhaftigkeit** (verlässlich, sorgfältig, organisiert, ausdauernd)
> - **Offenheit für Erfahrungen** (einfallsreich, vielseitig, aufgeschlossen)

Abb. 6: Das Big-Five-Modell (leicht modifiziert in Wunderer 2009: 138)

Persönlichkeits- bzw. »Trait«-Theorien – besonders mit Big-Five-Faktoren – werden für EI als wichtiger Forschungsansatz eingeschätzt. Sie enthalten Elemente der Geselligkeit, des Umgangs mit Emotionen, der Organisation des eigenen Verhaltens und der Offenheit der Gefühle. »Alle diese Elemente scheinen Beziehungen zu existierenden Ansätzen zur EI aufzuweisen« (ebd.: 25). Besonders gilt das für *emotionale Stabilität und Extraversion*. Damit erweisen sich Beziehungen zwischen *EI und Persönlichkeitsfaktoren* als »wichtiges Forschungsfeld« (Schulze et al. 2006a: 23 ff.; Zeidner et al. 2002: 218 berichten von Korrelationswerten von bis zu 0.50!).

Nach Asendorpf (2005: 16 f.) nehmen mit höherem Alter emotionale Stabilität, Gewissenhaftigkeit und Verträglichkeit zu. Ähnliches gelte für andere Faktoren bis etwa zum mittleren Erwachsenenalter, dem üblichen Eintritt in das Management. Das spricht für eine recht stabile Persönlichkeitsstruktur von Führungskräften gerade im emotionalen Bereich und für Vorteile danach ausgerichteter *Selektion sowie früher Prägung* (ähnlich Schneewind 2005: 43 ff.).

Kommentierung aus Märchensicht: Die zu EI positiv charakterisierten Märchenhelden zeigen sich – anders als die »Antihelden« – emotional stabil und extravertiert. Sie sind auch offen für neue Erfahrungen, vertrauensvoll, freundlich und kooperativ.

Asendorpf et al. (2004, Roth: 18 f.) evaluierten aus den »Big Five« auch drei *Persönlichkeitstypen*:

Resiliente: sind aufmerksam, tüchtig, geschickt, selbstvertrauend und neugierig, zeigen starke Stimmungswechsel, verlieren leicht die Kontrolle und sind schnell beleidigt.

Überkontrollierte: sind verträglich, rücksichtsvoll, hilfsbereit, gehorsam, verständig, vernünftig, haben Selbstvertrauen. Sie sind selbstsicher, aber auch aggressiv und ärgern andere.

Unterkontrollierte sind lebhaft, zappelig, halten sich nicht an Grenzen, haben negative Gefühle, schieben dabei die Schuld auf andere. Sie sind furchtsam-ängstlich, nachgiebig bei Konflikten, stellen hohe Ansprüche an sich, sind gehemmt und neigen zum Grübeln.

Fazit: Märchenhelden sind oft überkontrolliert, Antihelden eher unterkontrolliert. Manager gibt es in allen drei Bereichen; unbeliebt, doch nicht so selten sind »Unterkontrollierte«.

5.2 Weitere Konstrukte und Testinventare zu emotionalen Kompetenzen

Der *Trait Emotional Intelligence Questionnaire (TEIQUE)* von Furnham/Petrides (2003: 203 ff.) verwendet 15 Hauptelemente. Er wird selbst von kritischen Studien (Zeidner et al. 2002: 218) positiv bewertet: Anpassungsfähigkeit, Durchsetzungsfähigkeit, Emotionsbewertung, Emotionsausdruck, Emotionsregulation, Impulsivität, Beziehungsfertigkeiten, Selbstachtung, Selbstmotivation, soziale Kompetenz, Stressmanagement, Empathie, Optimismus, Fröhlichkeit. Dieser Test ist aber für unsere Zielsetzungen zu differenziert.

Roberts et al. (2006: 319 ff.) arbeiten vier zentrale Dimensionen zu Testinventaren heraus. Sie bewerten sie auch nach Einflüssen auf emotionale Persönlichkeitsentwicklung: Emotionalität und Temperament, Emotionales Selbstvertrauen, Emotionale Informationsverarbeitung sowie Emotionales Wissen und Fertigkeiten. Dabei werden Temperament und Informationsverarbeitung vorwiegend Einflüssen der Genetik und Frühsozialisierung zugerechnet, was Möglichkeiten zur späteren Veränderung begrenzt.

Fazit: *In Märchen* sind die ersten drei Dimensionen präsent. Bei dem meist jungen Alter und meist fehlender Fachkompetenz der Helden und Heldinnen ist erfahrungsbasiertes Wissen begrenzt zu erwarten. Erfolg von Märchenhelden wird durch sogenanntes *positives emotionales Temperament* (vgl. Roberts 2006: 321 ff.), also Selbstvertrauen und flexible wie schnelle Informationsverarbeitung charakterisiert. Sie leben erfolgreich Copingstrategien in herausfordernden und bedrohlichen Situationen.

Manche *Antihelden* (oft Könige) zeigen »stressanfälliges Temperament, welches ... zu übersteigerter Wachsamkeit vor Bedrohungen, der Vermeidung gefürchteter sozialer Situationen ... führt« (ebd.: 323). Andere (oft Stiefmütter oder Prinzessinnen) leben die vier Dimensionen in sozial unerwünschter Ausprägung.

5.3 Verbindung von emotionaler und sozialer Kompetenz

Soziale und emotionale Intelligenz sind eng miteinander verbunden. Letztere wird teilweise als übergeordnetes Konstrukt verstanden. (Weis et al. 2006: 229 ff., Süss 2005). Dazu eine These mit Märchenrelevanz: »Soziales Verhalten ist das beste Kriterium zur Validierung kognitiver Konstrukte der sozialen Intelligenz« (ebd.: 230). Denn Märchen erzählen verhaltensorientiert! Preiser (1978) differenzierte zum emotionalen Selbst- und Beziehungsmanagement nach Autonomie und Solidarität (Abb. 7). Diese verwenden wir zur erweiterten Terminologie von mitunternehmerischer Sozialkompetenz (Wunderer 2009: 60, Wunderer/Dick 2004).

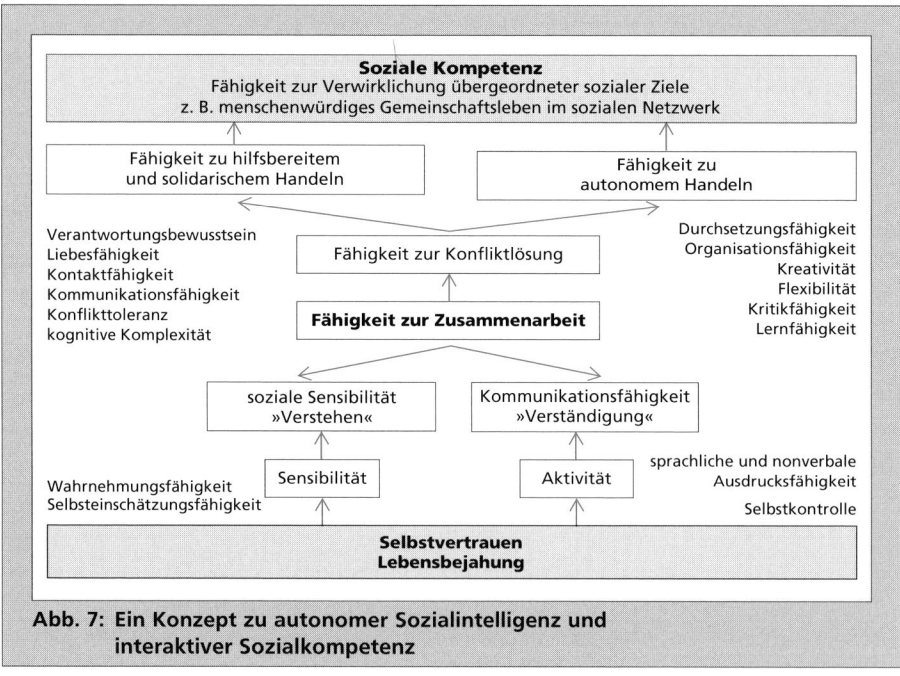

Abb. 7: Ein Konzept zu autonomer Sozialintelligenz und interaktiver Sozialkompetenz

In einer neuen Publikation bringt Brahm (2009: 118 ff.) ein fundiertes Analysekonzept aus verschiedenen Tests und Befragungskonzepten zur Teamkompetenz nach Wissen, Fertigkeiten und Einstellungen sowie nach der Gestaltung der Lernsituation.

Dieser Ansatz wird nun in einem Märchenportfolio diskutiert (Abb. 8).

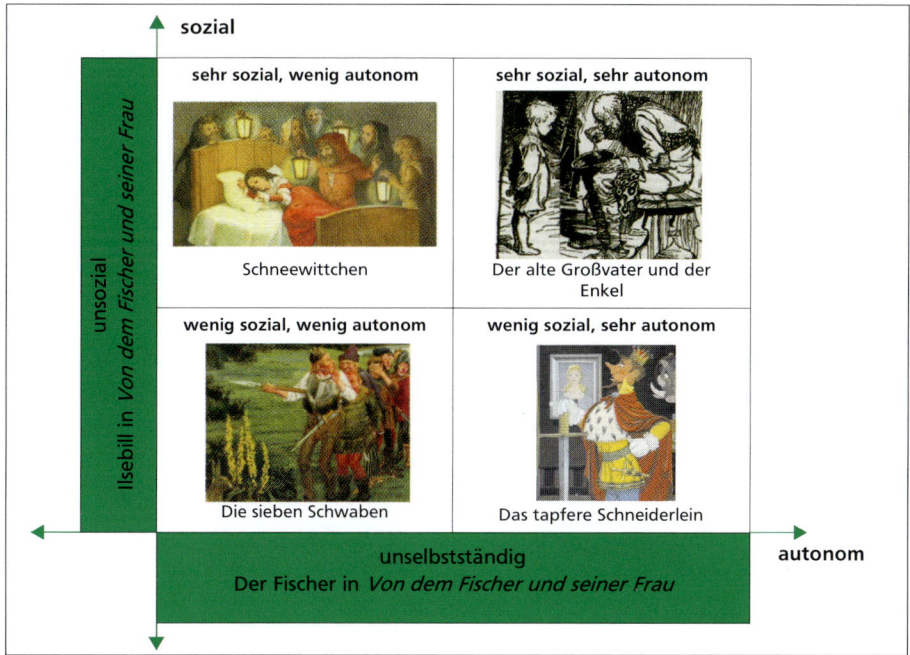

Abb. 8: Ein Märchenportfolio zu mitunternehmerischer Sozialkompetenz
(Bildnachweis S. 223)

Kurzkommentierung der Märchen

Mitunternehmerische Sozialkompetenz zeigt schon ein Vierjähriger in *Der alte Großvater und der Enkel* als Beleg für frühkindliche Prägung sozialer Kompetenz auch in Märchen. Das Kind beobachtet nicht nur mit hoher emotionaler Anteilnahme, wie seine Eltern ihren (Schwieger-)Vater beim Essen unfair behandeln, ihn sogar aus der Familiengemeinschaft ausschließen. Beeindruckend ist ebenso, wie autonom und symbolisch er schon darauf reagiert. Denn er fertigt für seine Eltern einen Holzteller, um sie so zu behandeln wie diese den Großvater. Mit dieser Anwendung der goldenen Regel (»Wie immer ihr wollt, dass die Leute mit euch umgehen, so geht auch mit ihnen um! Denn darin besteht das Gesetz ...« – Matthäus 7/12) beschämt und bekehrt er dann seine Eltern.

Unternehmerische Autonomie verkörpert **das tapfere Schneiderlein**. Sozial-emotionale Kompetenz fehlt dem Narzissten dafür gänzlich. Das zerstört auch seine Beziehung zum Schwiegervater und zu seiner Frau. Er bleibt aber ein gefürchteter König.

Ihre unternehmerische Vision können **die Sieben Schwaben** bei der »Drachenjagd« nicht umsetzen. Sie scheitern an todbringendem »groupthink« und mental beschränkter Sozialkompetenz.

Sozio-emotionale Qualifikationen beweist **Schneewittchen** schon beim neidischen Mobbing der eitlen Stiefmutter. Sie hält mit dem Leitsatz »endure it« durch. Bei den sieben Zwergen lebt sie reifes Sozialverhalten, nicht nur beim Stillen des ersten Hungers. Sie gewinnt treue Helfer weit über den Schlaftod hinaus.

Negative unternehmerische Qualifikation leben **der Fischer und seine Frau**. Er behandelt den gefangenen Fischprinzen erst uneigennützig. Aber gegen die ehrgeizige, nur autonome Karrieresucht der Frau verhält er sich völlig machtlos. Diese »Kollusion« führt dann für beide in den »Konkurs« – den »Pisspott«.

Fazit: Die Portfoliobeispiele zeigen, dass mit-unternehmerisches Denken und Handeln sowohl prosoziale Kompetenz wie auch Autonomie in situativ differenzierter Kombination zwingend erfordert.

5.4 Sozial intelligentes und kompetentes Verhalten

Das dazu passende Konzept von Süss et al. 2005 trennt zweckmäßig zwischen sozial intelligentem sowie kompetentem Verhalten. Weiterhin verbindet es wie Kanning (2002) das Kontextkriterium soziale Akzeptanz mit Zielerreichung. Das fördert Verbindungen zur Differenzierung zwischen autonomer und interaktiver Sozialkompetenz (vgl. Abb. 9).

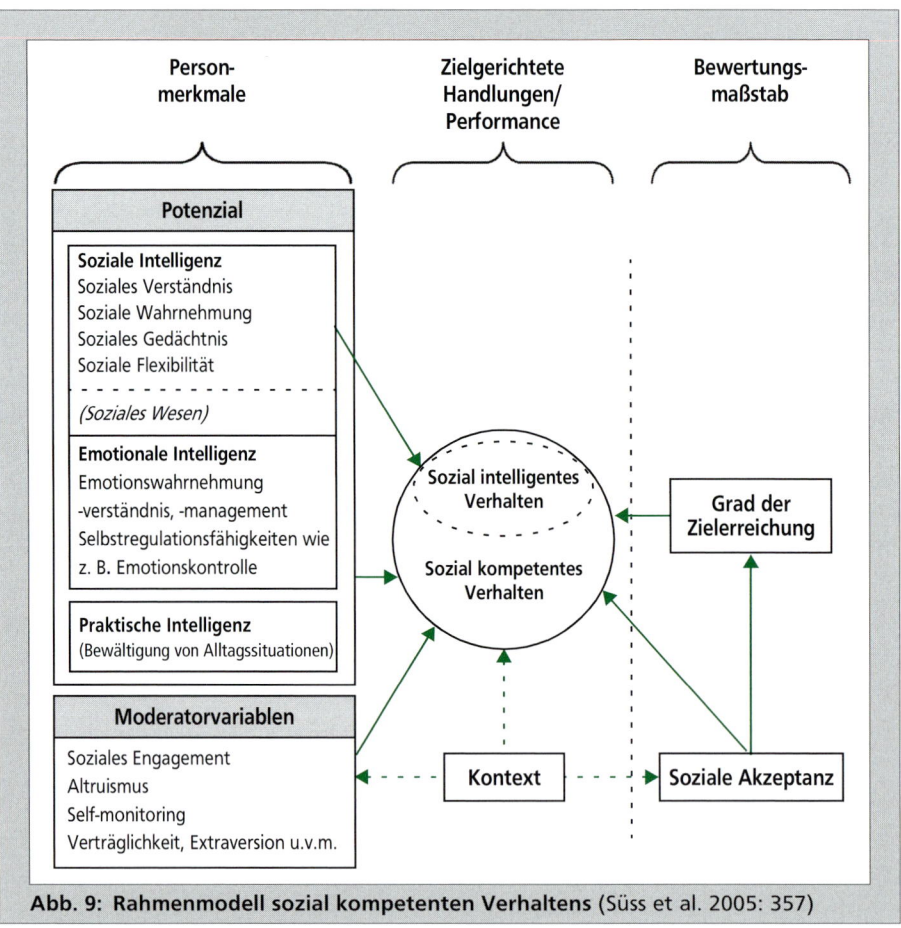

Abb. 9: Rahmenmodell sozial kompetenten Verhaltens (Süss et al. 2005: 357)

Beurteilung: Diese Kombination wird von Süss praxis- und märchenrelevant mit Situationsvariablen ergänzt. Hier sind das z. B. Altruismus und Verträglichkeit sowie (v. a. bei »Dummlingen« der Märchen) soziales Engagement, selbst gegenüber Tieren. Schließlich wird der in der Managementforschung klassische Bewertungsmaßstab der Zielerreichung um »soziale Akzeptanz« erweitert. Damit diskutiert das Rahmenmodell (Abb. 9) für Management wie Märchen auch genetische Prägungen sowie frühe Sozialisierungsmaßnahmen. Damit sind Wahrnehmung, Reflexion und Regulation der Emotionen verbunden (vgl. die Fördermodelle im schulischen Lern- und Leistungskontext von Goetz et al. 2006: 243 f. und Euler 2009).

5.5 Unternehmens- und Märchenleitsätze zu EI – strukturiert nach Süss/Goleman

Relevante Inhalte der ausgewählten Unternehmens- und der Märchenleitsätze zu sozio-emotionaler Kompetenz (Wunderer 2008: 228 f.) werden nun nach Dimensionen von Süss et al. (2005: 350 ff.) und Goleman et al. (2005: 59 ff.) gegliedert und in zwei Übersichten zusammengefasst.

5.5.1 Sozio-emotionale Kompetenz in Führungsgrundsätzen

Sozial intelligentes Verhalten – Soziale Intelligenz

- Aufmerksamkeit, Selbstkritische Reflexion
- Offenheit, Kreativität

Sozial kompetentes Verhalten – Emotionale Intelligenz

- Einfühlungsvermögen, Fairness, Respektvoller Umgang
- Miteinander reden, Konstruktive Streitkultur
- Teamorientierung, Konstruktive Teamarbeit

5.5.2 Sozio-emotionale Kompetenz in Märchenleitsätzen

Sozial kompetent, auch gegenüber dem weiteren Umfeld und Unbekannten
(Wunderer 2008: 218)

- Mitleid (Empathie) haben und gutes Herz zeigen
- Gutes tun und prosozial handeln
- Mit anderen etwas teilen
- Sich gegenüber Eltern und anderen Hierarchen unterstützend verhalten
- Sich sozial kompetent gegenüber dem weiteren Umfeld verhalten (z. B. Tieren)
- Teamorientiert etwas aufbauen oder umsetzen

Fazit: Bei Führungs- und Kooperationsgrundsätzen von Unternehmen haben Merkmale sozial intelligenten Verhaltens und emotionaler Intelligenz gegenüber dem engeren Umfeld besonderes Gewicht. In den Märchen dominieren sozial kompetente Verhaltensanforderungen und -weisen, dies auch im weiteren Kontext (v. a. gegenüber Unbekannten oder Tieren).

6 Soziales Kapital durch sozio-emotionales Netzwerk

Der Begriff wurde schon Anfang des letzten Jahrhunderts geprägt und besonders in der Soziologie breit verwendet. In der Managementlehre findet man tauschtheoretische Diskussionen (Matiaske 1999); ebenso kann man für dieses Extra-Rollenverhalten das Organizational-Citizen-Konzept (Nerdinger 1998, Wunderer 2009: 43 ff.) heranziehen.

6.1 Bourdieus Differenzierung

Der Soziologe Pierre Bourdieu (1983) entwickelte dazu eine grundlegende Begriffsdifferenzierung, die sich auf Ressourcen und Beziehungen konzentriert (Abb. 10):

- Ökonomisches Kapital als die materiellen, finanziellen Ressourcen.
- Kulturelles Kapital als die geistigen und künstlerischen Ressourcen und Institutionen.
- Soziales Kapital als Ressourcen, die mit der Beteiligung an sozialen Netzwerken mobilisiert werden – z. B. über »Co-opetition« in Management wie in Märchen.
- Fazit: Mental nicht so starken Märchenhelden und -heldinnen wird wegen ihres sozialen Kapitals (kooperative Sozialkompetenz) geholfen.

Abb. 10: Netzwerkkompetenzen als soziales Kapital
Illustration von Svend Otto S. (Bildnachweis Seite 223)

- *Ökonomisches Kapital* sind materielle, finanzielle Ressourcen von Organisationen mit Marktbeziehungen.
- *Kulturelles Kapital* als geistige sowie künstlerische Ressourcen von Institutionen lassen sich z. B. in Bildungstiteln (Aus- und Weiterbildungsabschlüsse) sowie in Büchern, Bildern, Instrumenten, Kulturbauten und -einrichtungen konkretisieren. Dazu rechnet Bourdieu auch die »Transmission kulturellen Kapitals in der Familie« (186) und spricht dabei von »*sozialer Vererbung*« (187). Sie wird nicht nur auf dem »Heiratsmarkt« hoch geschätzt und auf dem Arbeitsmarkt über Ratings (z. B. Einkommen nach einem Hochschulabschluss) ökonomisiert. Dieses kulturelle Kapital wollten auch die Brüder Grimm mit ihrer Märchensammlung fördern, die inzwischen zum Weltkulturerbe zählt!
- *Soziales Kapital* versteht Bourdieu »als die Gesamtheit der aktuellen und potenziellen Ressourcen, die mit dem Besitz eines dauerhaften Netzes von mehr oder weniger institutionellen Beziehungen gegenseitigen Kennens und Anerkennens verbunden sind« (190). Dazu zählen die Familie mit ihrem Stamm und Status sowie Vereine, Clubs, Schulen, Parteien, Sportarten, Wohngegenden und Anlässe (z. B. Bälle, Empfänge), ja sogar Manieren oder Sprechweisen und Riten als Symbole sozialen Kapitals (191 ff.). Dafür ist eine »*unaufhörliche Beziehungsarbeit in Form von ständigen Austauschakten erforderlich*«, die Zeit und Geld kosten.

Sadowski zeigt mit seiner Definition von »Organizational Capital« hohe Übereinstimmung mit kulturellem Kapital nach Bourdieu – auch mit Führungs- und Kooperationsgrundsätzen: »if an enterprise succeeds in giving itself an order, including an amount of rules to share information, settle conflicts, secure the willingness to cooperate, then we call this order with good reasons ›organizational capital‹« (Sadowski 2002, zit. in Ludewig/Sadowski 2009: 394). Anders dazu Prescott/Vischer (1980, zit. in Ludewig/Sadowski 2009: 395) in ihrer Begriffsumschreibung: »Organizational capital is residing in the organization's members and their social networks.« Sie entspricht Bourdieus »Sozialkapital«.

In *Märchen* werden ökonomisches (z. B. ein halbes Königreich, Gold und Edelsteine) und kulturelles (z. B. Einheirat in die Königsfamilie) Kapital als Anreize und Gratifikationen für oft lebensgefährliche »Werkverträge« ausgelobt und vergütet. Dagegen ist »Netzwerkkapital« für junge Märchenhelden erfolgsbestimmend. Das gilt gerade für sogenannte »Dummlinge« mit wenig marktfähiger mentaler Intelligenz. Viele substituieren also Defizite an ökonomischem und kulturellem Kapital durch Aufbau von Netzwerkkapital. Das geschieht meist über emotionale Empathie und prosoziale Hilfe gegenüber Menschen und Tieren. Stete Botschaften dazu sind ein explizites Erziehungsziel der KHM. Denn häufiger als die mental Schlauen (z. B. der Gestiefelte Kater, Das tapfere Schneiderlein, Der Meisterdieb) sind hier von den Älteren verlachte Jüngste, gemobbte Stiefkinder und »Dummlinge« (z. B. Die goldene Gans, Der Bärenhäuter, Aschenputtel, Das Rätsel) erfolgreich. Denn sie bauen mit ihrer emotional-sozialen Intelligenz über Netzwerke Sozialkapital auf, das ihre tatkräftigen Helfer später mit Zinseszins zurückvergüten.

Auf Bourdieu folgten viele amerikanische Konzepte, auch Putnams (2000) kritischer Bestseller. Für unser Thema ist der Beitrag von Lin (2001) wichtiger, weil er weitgehend soziales Kapital mit individuellem Potenzial zur Aufnahme, Stabilisierung und Förderung von Netzwerkbeziehungen gleichsetzt – auch in Organisationseinheiten wie Unternehmen bzw. Teams.

6.2 Das empirische Netzwerkmodell von Lin

Lin (2001) entwickelte nach Bourdieu einen erweiterten Ansatz, den er auch empirisch evaluierte, besonders für unterschiedliche Zugänge zum Sozialkapital, z. B. nach dem Geschlecht.

Er konzentriert sein Konzept auf drei Faktoren für effizientes Netzwerken und die Bildung sozialen Kapitals: *Zugang, Aktivierung* und *Ergebnisse*. Bei den ersten spielt die vermutete Ähnlichkeit (Homophily) bei Werten (z. B. lifestyles), Bildung (Human Social Capital) und nach Positionsstatus bzw. Institutionen (Institutional Social Capital, z. B. Vereine, Berufe) eine Rolle. *Zugang* zum Sozialkapital erfolgt durch »*expressive action*« über persönlich ähnliche Gefühle und Werte sowie durch »*instrumental action*« auf der Basis z. B. *sozio-demografisch* ähnlicher Teilnehmer (Abb. 11).

Über »mobilization« erfolgt die Nutzung des Netzwerks – das kann bei Märchen schon Weinen sein, wie bei Rumpelstilzchens Müllerstochter, oder durch empathisch-hilfreiches Verhalten (vgl. Die Bienenkönigin). Entscheidend ist dabei, die Beziehungen im Netzwerk aufrechtzuerhalten. Erst dies sichert in Märchen den Erfolg des sozialen Kapitals (z. B. Aktivierung der Helfer nach dem Reziprozitätsprinzip). Diesen Erfolg misst Lin über physische (Gesundheit), psychische (Zufriedenheit) und instrumentelle (Macht, Ansehen) »*returns*«.

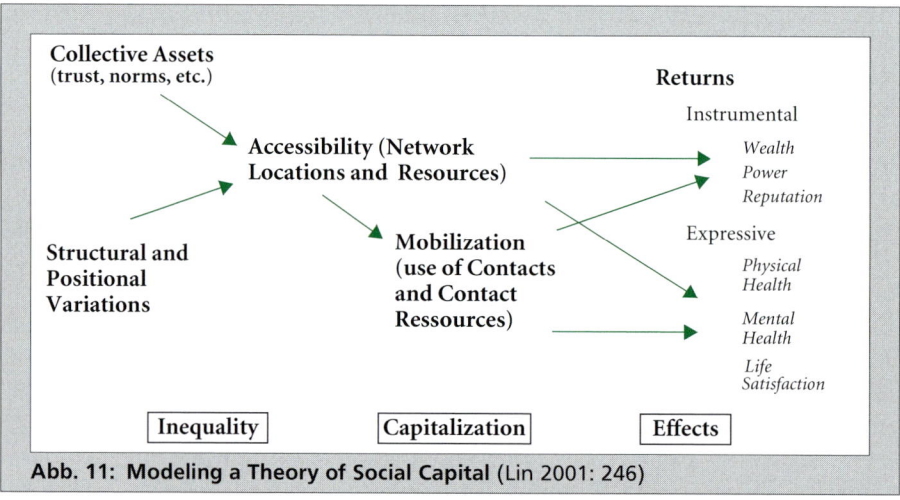

Abb. 11: Modeling a Theory of Social Capital (Lin 2001: 246)

Fazit: Der Bezugsrahmen Lins veranschaulicht dessen Determinanten sowie seinen Prozessansatz von auch externen Einflüssen auf die Bildung und Mobilisierung des Sozialkapitals sowie instrumentelle wie expressive »returns« seines Einsatzes. Das lässt sich auch gut an Märchen erklären!

6.3 Zum Netzwerk-Sozialkapital in Märchen

Wundermärchen verbinden Zauber (positiv oder negativ) mit Helfern oder Antihelden (Feinde, Gegenspieler), die Zugang zum Netzwerk finden. Manchmal erhalten Märchenhelden Zaubermittel, die sie selbst einsetzen können, z. B. in Gefahren. Viele mental weniger Begabte können ihre schwierigen Aufgaben nur durch reziproke »empathische Helfer« (z. B. Die Bienenkönigin) erfolgreich erledigen. So erhalten sie Zugang zum Helfernetzwerk, das sich oft selbst »mobilisiert«(!) oder dies durch Zaubermittel ermöglicht.

Dann gibt es autonom-listige Märchenhelden, die sich ganz auf sich verlassen (wollen), wie das tapfere Schneiderlein oder der Meisterdieb. Erfolgsrezept ist ihre kreative mentale Intelligenz, ihr Mut und Selbstvertrauen. Damit verschaffen sie sich selbst Zugang zu fremden Hilfsnetzwerken. Manche lehnen sogar Hilfe ab, wie das Schneiderlein die angebotenen Soldaten des Königs. Aber auch diese Helden streben nach sozialem Kapital, z. B. Status (z. B. Prinzgemahl oder König werden) oder großen finanziellen Ressourcen (z. B. halbes Königreich erhalten).

Die Ressource soziales Kapital fordert und fördert »Extra-Rollenverhalten«, neben »organizational citizenship« oder »Arbeitsengagement aus freien Stücken« auch *Mitunternehmertum* (Wunderer 2009: 139 f.). Eigenverantwortung, ethisches und emotionales Commitment, Vertrauen, freiwilliges Engagement, prosoziales Kooperationsverhalten sowie Netzwerkorientierung sind dafür charakteristische Kompetenzen.

6.4 Co-opetition als Steuerungskonfiguration mit hohem Netzwerkanteil

Nachdrücklich wurde dieser Netzwerk- und Sozialkapitalansatz bei eigenen Umfragen zum mitunternehmerischen *Steuerungskonzept* bestätigt (Wunderer 2009: 68 ff. sowie Abb. 12). Auf die Frage, welche zwei der vier Steuerungskonzepte im kommenden Jahrzehnt bevorzugt würden, entschieden sich über 80 % für eine *Kombination von internem Markt und interner Netzwerksteuerung*. Bürokratie und Hierarchie blieben bei dieser Frage weit abgeschlagen. Nach der aktuellen Kombination gefragt, dominierten dagegen Hierarchie und interner Mark bzw. Bürokratie! Die zwei dominanten Komponenten der zukünftigen führungspolitischen »Governance« (Abb. 13) lassen sich als »co-opetition« umschreiben, also eine Kombination von internem Wettbewerb und fairer Kooperation.

Konzept	interner Markt	internes soziales Netzwerk	Hierarchie	Bürokratie/ Technokratie
Legitimations-grundlage	● Wettbewerb ● Leistungen ● Erträge ● Subsidiarität	● Kooperation ● Vertrauen ● Verpflichtung ● Solidarität	● Herrschaft ● Entscheide/ Weisungen ● Einordnung	● Profession ● Organisation ● Gesetze ● Regeln
Führungs-philosophie	● gewinn-orientiert	● beziehungs-orientiert	● weisungs-orientiert	● professionell
spezifische Qualifikation	● Inovations-fähigkeit ● Risikobereit-schaft ● Um-/Durch-setzungs-fähigkeit ● Chancen-/ Gewinn-orientierung	● Beziehungs-fähigkeit ● wechselseitige Unterstützung ● Gesinnung/ Stand-haftigkeit/ Verständnis ● Verlässlichkeit	● Anpassungs-fähigkeit ● Verlässlichkeit ● Umsetzungs-fähigkeit ● Akzeptanz von Fremd-steuerung	● Fach-/Sach-kompetenz ● Erfahrung ● Verlässlichkeit ● Regelorientie-rung ● Loyalität ● Gerechtigkeit

Abb. 12: Steuerungskonzept – interne Governance

Global, virtuell und dezentralisiert organisierte Unternehmen brauchen als Leistungsträger – und nicht so wie in Märchen mental oder sonst Benachteiligte – aktive und produktive Netzwerker für ihr Wissensmanagement, insbesondere in der Projektleitung. Märchen können dazu viele gute Beispiele liefern – auch für die Bedeutung von Vorleistungen beim reziproken »Tit for tat«!

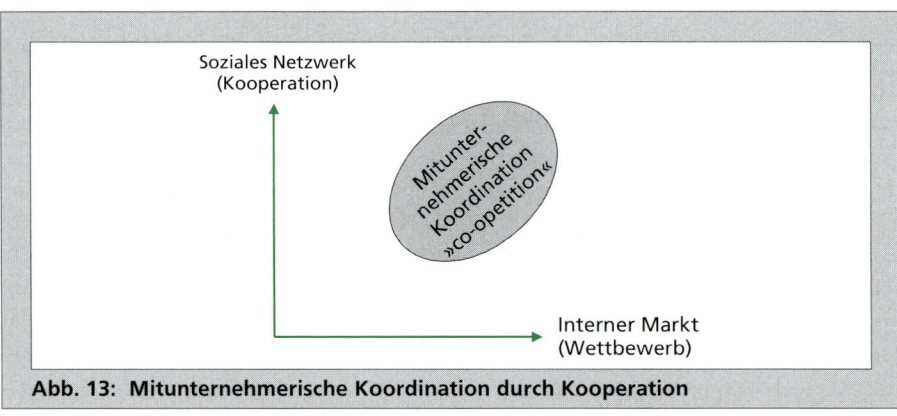

Abb. 13: Mitunternehmerische Koordination durch Kooperation

Fazit: Viele Märchenhelden substituieren fehlendes ökonomisches Kapital durch kulturelle und vor allem soziale Ressourcen. Andere ersetzen fehlende mentale durch emotional-soziale Intelligenz. Dazu werden sie von unverzichtbaren Helfern vom Himmel und (unter) der Erde (inklusive Tierwelt) für ihre häufig lebensbedrohenden Aufgaben unterstützt. Diese übernehmen sie meist spontan-unreflektiert als »freelancer« ohne Fachausbildung, Erfahrung und Ausrüstung. Andererseits werden »Antihelden« wegen destruktiver Emotionalität auch grausam bestraft. Die Stiefmutter Schneewittchens muss sich in glühenden Eisenschuhen tottanzen und ein schäbig behandelter Soldat »übernimmt« mit seinen fünf Helfern alle »assets« seines auch wortbrüchigen Königs (Sechse kommen durch die ganze Welt).

Nun veranschaulichen Märchenbeispiele wieder über ein Portfolio unsere Betrachtungen zur internen Governance (Abb. 14).

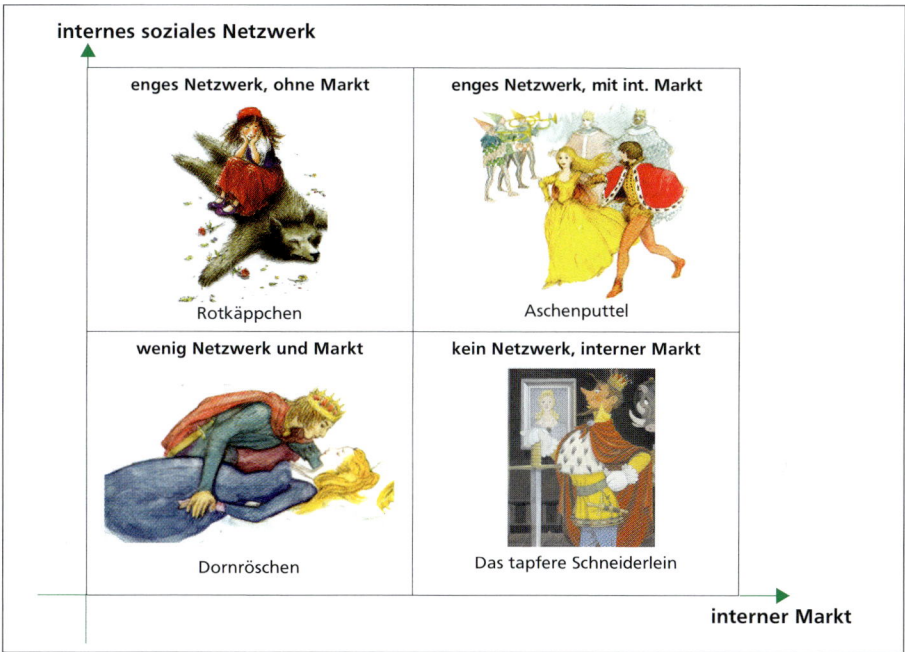

Abb. 14: Portfolio zu Co-opetition und Sozialkapital mit Märchenbeispielen
(Bildnachweis S. 223)

Kurzkommentare zu den Märchenbeispielen im Portfolio

Aschenputtel: Die Stieftochter wird von ihrer gesamten Familie in beispielloser Weise gemobbt. Dennoch kooperiert sie mit ihr freundlich, selbst wenn sie tieftraurig und enttäuscht ist. Als sie mit ihren Stiefschwestern zum Prinzenball gehen will, akzeptiert sie ein Assessment, das sie ohne ihr Netzwerk nie lösen könnte. Danach nimmt sie sogar noch den Wortbruch der Stiefmutter hin – treu nach ihrem typischen Selbstkonzept »endure it.« Dann aktiviert sie aber ihre Tierhelfer, um den Prinzenball heimlich und in glänzender Robe zu besuchen. Sie gewinnt auf diesem internen Heiratsmarkt den Prinzen sofort (»meine Tänzerin«). Für die weiteren Ballbesuche reaktiviert sie ihre Tauben als Netzwerk, die dann noch Täuschungsmanöver der Stiefmutter gegenüber dem Prinzen auf der Suche nach der wahren Braut beim Schuh-Assessment verhindern. So obsiegt das gemobbte Stiefkind und wird als spätere Königin heimgeführt. Die mobbenden Stiefschwestern werden geblendet; die schlimmeren Eltern bleiben biedermeierlich verschont.

Das tapfere Schneiderlein: Er kann und will alles alleine machen. Keine Familie, keine Freunde, kein Netzwerk sucht er. Sein Erfolg liegt in extrem kreativer mentaler Intelligenz, gepaart mit blitzschnellem Umsetzungsvermögen, aber auch in der mentalen Bedürftigkeit seiner Gegner. Zu seiner fast autistischen Autonomie kommt noch ein narzisstisches Selbstbewusstsein, das den König und seine Entourage beeindruckt und ängstigt. Nie angemerkt wird in Interpretationen dieser Erzählung, dass er nur durch einen ungebetenen Helfer – den Waffenträger des Königs – vom letzten Anschlagsplan erfährt und diesen deshalb konterkarieren kann. Nur über dieses ihm unbekannte Netz kann der Schneider überleben und König bleiben. Seine Ehe dürfte dagegen noch stärker gefährdet sein.

Dornröschen: Die Eltern wollten ihr schon zur Taufe ein Netzwerk von zwölf gutgesinnten, weisen Frauen sichern. Aber eine 13., übergangene rächt sich. Ihr tödlicher Fluch lässt sich nur noch in einen hundertjährigen Schlaf mildern. Weitere Schutzmaßnahmen der Eltern im ganzen Reich konterkariert die Fünfzehnjährige durch ungehorsame Neugier und naive Verführbarkeit durch die noch rachsüchtige 13. Fee. Nach einem Jahrhundert wird sie von einem unbekannten mutigen Prinzen durch einen Kuss erlöst – viele waren vorher schon umgekommen. Mit ihm lebt die »sleeping beauty« dann »vergnügt bis an ihr Ende« (Grimm 1999/1819: 284). Die Fallstudie zeigt Grenzen fremd geknüpfter Netzwerke, die ohne eigene Leistung noch keinen Schutz sichern. Diese Lektion vermitteln weitere Märchen (Der treue Johannes, Brüderchen und Schwesterchen, Der Eisenhans).

Rotkäppchen: Sie wird geschildert als »eine süße kleine Dirne, die hatte jedermann lieb, der sie nur ansah« (Grimm 1999/1819: 174). Mit ihrer Mutter, dem aufmerksamen Jäger und ihrer geliebten Großmutter mobilisiert sie wirksame Hilfe, allerdings ohne großes eigenes Zutun. Am meist nicht bekannten Ende der Geschichte überlistet sie aber mit der Großmutter einen zweiten Wolf ohne weitere Unterstützung. Dabei zeigt sie Mut, Selbstvertrauen und auch reflexives Selbstmanagement, z. B. zukünftig die mütterlichen Leitsätze besser einzuhalten.

Fazit: Die Kombination von kreativem und eigenmotiviertem Verhalten in Wettbewerbssituationen und der aktiven Mobilisierung eines unterstützenden Netzwerks wird auch in Märchen als Erfolgsfaktor gesehen. Zugleich werden Grenzen fremd organisierter Allianzen aufgezeigt.

7 Kann man Sozialkompetenz lehren und lernen?

Die Spannweite zwischen behavioristischen und neurowissenschaftlichen Ansätzen ist bezüglich dieser Fragestellung sehr groß.

7.1 Welche Modelle und Merkmale der Persönlichkeitsentwicklung sind relevant?

Schneewind (2005: 39 f.) differenziert *vier Modelle der Persönlichkeitsentwicklung*:

- Reine Umweltdetermination (Behaviorismus),
- Entfaltung (von vorgegebenen Entwicklungsplänen im Kontext der Umwelt),
- Kodetermination (Personal- und Umwelteinflüsse prägen unabhängig voneinander),
- Dynamische Interaktion (Personal- und Umweltmerkmale beeinflussen sich wechselseitig).

Der Autor bevorzugt die letzte Variante, weil sie die anderen ebenso einbezieht. Und weil die Stabilisierung, Differenzierung und Integration der Persönlichkeit in die Umwelt in der gesamten Lebensspanne möglich sei, wenn auch mit unterschiedlicher Intensität und Wirkung.

Schneewind unterscheidet dabei noch *drei Systemebenen der Persönlichkeitsdisposition* (40 f.):

- *Grundlegende Merkmale*: dazu gehören die »Big-Five-Merkmale«, die überwiegend sozio-emotionale Dimensionen einbeziehen (vgl. dazu Abschnitt 5.1).
- *Anpassungsdispositionen*: Wertvorstellungen, Konfliktbewältigungsmuster, Attribuierungen z. B. von Erfolg und Misserfolg, Kontrollüberzeugungen.
- *Selbst- und Welterleben*: Selbstwertgefühl, Zukunftsentwürfe, »persönliche Mythen« (z. B. vom erfolgreichen Aufsteiger – Das tapfere Schneiderlein als Märchenbeispiel). Je nach Umfeldeinfluss werden Dispositionen aktiviert (z. B. Angst wird aktuell zu Ängstlichkeit, die dann mit Vermeidungs- oder Beruhigungsverhalten reguliert werden kann).

Die sozio-emotionale Kompetenz der Märchenheldinnen und -helden wird besonders durch grundlegende Merkmale der »Big Five« geprägt (vgl. Abb. 6). Neben Anpassungs- und Erfahrungsdispositionen zeigen sie aber auch starke Gestaltungs- und Veränderungsdispositionen! Diese prägen auch ihre unternehmerische Kompetenz.

7.2 Wie weit werden emotional-soziale Kompetenzen als veränderbar angesehen?

Je nach Wahl des Entwicklungsmodells und der Systemebenen fällt die Antwort verschieden aus. Besonders emotionale Persönlichkeitsdispositionen werden mit wachsendem Alter stabiler und damit weniger lehr- und lernfähig. Intellektuelle und motorische Persönlichkeitsmerkmale sind leichter und länger veränderbar. Dabei entscheiden auch Grad, Intensität und Umfang der Veränderung sowie der Einfluss von Umfeldkulturen (Familie, Schule, Gesellschaft).

Stärker als die Persönlichkeitspsychologie vertreten Neurobiologie, -physiologie und -psychologie (Roth 2009, 2003, Singer 2003, Calvin 2004) eine genetisch, prä- und postnatal sowie frühkindlich stabile Prägung emotionaler Dispositionen. Das wird durch bildgebende Verfahren belegt. Dies spricht gegen eine wesentliche Veränderbarkeit dieser Persönlichkeitsstrukturen ab der mittleren Lebensspanne – oft dem Eintrittsalter in Managementpositionen. Das unterstreicht die Forderung, hier möglichst frühzeitig zu prägen – z. B. durch Märchen.

Was fördert emotionale Selbstregulierung über Früherziehung?

Goetz et al. (2006: 237) diskutieren »emotionale Intelligenz (EI) in schulischen Lern- und Leistungssituationen« über »intelligente Emotionsverarbeitung«. Sie schlagen Instruktions- und Interventionsstrategien für Erzieher und Lehrkräfte über vier Stufen vor:

- Vermittlung von *Wissen*, v. a. über »Erweiterung des emotionsbezogenen Vokabulars« (z. B. glücklich, heiter, fröhlich) – besonders in künstlerischen Fächern oder über Romanfiguren. Dazu komme »Wissen über Lern- und Leistungswirkungen von Emotionen«, wie diese Lernen fördern oder hemmen. Da Märchen basale Emotionen, wie (Über-)Mut, Angst, Ärger, Neid, thematisieren, kann man dies in Gruppen anschaulich bearbeiten.
- Methoden zur *Selbstregulation* durch Reflexion, Entspannung und bewussteren wie distanzierteren Umgang mit Emotionen. Hierzu könnte eine Märchenfigur als Übungsmodell dienen, mit der man sich identifizieren kann.
- Vermittlung von *Kontrollüberzeugungen*, z. B. durch reflektierte Zurechnung von Verärgerung oder Angst, auch auf das eigene Verhalten. Dann folgt Einüben von Bewältigungsstrategien – auch über Rollenspiele. Dafür würden sich wieder Märchen eignen, z. B. der Umgang mit Mobbing in der eigenen Familie am Beispiel von Aschenputtel, Goldmarie oder Schneewittchen.
- Vermittlung von *Valenzüberzeugungen*, z. B. zur Bedeutung von Emotionen als Leistung für Lern- und Schulerfolge, z. B. in mündlichen Prüfungen oder auch in simulierten Bewerbungsgesprächen. In Märchen wäre die Bedeutung von Mut, Mitgefühl, Empathie, Commitment für den Erfolg vieler Helden und Heldinnen ein zweckmäßiger Ansatz.

Grundsätzlich kritisch gegenüber kognitiven Ansätzen fragen Schulze et al. (2006a: 23) in ihrem Einführungsbeitrag: »Kann eine Interventionsmaßnahme erfolgreich sein, wenn Emotionen primär eine Funktion neuraler und neurochemischer Prozesse sind?« Dieser Abschnitt verdeutlicht, dass eine umfassende EI-Theorie zumindest neurophysiologische, informationsverarbeitungstheoretische sowie adaptive Funktionen berücksichtigen sollte.

Generell sollte hier zwischen Lernen im jungen Alter und bei Erwachsenen differenziert werden. Deshalb haben Elternhaus, Kindergarten und Schule für Lernfortschritte zu emotional-sozialer Kompetenz größere Bedeutung als Weiterbildungsaktivitäten.

8 Ein »Investmentmodell« zur emotionalen Persönlichkeitsentwicklung

Roberts et al. (2006: 322 f.) schlagen ein »*Investment-Modell*« für emotionales und soziales Lernen vor. Es basiert auch auf genetisch geprägten und früh gelernten »positiven oder negativen Temperamenten«, die emotionale Belastung in kritischen Situationen mindern sollen. Über »Coping« werden dann bedrohliche, anstrengende oder herausfordernde Forderungen bewältigt. So »bewirken temperamentvolle Aktivität und Impulsivität ein erhöhtes Engagement in herausfordernden Situationen und mit zahlreicheren Gelegenheiten zum Lernen von Fertigkeiten, die in aufregenden Begegnungen von Nutzen sind.« So könnten sich »emotional intelligente Personen [...] auf Stimuli konzentrieren, die kritisch für das Lösen einer schwierigen sozialen Begegnung sind.«

Fazit: Das Investmentmodell kombiniert gut verbale mit handlungsrelevanten Fähigkeiten. Zentrale Prägungsfaktoren (Gene) sowie Umweltkontexte (Eltern, Peers, Lehrer, Kultur) werden ebenso einbezogen wie die Operationalisierbarkeit solcher Einflussfaktoren. Als Fundament dient das besonders genetisch und frühkindlich geprägte »Temperament«. Darauf kann das Erlernen von Regeln aufbauen, die z. B. durch die ausgewählten Leitsätze aus Märchen und Firmen verbalisiert werden können. Daraus lässt sich nach Roberts et al. durch »emotionale Diskurse« eine »selbst«-bewusste Steuerung der emotionalen Intelligenz weiterentwickeln.

D Sozio-emotionale Kompetenz

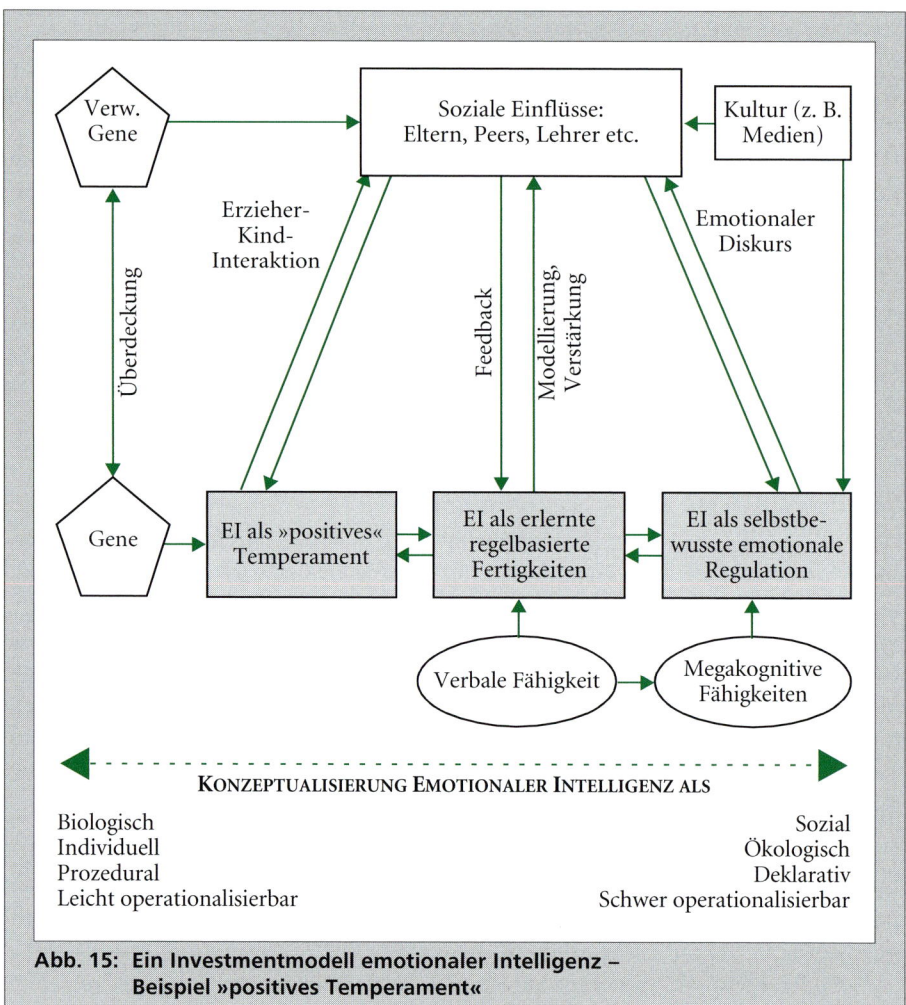

Abb. 15: Ein Investmentmodell emotionaler Intelligenz –
Beispiel »positives Temperament«

9 Lessons Learned

Emotionale Intelligenz (EI) wird selbst in bekannten Publikationen selten klar definiert, z. T. wird dieses Ziel sogar in Frage gestellt. Damit lässt sich EI oft erst über Testinventare näher erkennen. EI definiert Kanning (2002) als: »Gesamtheit des Wissens, der Fähigkeiten und Fertigkeiten einer Person, welche sozial kompetentes Verhalten fördern.« Letzteres wird umschrieben als »kontextspezifisches Verhalten zur Zielerreichung unter Wahrung der sozialen Akzeptanz«.

Goleman (2004) umschreibt über Metaphern: »Emotionale Führung heißt Resonanz zu erzeugen« (60) bzw. »kollektive Emotionen in eine positive Richtung zu lenken und den Smog zu beseitigen, der durch negative Emotionen entsteht« (21). Und Goleman et al. (2005) differenzieren EI im Führungsprozess in zwei Dimensionen: *persönliche Kompetenzen für das Selbstmanagement sowie soziale Kompetenzen für das Management der Beziehungen zu anderen.*

Zur emotionalen Intelligenz in Führungs- und Kooperationsbeziehungen fanden sich 29 Leitsätze, zehn in Märchen und 19 in Unternehmensleitsätzen – später ergänzt durch vier weitere.

Neben diesen vermitteln viele Märchen *implizit* die Botschaft, prosoziales Verhalten lohne sich. Gerade intellektuell weniger Kluge sind dann erfolgreicher als Mitbewerber, weil sie zuerst uneigennützig Netzwerke bilden, damit Helfer gewinnen und sie mobilisieren.

In den Märchenleitsätzen geht es um Reflexion sozialen Verhaltens, um Fordern und Leben einer Sozialkultur sowie um Teamorientierung, auch über die Grenzen des bekannten Umfelds hinweg, z. B. gegenüber Fremden, Armen, Tieren in Not. Letzteres verhilft zu erweiterten Netzwerken und wird auch als Assessment zu sozialem Verhalten der Märchenpersonen von möglichen Helfern verwendet.

Viele *Märchenhelden* substituieren ihr fehlendes ökonomisches Kapital durch kulturelle und soziale Ressourcen. Andere ersetzen geringe mentale durch emotional-soziale Intelligenz, mit der sie vom Himmel und (unter) der Erde (inklusive Tierwelt) unverzichtbare Helfer für ihre oft lebensbedrohenden Aufgaben gewinnen. Diese übernehmen sie ohne fachliche Vorbildung als »freelancer«. Andererseits werden sogenannte »Antihelden« streng sanktioniert, v. a. egoistische und mobbende Stiefmütter, wortbrüchige und arrogante Prinzessinnen – weniger dagegen vertragsbrüchige »Hierarchen«.

Reziprozität wird von Märchenhelden – anders als in ökonomischen Konzepten – meist »gabenorientiert« statt als »balancierte Reziprozität« gelebt (Andresen et al. 2009). Solch uneigennützige Hilfe wird aber zunächst durch Helfer vorgeprüft und dann erst belohnt. Egoistische Märchenfiguren bleiben erfolglos, ja werden drastisch sanktioniert (z. B. die Pechmarie oder die Schwestern Aschenputtels); deren Eltern (»Hierarchen«) bleiben davon verschont. Das sind unmissverständliche Botschaften, auch ohne explizite Maximen.

Auch in Führungs- und Kooperationsgrundsätzen der Unternehmen haben sozial intelligentes Verhalten und emotionale Intelligenz hohes Gewicht. Die Selbstreflexion eigener Sozialkompetenz wird selten gefordert, wohl aber sozial kompetentes Verhalten gegenüber anderen, besonders im Team.

Sozialkapital wird als Ressource mit der Beteiligung an sozialen Netzwerken mobilisiert. Das kann auch über fairen Wettbewerb (»Co-opetition«) geschehen. Dazu werden Beziehungen in stets erweiterten Netzwerken aufgebaut, stabilisiert und mobilisiert. Weiter geht es um die Bewertung der physischen (Gesundheit), psychischen und instrumentellen Zufriedenheit (z. B. Glück, Macht, Ansehen). Das gilt ebenso für die Märchen.

In Wundermärchen bekommen Helfer oder Antihelden (Feinde, böse Feen) über Zauber Zugang zum Netzwerk. Dies auch unerwünscht, wie die 13. Fee in *Dornröschen*. Manchmal erhalten Märchenhelden als Lohn oder zur Selbsthilfe Zaubermittel. So schaffen auch mental wenig Begabte schwierige Aufgaben durch »gabenorientierte oder reziproke Helfer«. Die Ressource soziales Kapital fordert also »Extra-Rollenverhalten« über prosoziale Netzwerkbildung und -mobilisierung.

Es gibt autonome Märchenhelden, die sich nicht sozio-emotional verhalten. Mit mentaler Intelligenz, Mut und viel Selbstvertrauen lösen sie ihre Aufgaben. Meist streben auch sie soziales Kapital an – z. B. König zu werden oder eine Prinzessin zu gewinnen.

Preisers Differenzierung von Sozialkompetenz in autonomes Selbst- und kooperatives Beziehungsmanagement beeinflusste unseren erweiterten Ansatz mitunternehmerischer Sozialkompetenz. Internes Unternehmertum fordert neben kooperativer Qualifikation und Motivation ebenso eigenständiges bis eigenwilliges Denken und Handeln.

Sozio-emotionale Kompetenz prägt stabile Persönlichkeitsmerkmale (z. B. emotionale Stabilität, Verträglichkeit, Gewissenhaftigkeit, Extraversion und Offenheit für Erfahrungen). EI gilt teils als übergeordnetes Konstrukt. Soziales Verhalten ist das bevorzugte Kriterium zu Validierung kognitiver Dimensionen der EI. Das betrifft auch die Märchen, denn sie erzählen primär verhaltensorientiert.

Nach Süss und Goleman wurden Unternehmens- und Märchenleitsätze nach *sozialer Intelligenz sowie sozial intelligentem Verhalten* strukturiert. Ihre bevorzugten Kriterien sind Aufmerksamkeit, Offenheit, Kreativität, selbstkritische Reflexion sowie Einfühlungsvermögen, respektvoller Umgang, Kommunikation, Konstruktive Streitkultur, Fairness, kooperative Zusammenarbeit und konstruktive Teamarbeit. Soziale und emotionale Intelligenz sind konzeptionell eng verbunden und empirisch korreliert.

Stärker als die Persönlichkeitspsychologie betonen Neurobiologie, -physiologie und -psychologie eine genetisch, prä- und postnatal sowie frühkindlich dominante Prägung emotionaler Dispositionen. Kritisch gegenüber kognitiven Ansätzen fragen Schulze et al. (2006a: 23): »Kann eine Interventionsmaßnahme erfolgreich sein, wenn Emotionen primär eine Funktion neuraler und neurochemischer Prozesse sind?« Das spricht gegen eine starke Veränderbarkeit sozio-emotionaler Persönlichkeitsstrukturen ab dem mittleren Lebensalter, meist dem Eintritt in Führungspositionen. Deshalb sollte man hier möglichst frühzeitig prägen.

Frühsozialisierung erfolgt nach Roth (2007) über Vermeidungslernen, Belohnungen sowie Vorbilder. Der Prägungsprozess verlaufe »selbststabilisierend« sowie gegen spätere Einflüsse resistent, »*sodass Erwachsene nur noch in geringem Maße in ihrer Persönlichkeit veränderbar sind*« (ebd.: 225).

Als wesentliche Lernziele und Lehrmittel werden vorgeschlagen:

- Methoden zur *Selbstregulation* durch Reflexion, Entspannungsübungen und bewussteren wie distanzierteren Umgang mit Emotionen. Hierzu könnte eine Märchenfigur als Übungsmodell dienen, mit der man sich persönlich identifiziert.
- Vermittlung von *Kontrollüberzeugungen*, z. B. durch reflektierte Zurechnung von Verärgerung oder Angst, auch auf das eigene Verhalten, dann Einüben von Bewältigungsstrategien – auch über Rollenspiele. Dafür würden sich Märchen sehr eignen, z. B. der Umgang mit Mobbing in der eigenen Familie oder Firma am Beispiel von Aschenputtel, Goldmarie oder Schneewittchen.
- Vermittlung von *Valenzüberzeugungen*, z. B. zur Bedeutung von Emotionen als Leistung für Lern- und Schulerfolge.

Zwischen *Lernen im jungen Alter und bei Erwachsenen* sollte man bei sozio-emotionaler Kompetenz differenzieren. Deshalb haben Elternhaus, Kindergarten und Schule für Lernfortschritte zu emotional-sozialer Kompetenz größere Bedeutung als betriebliche Aktivitäten zur Fort- und Weiterbildung.

In Märchen sind Mut, Mitgefühl, Empathie und Commitment für den Erfolg bestimmender als mentale Intelligenz und damit wichtigste Lerninhalte. Die sozio-emotionale Kompetenz definieren häufig stabile Persönlichkeitsmerkmale sowie positive Kontrollüberzeugungen.

10 Lessons to Learn

Sozio-emotionale Intelligenz (EI) wird zwar als zentraler Faktor für die Gestaltung von Beziehungen in Partnerschaften, Teams, Firmen und Nationen gesehen. Aber von der Definition über ihre Evaluation bis hin zur Sozialisation gibt es zu keiner anderen Kompetenz so viele kritische und so wenige weiterführende und praxisrelevante Beiträge. Auch in der pädagogischen Psychologie, v. a. in Fachzeitschriften, finden sich mehr kritische Anmerkungen als pragmatische Vorschläge (Zeidner et al. 2002, Schuler 2004). Damit kann man sich leichter und schneller profilieren. Das erschwert die Beschäftigung damit, aber sollte sie nicht blockieren. Der veränderungsoptimistische Behaviorismus eignet sich für sozio-emotionale Kompetenz am wenigsten. Denn unbestritten wird diese schon genetisch, pränatal und frühkindlich durch die Genspender stark geprägt. Später geht die Verantwortung weiter auf Kindergarten und -horte über. Deshalb sollten diese sich zeitlich und inhaltlich und fachlich noch mehr darauf konzentrieren – auch mit mehr Eltern- und Märchenunterstützung.

Schon die Grundschule beginnt mit dem Primat mentaler Erziehung; das wird mit jeder Stufe verstärkt. Spätestens ab der Oberstufe ist von EI kaum mehr die Rede. Deshalb sollten sich mehr Lehrpersonen auch als Verantwortliche, ja »scouts« für sozial-emotionale Potenziale verstehen. Werden sie so diskutiert, dann oft zu auffällig-abweichendem Verhalten, wie Klassenkonflikten oder Delinquenz. Berufsschullehrer berichteten, dass sie selbstbewusst störendes Verhalten ausblenden und sich stur auf den Stoff konzentrieren (müssten), um in bestimmten Milieus noch zu »überleben«. Firmen können in der Ausbildung Disziplin besser durchsetzen, doch auch hier dominiert die Vermittlung von Fachwissen. Deshalb sollte die Auswahl von Auszubildenden z. B. als zukünftige Meister zuerst nach der persönlichkeitsstabilen EI erfolgen.

Auch die Managemententwicklung konzentriert sich wieder mehr auf kognitive Fähigkeiten und Wissen, fachlichen Erfahrungsaustausch. Sozio-emotionale Kompetenzen können aber auch kognitiv vermittelt und reflektiert werden (z. B. zur Vorbereitung für den Einsatz in fremden Kulturen oder für Projektleitungen). Verhaltenstrainings sollten nicht abgebaut oder durch Referate von oder zu Vorbildern (Benchmarks) aus dem Umfeld ersetzt werden. Das ist zwar amüsanter, interessanter und entspricht Angeboten der Medienwelt. Dagegen sollten Mitarbeiterpotenziale regelmäßiger, fundierter und möglichst individualisiert auf sozio-emotionale Kompetenzen evaluiert werden. Nur dann lassen sie sich gezielt und kontinuierlich weiterentwickeln sowie durch fördernde Situationsgestaltung und Platzierung stärken.

Sozio-emotionale Kompetenz sollte man nicht nur in Leitsätzen fordern, sondern bewusst fördern. Dies zunächst generalisiert über strukturelle Führung (Kultur, Strategie, Organisation, Mitarbeiterqualifikation). Ansatzpunkte sind eine prosoziale vertikale und horizontale Kooperationskultur, strategisch weniger »visionäre«, dafür konkretere Vorschläge in den Führungsleitsätzen sowie über wesentlich gezieltere Auswahl nach den stabilen sozio-emotionalen Kompetenzen. Das gilt besonders für Beförderungen in das oder im Management, denn dort zählen sie zur wichtigsten Kernkompetenz sowie zum dominanten Misserfolgsfaktor.

Weiterhin hilft, positives Kooperations-/Konfliktverhalten anerkennen, herausstellen und belohnen. Negatives Verhalten sollte klar und erkennbar diskutiert und sanktioniert werden können – auch bei Leistungsstarken. Entscheidend sind aber die direkten Vorgesetzten, die sich ihren genuinen Führungsaufgaben zeitlich und motivational mehr widmen sollten. Das bestätigen Mitarbeiterbefragungen eindeutig.

In Märchen wird sozio-emotionales Verhalten am häufigsten belohnt. Im Gegensatz wohl zur Arbeitswelt ist dieses nicht nur kalkulativ motiviert, sondern meist Folge ethisch oder emotional begründeter EI-Qualifikation und Motivation. Damit werden aber auch in Unternehmen hilfreiche Netzwerke geschaffen oder mobilisiert, und so Sozialkapital gebildet. Märchenbeispiele zeigen aber ebenso, dass hier Eigenbeteiligung und Selbstverantwortung im Zentrum stehen sollten. Denn (über-)fürsorglich geknüpfte Netzwerke zur Absicherung enttäuschen nicht nur bei Dornröschen, sondern häufig auch bei behüteten Nachfolgern aus der Familie.

In den Erzählungen werden »Hierarchen« sozio-emotional meist negativ charakterisiert. Aber einige Könige verhalten sich beispielhaft anders (vgl. Die weiße Schlange oder Die kluge Bauerntochter). Vorbilder in den Volksmärchen sind aber im Gegensatz zur Managementliteratur meist junge Märchenhelden und -heldinnen ohne Fach-, dafür mit viel Persönlichkeitskompetenz, verspottete prosoziale »Dummlinge« sowie gemobbte Stiefkinder. Implizit dominieren hier wohl genetische Erklärungsansätze sowie das Primat der Früherziehung (Der Meisterdieb ist dafür ein gutes Beispiel).

Sozio-emotionales Verhalten thematisieren Märchen mehr als mentale Kompetenzen – positiv wie negativ. Das betrifft Verhalten in Konflikten, Vertrauen, der den Umgang mit Mobbing, Hochmut, Spott oder Harassment sowie mit unfairen Lösungen, Bruch von Versprechen und Verträgen. Positive Beispiele sind wechselseitige Empathie, prosoziales Verhalten, Hilfsbereitschaft, Standfestigkeit bei unsauberen Angeboten, Fähigkeit zum Durchhalten in emotional üblen Situationen.

Die Überbetonung von Selbstdarstellung durch sogenanntes Branding fordert kritischere Reflexion. Potemkinsche Fassaden werden leicht als »Des Kaisers neue Kleider« (Hans Christian Andersen) entlarvt. So untertitelte der bekannte CEO Jack Welch (2003) von General Electric seine eigene Biografie: »Die Autobiografie des besten Managers der Welt« – Das tapfere Schneiderlein lässt grüßen!

Nicht vergessen sollten wir, dass Erwachsene Märchen anders lesen können und sollten. Das erkannten schon Psychoanalyse und -therapie. Und Stefan Zweig plädierte ebenso dafür, dass nicht nur Kinder, sondern auch Erwachsene Märchen brauchen (Bettelheim 2000):

> »Märchen kann man in seinem Leben zweimal und zwiefach lesen. Zuerst einfältig als Kind, mit dem naiven Glauben, dass die belebt bunte Welt ihrer Geschehnisse eine wahrhaftige sei, und dann, viel, viel später, mit dem vollen Bewusstsein ihrer Erfindung.«

11 Literatur

Abraham, R. (2006): Emotionale Intelligenz am Arbeitsplatz: Literaturüberblick und Synthese, in: Schulze, R., a. a. O., S. 257-273.
Andresen, M./Göbel, M. (2009): Reziprozitätsformen in psychologischen Verträgen, in: Zeitschrift für Personalforschung, 23(4), S. 312-335.
Asendorpf, J. (2004): Psychologie der Persönlichkeit, 3. Aufl., Berlin et al.
Axelrodt, R. (1985): Die Evolution der Kooperation, 3. Aufl., München et al.
Bass, B./Riggio, R. (2006): Transformational Leadership, 2. Aufl., Mawah, New Jersey.
Bettelheim, B. (2000): Kinder brauchen Märchen, 22. Aufl., München.
Borkenau, P. (2005): Persönlichkeitsentwicklung: Biologische Einflussfaktoren, in: Weber, H., a. a. O., S. 39-52.
Bosma, H./Kunnen, E. (2001) (Hrsg.): Identity and Emotion, Cambridge.
Bourdieu, P. (1983): Ökonomisches Kapital – Kulturelles Kapital – Soziales Kapital, in: Kreckel, R. (Hrsg.): Soziale Ungleichheiten, Göttingen, S. 183-198.
Brahm, T. (2009): Entwicklung von Teamkompetenzen durch computergestützte kollaborative Lernprozesse, Dissertation 3678 St. Gallen, Bamberg.
Brodbeck, F./Frese, M. (2007): Societal Culture and Leadership in Germany, in: Chhokar a. a. O., S. 146-214.
Brüder Grimm 1999/1819: Die Kinder- und Hausmärchen, 19. Auflage, München.
Calvin, W. (2004): Wie das Gehirn denkt – Die Evolution der Intelligenz, München.
Chhokar, J. et al. (2007): Culture and Leadership Across the World – The Globe Book of In-Depth Studies of 25 Societies, Mahwa, New Jersey.
Czikszentmihalyi, M. (2003): Flow – Das Geheimnis des Glücks, Stuttgart.
Die schönsten Märchen der Brüder Grimm (2002), ill. von A. Archipowa, 6. Aufl., Esslingen/Wien.
Die schönsten Märchen der Gebrüder Grimm (2001), ill. von Svend Otto S., 2. Aufl., Oldenburg.
Disch, W. (2006): Gelebte Ethik, in: Wilens, a. a. O., S. 135-156.
Engelberg, E./Sjöber, L. (2006): Emotionale Intelligenz und soziale Fertigkeiten, in: Schulze, R., a. a. O., S. 291-304.
Euler, D. (2009) (Hrsg.): Sozialkompetenzen in der beruflichen Bildung, Bern.
Euler, D. (2009): Sozialkompetenzen in der beruflichen Bildung – Didaktische Förderung und Prüfung, Bern.
Euler, H./Mandl, H. (1983): Emotionspsychologie: Ein Handbuch in Schlüsselbegriffen, München.
Flam, H. (2002): Soziologie der Emotionen, Konstanz.
Goetz, T. et al. (2006): Emotionale Intelligenz im Lern- und Leistungskontext, in: Schulze, R., a. a. O., S. 237-256.
Goleman, D./Boyatzis, R./McKee, A. (2005): Emotionale Führung, 3. Aufl., Berlin.
Goleman, D. (2007): Emotionale Intelligenz, 19. Aufl., München/Wien.
Gottman, J. (2006): Kinder brauchen emotionale Intelligenz, 6. Auflage, München/Zürich.
Grimm, J. & W. (2004): Märchen, Kleine Ausgabe, illustriert von Born, A., Prag.
Humer, H. (1998): Emotional Intelligence, in: Human Relations, 57. Jg., 6, S. 719-740.

Kang, S. M. et al. (2006): Soziale und emotionale Intelligenz: Gemeinsamkeiten und Unterschiede, in: Schulze et al., a. a. O., S. 101-115.

Kanitz, A. v.: Emotionale Intelligenz, Freiburg.

Kanning, U. (2002): Soziale Kompetenz – Definition, Strukturen, Prozesse, in: Zeitschrift für Psychologie, 210, S. 154-163.

Lin, N. (2001): Social Capital. A Theory of Social Structure and Action, New York.

Ludewig, O./Sadowski, D. (2009): Measuring Organization Capital, in: Schmalenbach Business Review, Vol. 61, S. 393-412.

Matiaske, W. (1999): Soziales Kapital in Organisationen: Eine tauschtheoretische Studie, München.

Matthews, G. et al. (2004): Seven Myths About Emotional Intelligence, in: Psychological Inquiry, 15, Nr. 3, S.179-196.

Maucher, H. (2006): Wertorientierung als wichtiger Bestandteil moderner Unternehmensführung, in: Wilens, H., a. a. O., S. 77-87.

Nerdinger, F. W. (1998): Extrarollenverhalten in Organisationen, in: Arbeit, 7,(1), S. 21-38.

Neubauer, A./Freudenthaler, H. (2006): Modelle emotionaler Intelligenz, in: Schulze, R. et al., a. a. O., S. 39-59.

Otto, J./Euler, H./Mandl, H. (2000)(Hrsg.): Emotionspsychologie: Ein Handbuch, Weinheim.

Perez, J. et al. (2006): Die Messung von emotionaler Intelligenz als Trait, in: Schulze, R., a. a. O., S. 191-211.

Petrides, K./Furnham, A. (2001): Trait emotional intelligence: Psychometric investigation with reference to established trait taxonomies, in: European Journal of Personality, 17, S. 425-448.

Preiser, S. (1978): Sozialisationsbedingungen sozialen und politischen Handelns, in: Landeszentrale für politische Bildung (Hrsg.): Selbstverwirklichung und Verantwortung in einer demokratischen Gesellschaft, 2. Aufl., Mainz, S. 126-135.

Putnam, R. (2000): Bowling Alone: The collapse and revival of American Community, New York.

Roberts, R. et al. (2006): Emotionale Intelligenz: Verstehen, Messen und Anwenden ein Resümee, in: Schulze, R., a. a. O., S. 313-341.

Roth, G. (2003): Fühlen, Denken, Handeln – Wie das Gehirn unser Verhalten steuert, Frankfurt.

Roth, G. (2009): Persönlichkeit, Entscheidung und Verhalten – Warum es so schwierig ist, sich und andere zu verändern, 5. Aufl., Stuttgart.

Sadowski, D. (2002): Personalökonomie und Arbeitspolitik, Stuttgart.

Schneewind, K. (2005): Persönlichkeitsentwicklung: Einflüsse von Umweltfaktoren, in: Weber, H., a. a. O., S. 39-49.

Schuler, H. (2002): Emotionale Intelligenz – ein irreführender und unnötiger Begriff, in: Zeitschrift für Personalpsychologie, 1. Jg., H. 3, S. 138-140

Schulze, R./Freund, A./Roberts, R. (2006) (Hrsg.): Emotionale Intelligenz – ein internationales Handbuch, Göttingen et al.

Schulze, R. et al. (2006a): Theorie, Messung und Anwendungsfelder emotionaler Intelligenz: Rahmenkonzepte, in: Schulze, R., a. a. O., S. 11-35.

Sieben, B. (2001): Emotionale Intelligenz – Golemans Erfolgsrezept auf dem Prüfstand, in: Schreyögg, G./Sydow, J. (Hrsg.): Emotionen und Management, in: Managementforschung 1, Wiesbaden, S. 135-170.

Singer, W. (2003): Ein neues Menschenbild? – Gespräche über die Hirnforschung, Frankfurt.

Süss, H. M. et al. (2005): Soziale Kompetenzen, in: Weber, H./Rammsayer, Th. (Hrsg.): Handbuch der Persönlichkeitspsychologie und Differentiellen Psychologie, Göttingen u. a., S. 350-361.

Ulich, D./Mayring, P. (1992): Psychologie der Emotionen, Stuttgart.

Uther, H. J. (2004): Jacob und Wilhelm Grimm: Kinder- und Hausmärchen, Digitale Bibliothek Band 110: Europäische Märchen und Sagen, S. 1 ff.

Weibler, J./Wunderer, R. (2007): Leadership and Culture in Switzerland – Theoretical and Empirical Findings, in: Chhhokar, a. a. O., S. 251-96.

Weis, S. et al. (2006): Messkonzepte sozialer Intelligenz – Literaturübersicht und Ausblick, in: Schulze, R., a. a. O., S.213-234.

Welch, J. (2003): Was zählt – die Autobiografie des besten Managers der Welt, Düsseldorf.

Wilens, H. (Hrsg.): Führen mit Herz und Verstand, Münster.

Wunderer, R. (2009): Führung und Zusammenarbeit – eine unternehmerische Führungslehre, 8. Aufl., Köln.

Wunderer, R. (2009b): Wort- und Vertragstreue in Management und Märchen, IFPM-Sonderdruck, St. Gallen.

Wunderer, R. (2008): Der gestiefelte Kater als Unternehmer, Lehren aus Management und Märchen, Wiesbaden.

Wunderer, R./Dick, P. (2004): Sozialkompetenz – eine mitunternehmerische Schlüsselkompetenz, in: Die Unternehmung, 6, S. 269-299.

Wunderer, R./Weibler, J. (2002): Risikovermeidung und Vorsorge als Schlüssel der schweizerischen Nationalkultur?, in: Auer-Ritzi et al. (Hrsg.): Management in einer Welt der Globalisierung und Diversität, Stuttgart, S. 159-178.

Zeidner, M. et al. (2003): Development of emotional intelligence: Toward a multilevel investment model, in: Human Development, 46, S. 69-96.

Zeidner, M. et al. (2002): Can emotional intelligence be schooled? A critical review, in: Educational Psychologist, 37, S. 215-231.

# Ethische Kompetenz

E

»Was Du versprochen hast, das musst Du auch halten«

Dieser Leitsatz zu »Walk the talk« aus dem Märchen Nr. 1 der Brüder Grimm *Der Froschkönig oder der eiserne Heinrich* ist in mehreren Erzählungen thematisiert – noch häufiger aber in Führungsgrundsätzen! Deshalb gilt Röhrichs Prognose auch für diesen Beitrag: »So bleibt das Froschkönig-Märchen ... ein auch noch für die Zukunft offenes Lehrstück« (1987: 75).

Der Froschkönig ist sehr bekannt und lässt sich als Fallbeispiel zu Vertragstreue in seinen Episoden differenziert interpretieren. Dabei spricht er Vertrauen, Commitment, Harassment, Compliance, Aus- und Weiterbildung sowie Nachfolgeregelungen an. Vertrauen gilt in persönlichen, gesellschaftlichen wie wirtschaftlichen Beziehungen als wichtigste, aber volatile Währung. Das belegen jüngste Politik- und Wirtschaftskrisen.

Implizite psychologische Vereinbarungen als »Personal Deals« (Wellin 2007) sowie formalisierte Verträge regeln seit jeher Beziehungen und Transaktionen zwischen Individuen, Organisationen und Staaten. Wort halten war stets eine zentrale Vertragsgrundlage. Darüber wachte schon bei den Römern der Gott Fidius. Und noch heute reagieren Menschen überall auf der Welt sehr empfindlich auf Wort- und Vertragsbruch.

Unsere interpretative Analyse von 70 expliziten und häufigen Leitsätzen aus 63 der 201 Märchen der Brüder Grimm nach typischen Maximen erbrachte acht Kernleitsätze. Nach diesen wurden 70 schriftliche Führungsgrundsätze von 43 Unternehmen ausgewertet. Dabei fanden sich am häufigsten Maximen zu »Halte Dein Wort« – oft verbunden mit Aussagen zu wechselseitigem Vertrauen, Offenheit, Aufrichtigkeit, Integrität und Fairness. Auch in den Märchen gehört »Walk your talk« zu den häufigsten Kernleitsätzen – hier meist mit existenzieller Bedeutung, z. B. für eine Prinzessin, den hilfreichen Frosch als Gesellen bei Tisch und Bett aufzunehmen, weil sie ihm das versprochen hat.

Bilden Sie sich durch die Lektüre des folgenden Märchens Ihr Urteil zur Bedeutung und Wirkung von »Walk the talk« für König, Prinzessin, Frosch, vielleicht auch für Ihre Aufgaben, Sie persönlich oder Ihre Familie.

In schön und modern illustrierten Ausgaben der KHM (vgl. Kapitel B I) finden Sie die zitierten Märchensammlungen. Ihre Vorlektüre erleichtert den Zugang zu diesem Thema nach dem Motto: »Der Appetit kommt beim Lesen.«

E Ethische Kompetenz

1 Der Froschkönig oder der eiserne Heinrich (KHM 1) als Leitmärchen

»*In den alten Zeiten, wo das Wünschen* noch geholfen hat, lebte ein König, dessen Töchter waren alle schön, aber die jüngste war so schön, daß die Sonne selber, die doch so vieles gesehen hat, sich verwunderte, so oft sie ihr ins Gesicht schien. Nahe bei dem Schlosse des Königs lag ein großer dunkler Wald, und in dem Walde unter einer alten Linde war ein Brunnen; wenn nun der Tag sehr heiß war, so ging das Königskind hinaus in den Wald und setzte sich an den Rand des kühlen Brunnens: und wenn sie Langeweile hatte, so nahm sie eine goldene Kugel, warf sie in die Höhe und fing sie wieder; und das war ihr liebstes Spielwerk.

Abb. 1: »Dich krieg ich noch, Prinzessin!«
Illustration von U. Helmbold (Bildnachweis S. 223)

Nun trug es sich einmal zu, daß die goldene Kugel der Königstochter nicht in ihr Händchen fiel, das sie in die Höhe gehalten hatte, sondern vorbei auf die Erde schlug und geradezu ins Wasser hineinrollte. Die Königstochter folgte ihr mit den Augen nach, aber die Kugel verschwand, und der Brunnen war tief, so tief, daß man keinen Grund sah. Da fing sie an zu weinen und weinte immer lauter und konnte sich gar nicht trösten. Und wie sie so klagte, rief ihr jemand zu ›was hast du vor, Königstochter, du schreist ja daß sich ein Stein erbarmen möchte.‹ Sie sah sich um, woher die Stimme käme, da erblickte sie einen Frosch, der seinen dicken häßlichen Kopf aus dem Wasser streckte. ›Ach, du bists, alter Wasserpatscher,‹ sagte sie, ›ich weine über meine goldene Kugel, die mir in den Brunnen hinabgefallen ist.‹ ›Sei still und weine nicht,‹ antwortete der Frosch, ›ich kann wohl Rat schaffen, aber was gibst du mir, wenn ich dein Spielwerk wieder heraufhole?‹ ›Was du haben willst, lieber Frosch,‹ sagte sie, ›meine

1 Der Froschkönig oder der eiserne Heinrich (KHM 1) als Leitmärchen

Kleider, meine Perlen und Edelsteine, auch noch die goldene Krone, die ich trage.‹ Der Frosch antwortete ›deine Kleider, deine Perlen und Edelsteine und deine goldene Krone, die mag ich nicht: aber wenn du mich lieb haben willst, und ich soll dein Geselle und Spielkamerad sein, an deinem Tischlein neben dir sitzen, von deinem goldenen Tellerlein essen, aus deinem Becherlein trinken, in deinem Bettlein schlafen: wenn du mir das versprichst, so will ich hinuntersteigen und dir die goldene Kugel wieder heraufholen.‹ ›Ach ja,‹ sagte sie, ›ich verspreche dir alles, was du willst, wenn du mir nur die Kugel wiederbringst.‹ Sie dachte aber ›was der einfältige Frosch schwätzt, der sitzt im Wasser bei seinesgleichen und quakt, und kann keines Menschen Geselle sein.‹

Der Frosch, als er die Zusage erhalten hatte, tauchte seinen Kopf unter, sank hinab, und über ein Weilchen kam er wieder heraufgerudert; hatte die Kugel im Maul und warf sie ins Gras. Die Königstochter war voll Freude, als sie ihr schönes Spielwerk wieder erblickte, hob es auf und sprang damit fort. ›Warte, warte,‹ rief der Frosch, ›nimm mich mit, ich kann nicht so laufen wie du.‹ Aber was half ihm, daß er ihr sein quak quak so laut nachschrie, als er konnte! Sie hörte nicht darauf, eilte nach Haus und hatte bald den armen Frosch vergessen, der wieder in seinen Brunnen hinabsteigen mußte.

Am andern Tage, als sie mit dem König und allen Hofleuten sich zur Tafel gesetzt hatte und von ihrem goldenen Tellerlein aß, da kam, plitsch platsch, plitsch platsch, etwas die Marmortreppe heraufgekrochen, und als es oben angelangt war, klopfte es an der Tür und rief ›Königstochter, jüngste, mach mir auf.‹ Sie lief und wollte sehen, wer draußen wäre, als sie aber aufmachte, so saß der Frosch davor. Da warf sie die Tür hastig zu, setzte sich wieder an den Tisch, und war ihr ganz angst. Der König sah wohl, daß ihr das Herz gewaltig klopfte, und sprach ›mein Kind, was fürchtest du dich, steht etwa ein Riese vor der Tür und will dich holen?‹ ›Ach nein,‹ antwortete sie, ›es ist kein Riese, sondern ein garstiger Frosch.‹ ›Was will der Frosch von dir?‹ ›Ach lieber Vater, als ich gestern im Wald bei dem Brunnen saß und spielte, da fiel meine goldene Kugel ins Wasser. Und weil ich so weinte, hat sie der Frosch wieder heraufgeholt, und weil er es durchaus verlangte, so versprach ich ihm, er sollte mein Geselle werden, ich dachte aber nimmermehr, daß er aus seinem Wasser heraus könnte. Nun ist er draußen und will zu mir herein.‹ Indem klopfte es zum zweitenmal und rief

›Königstochter, jüngste,
mach mir auf,
weißt du nicht, was gestern
du zu mir gesagt
bei dem kühlen Brunnenwasser?
Königstochter, jüngste,
mach mir auf.‹

Da sagte der König ›was du versprochen hast, das mußt du auch halten; geh nur und mach ihm auf.‹ Sie ging und öffnete die Türe, da hüpfte der Frosch herein, ihr immer auf dem Fuße nach, bis zu ihrem Stuhl. Da saß er und rief ›heb mich herauf zu dir.‹ Sie zauderte, bis es endlich der König befahl. Als der Frosch erst auf dem Stuhl war, wollte er auf den Tisch, und als er da saß, sprach er ›nun schieb mir dein goldenes Tellerlein näher, damit wir zusammen essen.‹ Das tat sie zwar, aber man sah wohl, daß sies nicht gerne tat.

Der Frosch ließ sichs gut schmecken, aber ihr blieb fast jedes Bißlein im Halse. Endlich sprach er ›ich habe mich satt gegessen und bin müde, nun trag mich in dein Kämmerlein und mach dein seiden Bettlein zurecht, da wollen wir uns schlafen legen.‹ Die Königstochter fing an zu weinen und fürchtete sich vor dem kalten Frosch, den sie nicht anzurühren getraute, und der nun in ihrem schönen reinen Bettlein schlafen sollte. Der König aber ward zornig und sprach ›wer dir geholfen hat, als du in der Not warst, den sollst du hernach nicht verachten.‹ Da packte sie ihn mit zwei Fingern, trug ihn hinauf und setzte ihn in eine Ecke. Als sie aber im Bette lag, kam er gekrochen und sprach ›ich bin müde, ich will schlafen so gut wie du: heb mich herauf, oder ich sags deinem Vater.‹ Da ward sie erst bitterböse, holte ihn herauf und warf ihn aus allen Kräften wider die Wand, ›nun wirst du Ruhe haben, du garstiger Frosch.‹ Als er aber herabfiel, war er kein Frosch, sondern ein Königssohn mit schönen freundlichen Augen. Der war nun nach ihres Vaters Willen ihr lieber Geselle und Gemahl. Da erzählte er ihr, er wäre von einer bösen Hexe verwünscht worden, und niemand hätte ihn aus dem Brunnen erlösen können als sie allein, und morgen wollten sie zusammen in sein Reich gehen. Dann schliefen sie ein, und am andern Morgen, als die Sonne sie aufweckte, kam ein Wagen herangefahren mit acht weißen Pferden bespannt, die hatten weiße Straußfedern auf dem Kopf und gingen in goldenen Ketten, und hinten stand der Diener des jungen Königs, das war der treue Heinrich. Der treue Heinrich hatte sich so betrübt, als sein Herr war in einen Frosch verwandelt worden, daß er drei eiserne Bande hatte um sein Herz legen lassen, damit es ihm nicht vor Weh und Traurigkeit zerspränge. Der Wagen aber sollte den jungen König in sein Reich abholen; der treue Heinrich hob beide hinein, stellte sich wieder hinten auf und war voller Freude über die Erlösung. Und als sie ein Stück Wegs gefahren waren, hörte der Königssohn, daß es hinter ihm krachte, als wäre etwas zerbrochen. Da drehte er sich um und rief

›Heinrich, der Wagen bricht.‹
›Nein, Herr, der Wagen nicht,
es ist ein Band von meinem Herzen,
das da lag in großen Schmerzen,
als Ihr in dem Brunnen saßt,
als Ihr eine Fretsche (Frosch) wast (wart).‹

Noch einmal und noch einmal krachte es auf dem Weg, und der Königssohn meinte immer, der Wagen bräche, und es waren doch nur die Bande, die vom Herzen des treuen Heinrich absprangen, weil sein Herr erlöst und glücklich war.«

2 Verhaltensleitsätze in Management und Märchen

2.1 Vorbemerkungen

In ihrer aus psychoanalytischer (Bettelheim 2000) wie neuropsychologischer (vgl. Roth 2009) Sicht entscheidenden Entwicklungsphase hören Kinder täglich moralische und praktische Normen und Regeln. In den »Kinder- und Hausmärchen« (KHM) der Brüder Grimm finden sich neben impliziten Maximen auch viele explizite Verhaltensleitsätze. Die meisten hat erst Wilhelm Grimm in das Volksmärchen eingebracht, um seine Erziehungsziele in seinem Lieblingsstück zu verstärken. Entwicklungsgeschichte, Konzepte sowie Instrumente dazu in Management und Märchen wurden schon ausführlich in Kapitel B dargelegt. Deshalb an dieser Stelle nur kurz zu Begriff und Wirkung solcher Regeln.

Zum Begriff

Führungs- und Kooperationsleitsätze regeln Beziehungen zwischen Vorgesetzten, Mitarbeitern und Kollegen zur Förderung von erwünschtem Sozial- und Leistungsverhalten im Rahmen einer werte- und zielorientierten Führungskonzeption. Oft sind sie Teil von Arbeits- oder Werkverträgen, zuweilen werden sie in der mitbestimmten Betriebsverfassung verankert (Wunderer 1983a).

Zur Wirksamkeit von Führungsgrundsätzen

In einer Befragung von 651 aus 4.800 zufällig ausgewählten Unternehmen in Deutschland zur Wirksamkeit von Führungsgrundsätzen wurde primär folgende Aussage bevorzugt: »Sie erleichtern die direkte Kommunikation zwischen Vorgesetzten und ihren Mitarbeitern über die Gestaltung ihrer Führungsbeziehungen« (Wunderer/Klimecki 1995). Hier zeigen sich Gemeinsamkeiten zwischen Führungs- und Märchendidaktik.

Zum Erfolg von Führungsgrundsätzen für das reale Verhalten hielt etwa die Hälfte schriftliche Führungsgrundsätze für wirksam, die andere Hälfte antwortete reserviert bis ablehnend. In der Märchenforschung fehlen ähnliche Wirkungsanalysen.

Weil solche Leitbilder neben Normen noch unterstützende Instrumente, Führungsstile und Fördermaßnahmen einbeziehen, sind sie umfassender, strukturierter und abstrakter als die narrativ vermittelten Verhaltensmaximen der Märchenwelt.

2.2 Kernleitsätze aus Management und Märchen

Leitsätze aus Grimms Märchen (1999/1819) und ihrer »Fassung letzter Hand« (Uther 2004/1857) sowie Führungsgrundsätze aus Unternehmensdokumenten dienten uns als Grundlage. Die Texte bearbeiteten die Herausgeber sprachlich wie inhaltlich, besonders unter der Mission »Erziehungsmittel« für Kinder. Dies geschah schon durch den Handlungsverlauf, besonders aber über Merk- und Lehrsätze. Diese verweisen auch auf damalige – aber meist noch heute gültige – Grundwerte bzw. Tugenden.

Die in der ersten Gesamtausgabe der KHM von 1819 publizierten 201 Märchen wurden auf explizite Verhaltensregeln analysiert, dann aus 63 Märchen 70 Leitsätze interpretiert. Aus den häufigsten wurden acht Kernleitsätze dieser Märchen evaluiert. Darauf suchten wir in 42 Führungs- und Kooperationsgrundsätzen von Groß- und Mittelunternehmen nach den acht Kernleitsätzen der Märchen und konnten dort sechs identifizieren, davon übernahmen wir wieder 70 Zitate.

»Halte Dein Wort« wurde in Unternehmen 19-mal thematisiert. In den Märchen fand sich »Was Du versprochen hast, das musst Du auch halten« ebenso als häufiger Kernleitsatz, dazu meist mit existenzieller Bedeutung. Für diesen Beitrag wurden die sechs Zitate auf neun erweitert. Der zusätzlich hier einbezogene gestiefelte Kater repräsentiert einen märchentypischen psychologischen Vertrag als »Personal Deal« (Wellin 2007) ohne expliziten Leitsatz.

E Ethische Kompetenz

Die Inhaltsanalyse der Märchen und Firmenleitbilder ergab *sechs gemeinsame* Kernleitsätze:

> »Verhalte Dich mental intelligent, z. B. beim kreativen Problemlösen (7/5).
> Lerne aus Fehlern und entwickle Dich weiter (5/12).
> **Verhalte Dich emotional intelligent (10/19).**
> Halte Dein Wort – Walk your talk (6/19).
> **Rechne mit Prüfungen und damit verbundenen Gratifikationen (13/12).**
> **Rechne mit Sanktionen (12/3).**

Die erste Zahl in Klammern betrifft die Nennungen in den Märchen, die zweite in den Unternehmensgrundsätzen.

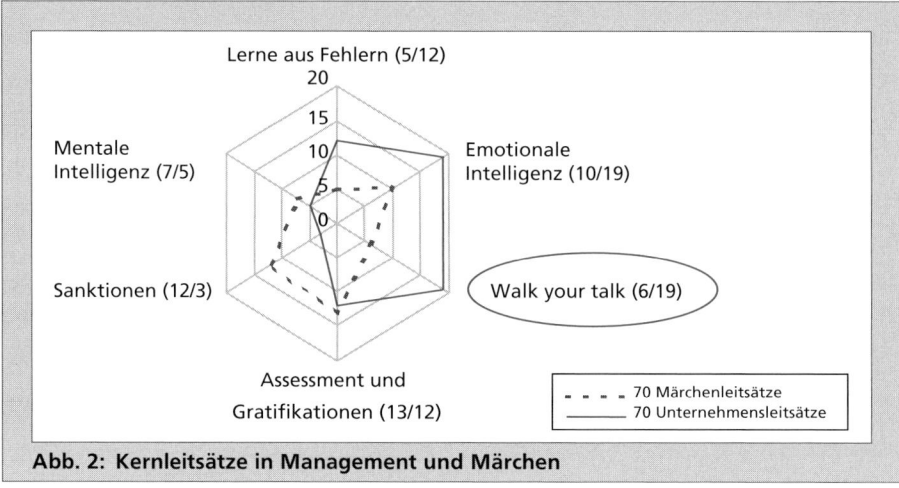

Abb. 2: Kernleitsätze in Management und Märchen

»Halte Dein Wort« wird synonym mit »Walk your talk« verwendet. Die Mächtigen missachten in Märchen häufig dieses zentrale Prinzip der Vertrauensbildung. Junge Märchenhelden wenden bei »Feinden« auch Tricks an (Das tapfere Schneiderlein). Sie täuschen andere (z. B. Die Rabe) oder vergessen ihre Versprechen (z. B. Der Trommler).

In der Führungspraxis wird fehlende »Worttreue« häufig dem oberen Management angekreidet, zuweilen mit »Balken-Splitter-Sicht« der Geführten. In einer jüngsten GFK-Umfrage zu einem Vertrauensindex von ausgewählten Berufen wurden Topmanager und Politiker nur von 15 bzw. 14 % der Bevölkerung als vertrauenswürdig eingestuft. Feuerwehrleute (98 %), Ärzte (89 %), Polizisten (88 %) und Lehrer (86 %) rangierten dagegen oben (Klöpfer 2010: 33). Wenn man bei Königen die Rollen von Politikern und obersten Führungskräften integriert, ergibt das die gleiche Bewertung wie ihre Rollen als »Antihelden« in den Märchen.

3 Wort- und Vertragstreue in Märchen- und Führungsleitsätzen

Die Märchen thematisieren meist Geführtenrollen ihrer Helden und Heldinnen, Unternehmensgrundsätze dagegen vorwiegend Führungs- und Kollegenrollen.

3.1 »Halte, was Du versprochen hast« – Verhaltensleitsätze dazu in Märchen (Auswahl)

»Da sagte der König, was du versprochen hast, das musst du auch halten.«
Der Froschkönig oder der eiserne Heinrich: 42 f.

»›... habt ihr ihm dafür die Braut versprochen, so muss Euer Wort gehalten werden.‹«
Der Bärenhäuter: 504

»›Liebster Vater, was ihr versprochen habt, muss auch gehalten werden.‹«
Das singende springende Löweneckerchen: 439

Ein Vater versprach die Tochter einem Tierhelfer und bereut es. »Da versprach sie ihm aber, wenn er käme, wollte sie gerne mit ihm gehen, ihrem alten Vater zuliebe.«
Hans mein Igel: 531

»Da konnte sie kein Wort mehr sagen, weil sie's öffentlich versprochen hatte, und der König ließ einen Wagen kommen, darin musste sie mit dem Schneiderlein zur Kirche fahren, und sollte sie da vermählt werden.«
Vom klugen Schneiderlein: 558

Ein Bauer ermahnt sich: »... du hast einmal das Versprechen gegeben und musst du es halten.« Er bleibt auch in ungeliebten Aufgaben vertragstreu (R. W.).
Der Grabhügel: 793

Rotkäppchen will zukünftig Versprechen einhalten: »Du willst dein Lebtag nicht wieder allein vom Wege ab in den Wald laufen, wenn dirs die Mutter verboten hat.«
Rotkäppchen: 179

Der treue Johannes verspricht dem sterbenden König: »Ich will ihn (den Prinzen, R. W.) nicht verlassen und ihm mit Treue dienen, wenns auch mein Leben kostet.«
Der treue Johannes: 66

Der gestiefelte Kater (148) verspricht dem Müllerssohn und vorgeblichen »Grafen«: »Du brauchst mich nicht zu töten ... lass mir nur ein Paar Stiefel machen ... dann soll Dir bald geholfen sein.« Sein Erfolg: »Da wurde die Prinzessin mit dem Grafen verlobt, und als der König starb, wurde er König ...«
Der gestiefelte Kater, Brüder Grimm 1812: 155

Die zitierten Leitsätze konzentrieren sich auf Bindungen in der Familienhierarchie, oft auf Beziehungen zwischen Vätern und den jüngsten Töchtern. Letztere stehen dabei meist mit emotionalem Commitment für Versprechen der Väter ein. Noch häufiger geschieht impliziter Wort- und Vertragsbruch. Dabei loben besonders Könige Verträge für bestimmte Leistungen mit hohen Gratifikationen und Sanktionen aus. Werden sie erfüllt, verlangen sie zweite und dritte Aufträge ohne weitere Begründung oder Gratifikation (Rumpelstilzchen). Die Geprellten nehmen das kommentarlos hin.

3.2 »Halte Dein Wort« in Führungsgrundsätzen von Unternehmen (Auswahl)

»Handlungen und Verhalten stimmen mit Worten überein. [Er/Sie] verpflichtet sich der Ehrlichkeit/Wahrheitstreue in allen Verhaltensaspekten und lebt nach ethischen Grundsätzen.«
Novartis, CH

»Integrität (Vertrauen, Fairness, Aufrichtigkeit) bildet die Grundlage für unsere Beziehungen mit den Partnern des Unternehmens; wir halten uns an anerkannte ethische Grundsätze.«
Ciba, CH

»Wir handeln in Übereinstimmung mit unseren Worten und Werten.«
BASF, Deutschland

»Wir sind nur dann glaubwürdig, wenn unser Reden und Handeln übereinstimmen.«
Groß-Gerauer Volksbank, Deutschland

»Integrity – open, honest, authentic, predictable.«
Hilti Foundation, Liechtenstein

»Wir legen unserem Tun kompromisslose Integrität zugrunde.« –
»Wir haben Vertrauen in unsere Mitarbeiter.«
HP, Deutschland

»Wahrhaftigkeit ist eine Grundvoraussetzung des Menschseins und der Wertebildung. Sie ist der wichtigste unserer Führungsgrundsätze.«
Kambly, CH

»Kommunikation verpflichtet zur Wahrheit und Seinstreue.«
SØR, Deutschland

»Führung heißt, berechenbar zu handeln und ehrlich miteinander umzugehen.«
Parion, Deutschland

»Die Führungskraft vermittelt Vertrauen und Wertschätzung.«
amd, Deutschland

»Die Führungskraft handelt authentisch und glaubwürdig.«
GTZ, Deutschland

Leitsätze zu »Halte Dein Wort« dominieren hier quantitativ. Und sie rangieren in Anforderungsprofilen an exzellente bzw. charismatische Führungskräfte ganz oben. Dabei wird »Walk your talk« oft mit Integrität, Commitment und Vertrauensbildung verbunden. Das zeigt die Forschung von Bass/Riggio (2006) zur »transformationalen« Führung. Diese wird über vier Faktoren charakterisiert: persönliche Ausstrahlung (u. a. Integrität), motivierende Inspiration, geistige Anregung und individuelle Behandlung.

Auch Recht (zu »Werkverträgen« oder zum »ehrenwerten Kaufmann« sowie Service-/Produktversprechen gegenüber Kunden) thematisiert »Walk the talk«. Die dazu mobilisierte kollektive Beschwerdeaktion eines Bloggers zum Service eines PC-Herstellers (DellHell) brachte bei Google über drei Millionen Einträge.

Neben der zentralen Bedeutung als Soll-Wert für Führungs- und Kooperationsbeziehungen ermittelten wir »Walk the talk« in Befragungen als zweithäufigsten *aktuellen Demotivator* sowie als zentralen *potenziellen Demotivator* bei 494 mittleren Führungskräften (Wunderer 2009: 145 ff.). Dabei ergab sich eine große, oft frustrierende Differenz zwischen Soll und Ist. Die Betroffenen beurteilen dann Leitsätze zur Worttreue leicht als Sonntagspredigt. Die »Stresstoleranz« bei Verletzungen der Wort- oder Vertragstreue war und ist generell gering.

Ein extremes Märchenbeispiel für unverbrüchliche Versprechen ist Der treue Johannes, der damit den Sohn des Königs nach dessen Tod schützen soll. Der Prinz zeigt später als König ebenso Treue bis in den Tod seiner zunächst dafür geopferten Kinder! Rotkäppchen verspricht mehr alltagsbezogen, Verhaltensweisungen der Mutter einzuhalten und weicht doch davon ab. Später folgt ihre Selbstreflexion: »Du willst dein Lebtag nicht wieder allein vom Wege ab in den Wald laufen, wenn dirs die Mutter verboten hat« (175).

Gravierender sind märchentypische Wortbrüche von Mächtigen. Häufig sind »Helden« zu einer Aufgabe mit großem Risiko und Gewinn eingeladen; nach erfolgreichem Abschluss werden noch schwierigere zweite und dritte Aufgaben ohne weitere Gratifikationen gestellt. Die Helden nehmen den Vertragsbruch kommentarlos hin und übernehmen die nächste Aufgabe lakonisch gelassen, wie das tapfere Schneiderlein (151): »Das ist ein Kinderspiel.« Mitarbeiter wie Manager würden heute anders reagieren.

3.3 Sanktionen zur Regeleinhaltung (Compliance)

In den analysierten Führungsleitlinien sind, außer offenem Feedback, keine Sanktionen formuliert. Hingegen werden zur Regelbefolgung der Corporate Governance (Verantwortliche Unternehmensführung) irreführende Informationen gegenüber Investoren oder Geschäftspartnern streng sanktioniert – bis zu langen Gefängnisstrafen (Hermann 2003, Hilb 2009, Wunderer 2008a). Gleiches gilt für unzutreffende Prospektversprechungen oder Gewinnankündigungen.

Unternehmen können also Verhaltensgrundsätze sowohl als ideale und abstrakte Normen ohne Sanktionen und zugleich als präzisierte Governance-Regeln mit hohen

Strafandrohungen für Verantwortliche formulieren. Dazu schreiben z. B. die »Business Conduct Guidelines« der Siemens AG vor: »Kein Mitarbeiter darf anderen im Zusammenhang mit der geschäftlichen Tätigkeit – direkt oder indirekt – unberechtigte Vorteile anbieten oder gewähren, und zwar weder als Geldzahlungen noch in Form von anderen Leistungen« (Amann/Kruthaup 2008). Siemens erlitt durch Verletzung dieser Regel einen Verlust von zwei Milliarden Euro. Oberste Manager leisteten dazu »symbolische Strafzahlungen«.

In den Märchen finden sich Sanktionen in teils barbarischer Form – zudem öfters in Selbstjustiz. Manche verstärkten die Grimms noch, wohl im Sinne »schwarzer Pädagogik« (Rutschky 1993, Mallet 1990), um die böse Kindsnatur drastisch-drakonisch zu konditionieren. Ein publiziertes Beispiel berichtet vom (erzwungenem) Klagerückzug einer Zwölfjährigen in Saudi-Arabien gegenüber einem achtzigjährigen Verwandtem, dem sie zur Ehe vom Vater versprochen wurde: »Ich stimme der Ehe zu ... Dies geschieht im Respekt einer Tochter vor ihrem Vater und in Gehorsam gegenüber seinem Wunsch« (St. Galler Tagblatt 2010: 32). Die Märchenleitsätze berichten nur von freiwilligem Commitment der Töchter, aber in ähnlicher Formulierung (vgl. Abschnitt 3.2)!

Der Entwicklungspsychologe Montada (2002: 624) beurteilt Strafen grundsätzlich kritisch, weil sie keine Einsicht garantierten. Würden sie als ungerecht empfunden, belasten sie zudem die Beziehungen. Gefordert wird ein induktiver Erziehungsstil, der Verständnis durch argumentative Erläuterungen mit durchdachten Lösungsmöglichkeiten fördert. Dieser sollte auf einer humanistisch-flexiblen statt einer neurotisch-starren Moral basieren.

Fazit: Führungs- und Kooperationsleitsätze fordern häufig »Walk your talk«. Das schließt wechselseitiges Vertrauen, Offenheit, Integrität ein und prägt so die formulierte Soll-Kultur von Organisationen. Dabei wird auf Selbstbindung (Commitment) gesetzt statt auf Sanktionen (Compliance). In den Märchen ist »die Treue des Herrn zum Diener [...] die Ausnahme« (Solms 1999: 25). Antizipieren die Helden also fehlende Worttreue, hilft ihnen ihr Selbstvertrauen oder motivieren sie primär herausfordernde Aufgaben sowie damit verbundene Anreize?

3.4 Commitment als freiwillige Selbstbindung

Wort- und Vertragstreue basiert stark auf persönlicher Selbstverpflichtung. Schon Sokrates (469-399 v. Chr.) forderte die Übereinstimmung von Denken, Reden und Handeln. Dies betrifft den Spielraum von Versprechen und ihrer (Nicht-)Einhaltung sowie Formen der Verpflichtung, die von persönlicher Ethik über emotionale Bindungen bis zu rationaler Kalkulation reichen.

Die Begriffsbedeutung von »Halte Dein Wort« zeigt eine hohe Spannbreite: Es beginnt mit verspäteten Terminen, dabei mit intersubjektiver oder interkultureller Bedeutung (in Spanien empfinden Gastgeber pünktliches Erscheinen als unhöflich), und führt über interpretierbare mündliche Zusagen (»frische Ware«) bis hin zu beeideten oder beglaubigten Verträgen. Bei Wortbruch kommt es sehr auf die vermutete

Absicht dazu an. Sie reicht vom Vergessen über Interpretationen bis zu Mentalreservationen, Täuschungen oder erzwungene Versprechen. Möhlenkamp kritisiert die Vertragsverletzungen in Grimms Märchen sanft: in solchen Fällen bleibe »der kritische ›Unterton‹, dass etwas Unrechtes geschieht, dazu eher leise« (2007: 239).

Warum werden Versprechen *nicht* über Selbstverpflichtung gesichert?

Die Forschung unterscheidet drei Commitment-Motive (vgl. Meyer/Allen 1997, Wunderer 2009), die auch in Märchen sehr gut nachzuweisen sind: ethisch bzw. normativ (z. B. Der treue Johannes), emotional bzw. affektiv (z. B. Der Froschkönig oder der eiserne Heinrich) und nutzenorientiert bzw. kalkulativ (z. B. Der gestiefelte Kater, 1812).

Die *Beeinträchtigung* dieser Commitment-Motive wird nun mit Märchenbeispielen belegt:

Ethisches Commitment: »Versprechen zu halten, verlangt mein Gewissen.«
- Überforderung von Vertragspartnern (Frosch erpresst die Prinzessin)
- Unbedachtheit beim Versprechen und seiner Befolgung (Rotkäppchen)
- Unethisches Handeln begünstigt »Tit for tat« (Rumpelstilzchen)
- Ethisches Verhalten fordern andere (Vater von der Tochter – Der Froschkönig)
- Gespaltenes Commitment ist z. B. nur auf engste Vertragspartner, nicht auf andere bezogen (Der gestiefelte Kater, ist nur seinem Herrn gegenüber loyal)
- Ausnutzen mangelnder Information (Tauschgesellen von Hans im Glück)

Affektives Commitment: »Ihr/Ihm zuliebe halte ich mein Versprechen.«
- Affektive Ablehnung von Vertragspartnern (Der Frosch ekelt die Prinzessin)
- Emotionale Enttäuschung durch Partner (König Drosselbart)
- Kalkulative Folgen überlagern emotionale (Das tapfere Schneiderlein)
- Gefülltes »Konfliktsparbuch« (Hänsel und Gretel mit der Hexe)
- Fremde Vertragspartner erschweren emotionales Commitment (Hans im Glück)

Kalkulatives Commitment: »Das zahlt sich aus.«
- Partner erscheinen nicht vertrags- oder sanktionsfähig (z. B. der Frosch)
- Einmalbeziehung (Garantien vom Straßenhändler – Tauschgesellen von Hans im Glück)
- »Tit for tat« bei (Ent-)Täuschung durch Vertragspartner (König enttäuscht Soldat in *Sechse kommen durch die ganze Welt*)
- Veränderte Folgen von Versprechen (der König in *Rumpelstilzchen*)
- Veränderung der Erfolgserwartung (der König in *Sechse kommen durch die ganze Welt*)
- Zusätzliche Leistungen bei Vertragsbruch (Könige fordern weitere)
- Vorteile mit neuen Vertragspartnern (Hans im Glück)

In spieltheoretischen Experimenten (Axelrod 1995) war die erfolgreichste Strategie für langfristige Zusammenarbeit, sich vertrauensbildend kooperativ zu verhalten, bei bewussten Verstößen aber mit gleicher Münze zurückzuzahlen (»Tit for tat«), wenn Kommunikation darüber erfolglos blieb. In endlichen Spielen (z. B. einmalige Begegnungen) ist ein Versprechens- und Vertrauensbruch erfolgreicher, weil dann nicht mehr sanktionierbar.

Mit höherem Alter verschiebt sich nach Dickerhoff (2007: 634 ff.) das Gewicht vom Handlungserfolg auf die Intention (vgl. die moralischen Entwicklungsstufen nach Kohlberg 1984). Die gute Absicht werde wichtiger als das Handlungsergebnis. Und Ältere beachteten mehr den Handlungskontext. Moralisches Urteilsniveau sichere nicht moralisches Handeln. Und moralisches Engagement werde verlässlich, wenn es persönlicher Identität entspreche.

3.5 Vertrauen zur Verminderung von Entscheidungs- und Beziehungsrisiken

Die Forschung zu Vertrauen ist angestiegen (Wunderer 2004, 2008: 94 ff.). In Testinventaren zu (Fremd-)Vertrauen ist die Übereinstimmung von Wort und Tat so prägend, dass sie bei Butlers (1991) verbreitetem Trust Inventory in vier seiner zehn Dimensionen thematisiert wird.

In einer weltweiten Studie in 60 Ländern zu zentralen Persönlichkeitsmerkmalen exzellenter Führungskräfte wurde »Integrity« an die erste Position von schweizerischen Führungskräften rangiert (Weibler/Wunderer 2007: 273). Rotter (1980) reduzierte den Vertrauensbegriff auf die Erwartung, sich auf Versprechen verlassen zu können! Schon früh diskutierte Luhmann (1989) Vertrauen als Mittel zur Verminderung von sozialer Komplexität. All das prägt die Praxis noch wenig, das zeigten jüngste Vertrauenskrisen.

3.6 Vertragstheorien als Grundlage der Vertragstreue

Hier geht es weder um Aspekte des Gesellschaftsvertrags noch um breite juristische Diskussionen. Zunächst zu vier Maximen zur Vertragstreue – zwei davon aus dem Internet. Machiavelli (2009/1532: 137) argumentiert in seinem »Fürstenspiegel«: »Ein kluger Herrscher kann und darf sein Wort nicht halten, wenn dies zum Nachteil gereicht und wenn die Gründe fortgefallen sind, die ihn veranlasst hatten, sein Versprechen zu geben« (Riklin 1996, Neuberger 2007). Ähnlich v. Bismarck: »Keine große Nation wird je zu bewegen sein, ihr Bestehen auf dem Altar der Vertragstreue zu opfern, wenn sie gezwungen ist, zwischen beiden wählen zu müssen.«

Anders argumentiert das Sächsische Oberverwaltungsgericht am 4. 1. 2008: »Verpflichtungen aus einem Eingemeindungsvertrag ... werden nicht dadurch gegenstandslos, dass die aufnehmende Gemeinde den seinerzeit ausgehandelten Regelungen nach heutiger Interessen- oder Kenntnislage vernünftigerweise nicht mehr zustimmen würde.«

Viertens referiert eine renommierte Rechtsquelle zum – von der Prinzessin – »bereuten Werkvertrag«: Privatrechtssubjekte werden am sogenannten bereuten Vertrag regelmäßig festgehalten« (Heinrich 2000: 258). Der Frosch, falls rechtsfähig, könnte den Vertrag einklagen!

Klassische mikroökonomische Vertragstheorien unterscheiden transaktionstheoretisch zwischen »harten und weichen Verträgen«. In Märchen bevorzugen »Hierarchen« weiche Verträge, denn dort sind sie mündlich, offen und unvollständig – mit Ausnahme der »Anreize«. Eindeutig und schriftlich formulierte Verhaltensleitsätze zählen transaktionstheoretisch zur Kategorie »harter« Vereinbarungen, besonders wenn sie mit Sanktionen verbunden werden (Wunderer 1983a: 35 ff.). Egoistische Menschenbilder ökonomischer Theorien leben meist Antihelden. Die Grimms verbanden ihre Erziehungsziele auch mit Sanktionen nach dem Muster »Kopf ab« (Mallet 1990) schon für Ungehorsam junger Mädchen (Das eigensinnige Kind, Frau Trude).

Uns interessieren besonders Stemmers (2000) moralphilosophische Kontraktansätze. Denn sein »Handeln zugunsten anderer« trifft das Denkmuster der Märchenleitsätze »Walk your talk« am besten. Ging es doch den auch an religiösen Normen orientierten Grimms sehr um ethisch motivierte – oft emotional verstärkte – Selbstverpflichtung (Commitment) der Beteiligten. Treue, altruistische Empathie, Hilfsbereitschaft und prosoziales Handeln (auch gegenüber Tieren) sind zentrale Erfolgs- und Erziehungsmuster.

4 Der Froschkönig als Fallbeispiel zum Leitsatz »Walk the talk«

4.1 Interpretationen der Vertragstreue aus verschiedenen Disziplinen

»Was Du versprochen hast, das musst Du auch halten« (Der Froschkönig). Dieses Märchen deuten Vertreter verschiedener Disziplinen unterschiedlich, dann jedoch meist generalisiert und pauschal, weil nicht nach Episoden des Märchens differenziert (Damann 1999).

Zunächst betont der Philologe W. Solms, Wilhelm Grimm habe die moralischen Appelle des Königs in das Märchen eingefügt (1999: 198). Wilhelm Grimm bearbeitete jede Auflage für Kinder, sogar zunehmend nach 1825 mit Erscheinen der »Kleinen Ausgabe«. Er stellte an die Helden und Heldinnen hohe sozio-emotionale Anforderungen – teils mit drakonischen Sanktionen. Da Frauen meist erzählten, wollte er wohl schon früh die künftigen Mütter nach seinen Moralvorstellungen sozialisieren. Kann man dann noch von einem genuinen Volksmärchen sprechen?

Der Freudianer B. Bettelheim argumentiert: »Die elterliche Führung, die zur Ausbildung des Überichs führt – man muss sein Versprechen halten, auch wenn es noch so unüberlegt war – entwickelt ein verantwortungsbewusstes Gewissen« (2000: 339).

Juristisch wäre nach A. Möhlenkamp der Vertrag zwischen Froschkönig und Prinzessin nicht gültig, da eine Willenserklärung nur zwischen Menschen und nicht zwischen Mensch und Tier möglich sei – allenfalls rückwirkend, da der Frosch wieder ein

Mensch wurde. Auf jeden Fall sage das Märchen: »Verträge sind einzuhalten« (2007: 237 ff.).

Der märchenversierte Theologe H. Dickerhoff kritisiert Frosch und König vehement: »Das Märchen jedoch verteidigt nicht das Vertragsrecht, sondern das Lebensrecht [...] der Frosch hat den Vertrag erpresst, er ist ein Helfer, der sich teuer bezahlen lässt, einer, der vom Unglück anderer profitieren will. Und der König schickt seine Tochter weiter und tiefer ins Unglück, denn versprochen ist versprochen, Vertrag ist Vertrag« (2007: 139).

Solms bringt dazu einen weiteren Aspekt: »in der feministischen Märchenforschung wurde gerade der Froschkönig als Beweis dafür angeführt, dass in den Zaubermärchen keine Moral, wenn nicht sogar eine Antimoral zu finden sei, nämlich die Aufforderung, sich über Verbote hinwegzusetzen und sich autonom und spontaneistisch zu verhalten« (1999: 200). Seine Antwort: »Sie sind gewiss keine ›Idealbilder bürgerlicher Mädchenerziehung‹, aber auch keine Vorbilder für antimoralisches Verhalten« (ebenda; ähnlich Rölleke 1985: 86 f.).

Der Psychotherapeut und Theologe H. Jellouschek argumentiert schon über den Buchtitel: »Ich liebe Dich, weil ich Dich brauche – Der Froschkönig«: »Indem sie [die Prinzessin, R. W.] zu ihren eigenen dunklen Seiten fand, zu ihrer Wut, ihrem ›Egoismus‹, hat sie die Maske abgelegt und ist ein Stück mehr Mensch geworden [...] Sie verleugnet nicht mehr ihre dunklen Seiten und findet damit zu sich selbst« (2001: 81). Und weiter: »Die Wut hilft ihr, die längst fällige Abgrenzung in Tat und Wort zu vollziehen und damit die Lüge, die ihr Mitmachen bisher war, zu beenden [...] sie wirft damit auch das Gesetz des Vaters über Bord« (a. a. O.: 79).

Der Philologe H. Rölleke fokussiert auf die Zumutung des Frosches zum Beischlaf: »Sie ist den Regeln bürgerlichen Wohlverhaltens und anerzogener Moral so lange gefolgt, wie ihr Persönlichkeitskern davon untangiert blieb [...] das Märchen gab ihr recht« (1985: 86 f.).

4.2 Der Vertragsprozess aus Managementsicht – ein episodengeleiteter Ansatz

Den Vertragsprozess aus Sicht der Führungs- und Kooperationsforschung diskutieren wir im *Froschkönig* untypisch nach Episoden differenziert: Vertrag und Umsetzung am Brunnen – Umsetzung bei Tür und Tisch – Umsetzung im Schlafgemach – Das »Happy End«.

Vertrag und Vertrauen

Funktioniert gesellschaftliches und wirtschaftliches Leben ohne Vertrauen – gerade bei Verträgen? Der Soziologe N. Luhmann sieht Vertrauen als zentrales Mittel zur Reduzierung von Entscheidungs- und Verhaltenskomplexität (1989). In Führungsgrundsätzen wird Vertragstreue und vertrauensförderndes Verhalten häufig gefordert (Wunderer 2008, Kapitel 7).

In Großbetrieben kennen sich viele nicht persönlich, doch müssen sie Kollegen anderer Organisationseinheiten vertrauen (können). Das betrifft auch Kooperationen mit Kunden und Lieferanten. Weiterhin reagieren Menschen auf Vertrauens- und Vertragsbruch meist sehr empfindlich – der Froschkönig übrigens ebenso! Deshalb sollte der Leitsatz des Königs weniger als individuelles Gesetz des Vaters angesehen werden, sondern als grundlegende und globale Lebens-, Vertrags- und Erziehungsnorm. Kritisch beurteilen wir aber das patriarchalisch-autoritäre Verhalten des Königs bei der Blitzheirat ohne Kommunikation mit den Betroffenen. Dieses märchentypisch unreflektierte Handeln könnte nach dem »Happy End« des Märchens zu ernsten Folgen führen. Das thematisieren Erzählforscher sehr selten (vgl. Solms 2009).

Angesprochen wurden ständige Vertrags- und damit Vertrauensbrüche, meist von Königen, Stiefmüttern und Prinzessinnen bei der Auslobung von Aufgaben und Preisen für eine einmalige Leistung. Bei Erfolg wird aber eine zweite und dritte Aufgabe gefordert. Die Märchenhelden und -heldinnen können froh sein, wenn dann Vertragstreue im Werkvertrag greift – natürlich ohne zusätzliche »Boni«. Diese märchentypischen Vertragsverletzungen kritisieren weder Märchenforschung noch Geprellte. Letztere sind wohl gegenüber den Autoritäten machtlos und antizipieren dies; sie zeigen aber hohes Selbstvertrauen in eigenverantwortliches Handeln und viel Fremdvertrauen in Helfer. Und meist reizen sie Herausforderungen mehr als ausgelobte Preise.

Vertrag und erste Umsetzung am Brunnen

Nun wird das Märchen in vier Phasen bzw. Episoden der Vertragsschließung und -erfüllung differenziert bewertet. Könnte dieser Ansatz auch die Erzählforschung interessieren?

Der gelangweilten bildschönen jüngsten Tochter rollt ihr »liebstes Spielwerk« in den Brunnen. Da der Heiratsfähigen wohl immer geholfen wurde, ist ihr einziger – dann früh sozialisierter – Ansatz ein erbärmlich-infantiles Geheule. Das hört der Verzauberte, beurteilt es als »steinerweichend«, aber lässt sich – anders als viele Tierhelfer – nicht davon beeindrucken. Er bietet an, die Kugel heraufzuholen, verlangt aber ein extremes Leistungsentgelt. Die Königstochter reagiert weiter hysterisch-emotional. Statt mit dem Verhandlungspartner über dessen geringe Dienstleistung einen angemessenen Preis zu kommunizieren, verspricht sie ihm »meine Kleider, meine Perlen und Edelsteine, auch noch die goldene Krone, die ich trage«.

Statt erst freundliche Beziehungen aufzubauen, fordert der Frosch aber einen unangemessenen Preis. Dieses Vertragsangebot müsste die Prinzessin zurückweisen. Es geht ja nur um ein Spielzeug und nicht um Leib und Leben – wie etwa bei der Müllerstochter in *Rumpelstilzchen*. Sie lernte wohl nie, Bedürfnisse aufzuschieben. Sie reagiert nach dem Motto »Ich will alles, und zwar sofort« und akzeptiert den hoch asymmetrischen Vertrag, den sie aber gar nicht erfüllen will! Denn sie verspricht mit schon klarer Mentalreservation: »Was der einfältige Frosch schwätzt, der sitzt im Wasser [...] und kann keines Menschen Geselle sein« – obgleich er ihre Sprache spricht! Dann eilt sie mit der Kugel nach Hause und kümmert sich nicht um die flehentlichen Bitten des Frosches, ihn als »Geselle und Spielkamerad« mitzunehmen.

Fazit: Beide verhandeln und handeln hier schlecht. Die Königstochter möchte ihr Spielzeug zu jedem Preis, den sie jedoch nicht zahlen will. Und der Frosch will für seinen geringen Einsatz gleich erlöst werden. Statt dies zu kommunizieren und damit die Prinzessin als Helferin zu gewinnen, verlegt er sich auf flehentliches Bitten. Sofern er langfristige Vertragsbeziehungen zur Prinzessin plant, müsste er vertrauenssichernde Kooperation anstreben (Axelrod 1995). Die Prinzessin versteht den Vertrag nur als einmaliges Spiel mit einem nicht Vertrags- und Sanktionsfähigen. Deshalb maximiert sie auf vertragsbrüchige Weise so ihren Vorteil.

Erfüllung des Vertrags bei Tür und Tisch

Der Frosch muss wieder in den Brunnen hinab und wählt nun eine offensive Kampfstrategie. Er verlangt Einlass, als der Vater mit der Tochter speist: »Königstochter jüngste, mach mir auf.« Diese hat den Frosch so aus dem Gedächtnis getilgt, dass sie nicht einmal dessen Stimme erkennt! Sie öffnet die Tür, sieht den Vertragspartner und schlägt ihm emotional-unreflektiert die Türe vor der Nase zu. Der Vater kennt seine Tochter, fragt nach ihrem Stimmungswandel und vernimmt die Beschwerde des Ausgeschlossenen. »Da sagte der König ›Was Du versprochen hast, das musst Du auch halten; geh hinaus und mach ihm auf.‹« Die Prinzessin hört die Botschaft wohl – »ethisches Commitment« war aber noch nie ihr Verpflichtungskonzept. Deshalb akzeptiert sie nicht einmal des Vaters Forderung, den Frosch von ihrem goldenen Tellerlein speisen zu lassen. Da befiehlt es der König und vereitelt so ihre Vertragsstrategie. Der »Gesinnungsethiker« lässt sich dabei aber nicht einmal vom Aussehen des Tiers als künftiger »Geselle« beeindrucken.

Abb. 3: »Mir hats geschmeckt!«
Illustration von A. Born (Bildnachweis S. 223)

Fazit: Der Frosch hat den ersten Vertragsteil mit der Tochter als Tischgeselle realisiert. Die Prinzessin erfüllt schon diesen »Paragrafen« nur mit Druck des Vaters. Bettelheim dazu: »Die elterliche Führung ... man muss sein Versprechen halten, auch wenn es noch so unüberlegt war, entwickelt ein verantwortungsbewusstes Gewissen« (2000: 339). Dem Vater geht es u. E. weniger um den aktuellen Fall als um ein konstitutives Verhaltensproblem der Tochter.

Erfüllung des Vertrags im Schlafgemach

Der Frosch will nun sein Erlösungsziel erreichen, das aber nur er kennt. Als er von der Vertragspartnerin fordert, auch ihr »seidenes Bettlein« zu teilen, setzt er offen auf die väterliche Autorität. Der Vater appelliert zunächst an ihr Gewissen mit der »goldenen Regel«. Diese fordert: »Wie Du willst, dass man Deine Bedürfnisse und Interessen berücksichtigt, so berücksichtige auch die Bedürfnisse und Interessen der anderen« Höffe (1981: 6). Diskursethisch sollen dabei auch verborgene Interessen transparent und authentisch kommuniziert werden. Eine andere Version fokussiert – folgen- bzw. verantwortungsethisch – auf Handlungsergebnisse. Dazu evaluierte Axelrod (1995) den Leitsatz »Tit for tat« (dies für das) als die erfolgreichste Spielstrategie. Sie formuliert der König so: »Wer Dir geholfen hat, als Du in der Not warst, den sollst Du hernach nicht verachten.«

Als der Frosch erkennt, dass diese Maxime die Prinzessin auch nicht bewegt, droht er mit »whistleblowing«: »Heb mich herauf, oder ich sags Deinem Vater.« Das Mädchen interpretiert den Vertrag weiter als »sexual harassment« und sieht sich in ihrer Integrität bedroht: »Da ward sie bitterböse, holte ihn herauf und warf ihn aus allen Kräften wider die Wand, ›nun wirst Du Ruhe haben, Du garstiger Frosch‹. Als er aber herabfiel, war er kein Frosch, sondern ein Königssohn mit schönen freundlichen Augen.«

Fazit: Für den Frosch wird das Vertragsziel erst so erreicht. Das wusste die Prinzessin nicht, fühlte sich vielmehr von Frosch und Vater durch einen zunehmend asymmetrischen Vertrag erpresst. Ein ordentliches Gericht würde ihrem »Totschlag in Affekt und Notwehr« wohl mildernde Umstände zubilligen. Für diese Episode teilen wir die zitierten Argumente von Dickerhoff und Rölleke. Aber der Frosch müsste dabei wohl auch entlastet werden, weil es ihm um die einzige Möglichkeit zu seiner Erlösung ging. Und die Prinzessin hätte emanzipiert gehandelt, wenn sie dem Vater wie dem Frosch mit einem entschlossenen »Nein« entgegengetreten wäre, statt den Frosch hasserfüllt an die Wand zu klatschen.

König und Prinzessin handelten mit unvollkommener Information sowie stets unreflektiert. Möglichst herrschaftsarme und rechtzeitige Kommunikation zur Lösung oder Minderung von Konflikten bedachte wohl Wilhelm Grimm noch nicht, als er diese Verhaltensleitsätze als Erziehungsziel sowie den Vater als autoritären Heiratsstifter und inkonsequenten Erzieher zu Wort- und Vertragstreue in das Märchen einfügte. Auch überrascht, dass die Prinzessin nicht gegen die nicht zuvor abgesprochene Hochzeit emanzipatorisch protestiert. Aber »die letzte Weisheit des Märchens« wird und will aus Sicht verschiedener Disziplinen und Interpretationskulturen auch nicht nur einen Wahrheitsanspruch haben (Dickerhoff: 139).

Das Happy End mit neuem Vertrag

Bei einem überraschenden Happy End lacht man befreit, statt kritisch zu hinterfragen. Immerhin verheiratet der Vater – wie noch in vielen Ländern – den Prinzen, ohne ihn zu fragen! Denn als der erpresserische Frosch als Prinz mit »schönen freundlichen Augen« von der Wand fällt, folgt der Satz: »Der war nun nach ihres Vaters Willen ihr lieber Geselle und Gemahl.« Der König reflektiert hier weder die eigene Wandlung vom Gesinnungs- zum Folgenethiker noch seinen autokratischen, dabei existenziellen Vertragsentscheid. Doch kritisiert den die Tochter auch nicht mehr. Schließlich verliert der Vater kein Wort zur fehlenden Wort- und Vertragstreue der Tochter, z. B. als Lehre für ihr neues »Vertragsverhältnis« mit dem entzauberten Frosch! Und Grimm erweiterte das Märchen erziehungszielstrebig um den »eisernen Heinrich«. Weil das Sozialisierungsziel zu ethischem Commitment bei der Tochter scheiterte, demonstriert dieses nun der Diener vorbildlich mit seiner märchenhaften Loyalität, Liebe und freiwilligen Bindung.

Gesinnungs- vs. Verantwortungsethik diskutiert F. Schiller in der Ballade »Der Kampf mit dem Drachen«. Das Untier dezimiert auch einen Ritterorden. Zu dessen Schutz befiehlt der Fürstabt eine Kampfpause. Diese missachtet ein Ritter in Märchenheldenmanier: »Und ich beschließe rasch die Tat, nur von dem Herzen nehm ich Rat.« Er erschlägt den Drachen nach hartem Kampf und kehrt freudestrahlend zurück. Der Abt aber maßregelt ihn scharf wegen Übertretung des Gehorsamsgebots, auch wenn sie Segen brachte: »Mut zeiget auch der Mameluck, Gehorsam ist des Christen Schmuck.« Erst nach tiefer Reue des Ritters verzeiht er.

4.3 Mögliche Vertragsfolgen aus Managementsicht

Diese Frage scheidet meist Führungsforscher von primär historisch deutenden Volkskundlern und Philologen. Deren Interesse endet mit dem Märchenschluss. Das Management denkt dagegen primär an Folgen von Entscheiden und Handlungen. Beim Froschkönig stehen nach der Hochzeit mögliche Kooperationen oder gar eine Fusion mit dem neuen Königreich sowie spätere Nachfolgeregelungen an. Nachhaltiges (Personal-) Management interessiert, inwieweit das »Happy End« im »unendlichen Spiel« der künftigen Ehe und Regentschaft weiter Erfolg verspricht. Es sammelt dazu biografische Informationen (z. B. aus Lebensläufen, Referenzen) mit Blick auf Eignungen für zukünftige Aufgaben oder Positionen. Nach Forschungsergebnissen der Psychoanalyse und Neuropsychologie bleiben Persönlichkeitsstrukturen von Erwachsenen und damit verbundene Verhaltensstile recht stabil.

Die Königstochter würde dann in kritischen Vertragssituationen weiter zu unreflektiertem, emotionalem, egozentrischem wie egoistisch-unzuverlässigem Handeln mit kurzfristiger Perspektive neigen. Damit wäre allenfalls »kalkulatives Commitment« (»Das könnte sich lohnen«) in ihren Rollen als Ehefrau und Mitregentin zu erwarten.

Der Froschprinz verhielt sich bei der Verfolgung seines Erlösungsziels noch machiavellistischer als die Prinzessin. Im Märchen heißt es aber: »Als er herabfiel, war er kein Frosch, sondern ein Königssohn mit schönen freundlichen Augen.« Das könnte für einen guten menschlichen und einen kritischen »tierischen« Persönlichkeitskern des Froschs sprechen.

Bei Dominanz dieser »freundlichen« Sozialkompetenz könnte ihn dann seine dominante Frau in die Rolle eines Prinzgemahls versetzen. Inwiefern würde diese Konstellation dem Land schaden, auch bei seiner Nachfolge als König? Eine Dominanz der verzauberten Tiernatur des Prinzen dürfte dagegen zu einer »Kollusion« von zwei sozial inkompetenten Ehepartnern führen. Für Aufgaben eines Königs könnte man die Tiernatur als erfolgsversprechender einschätzen. Drittens wäre eine Persönlichkeitsspaltung in eine hellere Privat- und eine dunklere Berufspersönlichkeit denkbar – somit die Konstellation eines zukünftig distanziert-nachsichtigen Ehemanns sowie eines zugleich machiavellistisch-machtbewussten Königs.

Hätte der Vater seiner autoritären Blitzheirat eine »Freierprobe«, eine längere Probezeit oder Tätigkeit in einem befreundeten »Reich« zu aller Nutzen vorschalten sollen? Das fragen sich noch heute manche bei Familiennachfolgen!

4.4 Lessons Learned

Unser nach Märchenepisoden »strukturalistisches« (Propp 1987) Interpretationskonzept führte zu unterschiedlichen Beurteilungen der Vertragserfüllung der Betroffenen.

In der ersten Phase disqualifiziert sich der Frosch mit seiner asymmetrischen Vertragsforderung für einen geringen Helferdienst, zumal er sein Erlösungsziel nicht kommuniziert. Und die Prinzessin versagt mit hysterisch-infantilen Reaktionen sowie unakzeptabler Verhandlungsstrategie zur Wiedergewinnung nur eines Spielzeugs.

In der zweiten Episode hat die Prinzessin trotz einer Reflexionspause von einem Tag nichts gelernt. Sie verwehrt deshalb Dank und jegliche versprochene Belohnung. Der Vater versucht sie erst zur Vertragstreue zu überzeugen und zwingt sie schließlich durch Weisung. Dem Frosch könnte man u. E. ein Recht zur Erfüllung des ersten Vertragsteils noch zusprechen.

Im dritten Teil eskaliert der Konflikt bei allen Beteiligten. Die Prinzessin sieht sich durch erpresserisches »whistleblowing« und »harassment« in ihrer Integrität verletzt; insoweit ist ihre Überreaktion erklärbar. Der Frosch verhält sich – ohne Kommunikation des Erlösungsziels – vertraglich unfair wie unethisch. Und der Vater argumentiert zwar mit der »goldenen Regel«, leitet daraus aber keinen vernünftigen Vertrag ab, sondern ein mosaisches Gesetz, und erzwingt dessen Erfüllung nach der auch christlich zentralen Gehorsamsregel.

In der vierten Phase bespricht der Vater nicht einmal den Vermählungsentscheid, obgleich dieser zur Fusion zwischen zwei Königsreichen führen könnte. Die Prinzessin verhält sich jetzt auch nicht mehr emanzipiert. Schließlich verweist sie der Vater nicht auf ihre zuvor fehlende Vertragstreue. Wohl deshalb wird im abschließenden *Eisernen Heinrich* ein hohes Lied auf emotionales Commitment, auf ethische Selbstbindung und Treue gesungen.

Abb. 4: Beziehungsmanagement
Illustration von K. Schmidt (Bildnachweis S. 223)

Aus zukunftsbezogener personalpolitischer Deutung nach dem Märchenende bieten sich drei Prognosen zur Ehe und Königsnachfolge an. Die Prinzessin dürfte sich kaum in ihrem gezeigten Persönlichkeitskern ändern – weder als Ehefrau noch als Mitregentin. Der Prinz wäre bei »freundlicher Sozialkompetenz« als »Prinzgemahl« geeignet, weniger für die Nachfolge in seinem Königreich – es sei denn mit einem »Eisernen Kanzler«. Behält er aber den durch bösen Zauber vermittelten Tiercharakter, ist mit Dauerkonflikt in der Ehe zu rechnen. Das Königreich könnte er so aber mikropolitisch erfolgversprechender führen. Drittens könnte man mit Jungscher Interpretation an einen differenzierten Einsatz seiner zwei »Seelen« denken. Dann lebte privat ein nachsichtig distanzierter Prinzgemahl mit »freundlichen Augen«, in der Königsrolle dagegen ein lange mit Brunnenwassern gewaschener Machiavellist. Dann sollte der Prinz vorher zumindest in einem vorbildlich geführten Reich dessen Kultur- und Politik erfahren, sich fachlich mit Governance beschäftigen und nach der Thronfolge einer menschlich wie führungspolitisch ergänzenden »grauen Eminenz« das operative Geschäft übertragen.

Abschließend ein Zitat zu Deutungen – auch fernerer Disziplinen:

> »Jegliche Verabsolutierung einer Deutung erscheint angesichts der Vielzahl einander zugleich ergänzender und relativierender Interpretationsansätze als misslich. Immer neue Diskussionen aber entstehen um den Gehalt des Märchens selbst, generell um Wert oder Unwert seiner Weltanschauung. Für die Lebendigkeit und Aktualität der Gattung sind Heftigkeit und Häufigkeit solcher Diskussionen unmissverständliche Zeichen« (Rölleke 2001/1857: 614; Franz 2004).

5 Überlegungen zur Frühsozialisation von Vertragstreue über Leitsätze

5.1 Zitate zu Grimms Märchen als »Erziehungsmittel«

Drei Quellen sollen genügen, zumal schon die erste eine authentische Legitimation bietet.

> »… dass es auch als Erziehungsbuch diene.«
> (Brüder Grimm, 1819/1999, Vorrede, S. 30)
>
> »Die Dominanz des Ethisch-Religiösen gegenüber politischen und … juristischen Argumentationen zieht sich wie ein roter Faden durch Leben und Meinungen der Brüder Grimm« (Rölleke 2007: 110).
>
> »Das neue Interesse am Märchen bezieht sich … auf den Sinn oder die Botschaft der Märchen bzw. auf ihre moralische, pädagogische oder therapeutische Nutzanwendung« (Solms 1999: 1).

5.2 Pädagogische Folgerungen aus heutiger Sicht

Neben fördernder Situationsgestaltung geht es um persönlichkeitstypische Qualifikation und Motivation, deren Prägung schon möglichst früh, dabei langfristig angelegt sein sollte.

Eine repräsentative Umfrage in der deutschen Bevölkerung (Eltern bis 44 Jahre) zur erwünschten *Werteerziehung im Elternhaus* bringt auch für die Märchenerziehung interessante Ergebnisse (BMFSFJ 2006): Höflichkeit und gutes Benehmen (88 %), Hilfsbereitschaft (79 %), sich durchsetzen und nicht unterkriegen lassen (71 %), Wissensdurst zeigen, seinen Horizont ständig erweitern (68 %), sich in eine Ordnung einfügen, sich anpassen (46 %), Interesse, Offenheit für Religion und Glaubensfragen (39 %), bescheiden und zurückhaltend sein (32 %).

Die befragten Eltern wollten 2006 selbst vier Schwerpunkte beeinflussen: wie sich benehmen (96 %), *wie es mit der Wahrheit halten* (95 %), *wie mit anderen umgehen* (91 %) und wie mit Schwächeren umgehen (90 %). Gleiches forderte damals der oft kritisierte König von der Tochter! Der Psychoanalytiker Görres ergänzt noch – besonders für die Prinzessin: Vernunfteinsicht und intuitive Gefühlseinsicht sowie Lernen am richtigen Vorbild oder Modell (Görres/Rahner 1982: 167).

Pädagogisch geht es primär um Konzepte und Methoden bei der Vermittlung von Märcheninhalten (Rölleke 1997, Franz/Kahn 2000, Franz 2004, Zitzlsperger 2009). Aber auch das Rechtsempfinden junger Menschen bezieht sich auf »Walk your talk« (Zitzlsperger 2007). Ihr fiel bei den Älteren deren Sensibilität bei der Verletzung von Vertrauensverhältnissen durch andere auf, besonders in Familienkonstellationen. Zur Didaktik zitiert sie eine Untersuchung von Schläfli (1986: 161 f): danach habe ein konventioneller, nach Stundenplan abgehaltener Unterricht in Ethik- und Sozialkunde keinen Effekt auf das Niveau des moralischen Urteils. Hingegen wären Förderkurse, aktive Beteiligung, freie Meinungsbildung der Schüler und konstruktiver Meinungsaustausch untereinander stimulierender als Aussagen der Lehrkraft.

Montada (2002: 621 ff.) referiert zur Entwicklung differenzierter Urteile über Verantwortlichkeit. Er will dazu keine Ethik begründen, sondern Normen im Erleben, Urteilen und Handeln beeinflussen:

- »Wissen über Normen muss erworben und für konkrete Situationen verstanden werden.
- Ihr Geltungsanspruch muss anerkannt werden.
- Sie müssen befolgt werden.«

Ihre Vermittlung solle argumentativ erfolgen, über Beispiele, Belohnung oder ihre Unterlassung (z. B. von Gratifikationen), den Sinn erklären, Konflikte zwischen Normen ansprechen, Ausnahmen reflektieren, Lösungsmöglichkeiten erwägen. Strafen garantierten keine Einsicht; wenn sie als ungerecht erlebt werden, belasten sie das Verhältnis. Und wer konfliktreiche Beziehungen zu Eltern erlebte, bevorzuge häufiger alternative Werte.

6 Lessons to Learn

Schon aus dem quantitativen Vergleich von je 70 Märchen- und Firmenleitsätzen lassen sich einige Schlussfolgerungen und Empfehlungen festhalten: Aus den acht häufigsten Kernleitsätzen der Märchen fanden zwei in Unternehmen keinen Eingang: *Hierarchiebezogene soziale Klugheit sowie Bescheidenheit*. Dies wohl auch wegen des Wertewandels von Erziehungszielen. Sechs der acht ermittelten Märchenleitsätze fordert die Führungspraxis noch heute in Leitsätzen. Besonders gilt dies für »Walk the talk«, das in den Märchen seltener aber existenzieller formuliert ist. Die sechs gemeinsamen Leitbilder konzentrieren sich auf kluges, prosoziales, lernbereites Handeln, auch über Gratifikationen/Sanktionen. Sie gründen in einem global noch gültigen Ethikkodex. Warum findet sich diese »goldene Regel« (»Was Ihr wollt, dass die Menschen Euch antun sollen, das tut ihnen gleichermaßen«, Matthäus 7,12) nur in *Der alte Großvater und der Enkel* und in keinem Führungs- und Kooperationsleitbild?

Auch im Management wird Vertragstreue mit weiteren Begriffen erklärt, so mit Integrität, Ehrlichkeit, Aufrichtigkeit, Wahrhaftigkeit sowie mit (Fremd-)Vertrauen. Einer der bekanntesten Tests dazu (Butler 1991) thematisiert in vier seiner zehn Items »Halte Dein Wort« (Erfüllung von Versprechen, ehrlich und integer, Konsistenz und Vorhersehbarkeit, offener Meinungsaustausch). Selbstvertrauen scheint uns als Basis für Fremdvertrauen aber ebenso wichtig, auch weil man mit Vertrauensbrüchen dann besser umgeht (Wunderer 2008: 94 ff.).

»Wort halten« rangierte auch bei unseren Befragungen des mittleren Managements als potenzieller wie als aktueller Demotivator stets unter den ersten fünf von rund 100 Items. Hier reagiert man also sehr empfindlich, selbst wenn böse Absichten fehlen. Wohl auch wegen des »Balken-Splitter-Syndroms« werden eigene Vertrauensbrüche dabei meist ausgeblendet.

Bei der Auswahl der Platzierung, der Führung sowie in Ziel- und Leistungsbeurteilungen oder für die Kundenorientierung sollten Wort- und Vertragstreue hoch gewichtet werden. Viele »visionäre«, nicht operationalisierte Leitsätze sind dafür aber kaum brauchbar!

Häufig werden in Märchen eigene und fremde Versprechen eingelöst. Aber »Hierarchen« brechen oft Zusagen und Verträge. So wird den jungen Helden von Mächtigen (Könige, Stiefmütter, Prinzessinnen) für eine Aufgabe (z. B. Feinde des Königs eliminieren, Rätsel lösen, Stroh zu Gold spinnen) ein hoher Preis geboten (z. B. das halbe Königreich, als Zugabe die eigene Tochter). Bei Erfolg werden dann bei gleicher Belohnung weitere, oft noch riskantere Aufgaben verlangt! Nie beschweren sich die Geprellten. Die Helden rangieren wohl fordernde Aufgaben vor extrinsischer Belohnung. Und sie antizipieren Vertrags- und Vertrauensbruch ihrer Prinzipale. Unsere Umfragen zeigten, wie negativ noch heute solches Verhalten wirkt. Das sollten nicht nur Führungskräfte stets beachten.

Spieltheoretisch versteht man Unternehmen als unendliche Spiele, die erfolgreicher bei Vertragstreue verlaufen – auch bei impliziten Verträgen. Trifft man sich nur einmal und ist ethisch nicht verpflichtet, dann werden Folgen für künftige Beziehungen anders kalkuliert. Wird Vertragstreue in Märchen explizit angesprochen, ist das meist von existenzieller Bedeutung. Oft sind es Töchter, die ungeliebte Männer heiraten sollen oder sogar Väter an diese Verpflichtung erinnern. Unternehmensleitsätze fordern nie Vergleichbares, sind hier also leichter zu erfüllen.

Märchen zeigen extreme Sanktionen – bei Mädchen schon gegen Eigensinn. »Für Märchen ist der »Kampf des Guten mit dem Bösen« typisch – ebenso, dass »das Gute belohnt, das Böse bestraft« wird, so sekundiert Rölleke 1997. Ob dies die Grimms auch selbstkritisch reflektierten, als sie ihre Märchen »entschärfen« und auf »die reine Kinderseele ausrichten« wollten? Übrigens forderte schon Perrault, »nichts zu schreiben, was das Schamgefühl oder den Anstand verletzen könnte« (2006/1697: 9).

Führungsgrundsätze der Wirtschaft drohen nie konkrete Sanktionen an – nicht einmal über Verschiebung, Reduzierung oder Verweigerung von Gratifikationen! Nur drei fordern offene und klare Kommunikation bei Fehlverhalten. Märchen und Managementleitsätze unterscheiden sich also weniger in Inhalten als in den Gratifikationen oder Sanktionen. Letztere könnten auch für die Führungspraxis diskutiert werden – nicht nur für Boni!

Nach Umfragen in über 300 Unternehmen beurteilten gut 60 % der Befragten schriftliche Führungsgrundsätze positiver als »ungeschriebene Regeln« (Wunderer/Klimecki 1995). Am wichtigsten waren ihnen Kommunikation, Selbstverpflichtung, Vertrags- bzw. Verhaltenssicherung sowie der Nutzen von Leitsätzen. Die Corporate Governance verstärkte Sanktionen gegen Verantwortliche sogar; finanziell blieben sie aber begrenzt. Ähnliche Wirkungsanalysen von Märchen zur Frühförderung ausgewählter Erziehungsziele fehlen.

Grimms Märchen bieten keine Kataloge von Verhaltensleitsätzen, die von Firmen dagegen immer. Das unterscheidet narrative Märchenpädagogik von abstrakter Vermittlung der Maximen. Unternehmen könnten Leitsätze über Märchen wirksamer vermitteln, z. B. über Gleichnisse, Metaphern, Allegorien, Einbindung in konkrete Situationen, Fälle und Vorbilder. Und die sechs gemeinsamen Kernleitsätze könnten sie gezielt zur Überprüfung eigener Leitbilder sowie zur Beurteilung, in Mitarbeitergesprächen sowie bei der Auswahl und Weiterbildung verwenden.

Märchenleitsätze könnten eine Frühsozialisierung ihrer Tugenden fördern, die nach der Entwicklungs- und Neuropsychologie (Roth 2007) an Bedeutung gewonnen hat. Sie eignen sich insoweit für nachhaltige Sozialisierung von Werten (Zitzlsperger 2009). Und sie bewirken Selbstreflexion und Kommunikation, wenn sie damit konkrete Erfahrungen verbinden (können).

Wir können deshalb weiter der allerdings stets individuellen Wirkung ausgewählter und vermittelter Märchenleitsätze vertrauen – auch zur »Frühsozialisation« für die Berufspraxis, z. B. über Fallstudien zu aktuellen Konflikten und Problemlösungen, für Projektworkshops sowie für die Aus- und Weiterbildung, einschließlich »Storytelling« (Frenzel et al. 2004, Thier 2006).

Diese Fragen kann man für sich selbst, die Familie und die Arbeitswelt reflektieren, dann konkrete Schritte planen und umsetzen. Dies aber mit Augenmaß und ohne falschen Optimismus. Die Managementpraxis beginnt damit; und märchenversierte Weiterbildner warten interessiert darauf. So bindet ein Arbeitskreis »Management und Märchen« der Schweizerischen Märchengesellschaft seit 2008 in vier sechsstündigen Sitzungen jährlich behutsam und schrittweise beide Zielgruppen ein.

»Und wer das zuletzt erzählt hat, dem ist der Mund noch warm« (Die Bremer Stadtmusikanten, Schlusssatz, Brüder Grimm 1999: 189).

Abb. 5: Der eiserne Heinrich auf dem Wagen des Froschkönigs
Illustration von A. Archipowa (Bildnachweis S. 223)

7 Literatur

Amann, M./Kruthaup, K. (2008): Sei immer lieb und tugendhaft, in: FAZ, 2./3. 8. 2008, Bund C2.
Axelrodt, R. (1995): Die Evolution der Kooperation, 3. Aufl., München.
Bass, B./Riggio. R. (2006): Transformational Leadership, 2. Aufl., Mahwah.
Bettelheim, F. B. (2000): Kinder brauchen Märchen, 22. Aufl., München.
Bruch, H. (2003): Leaders Action, Mering.
Brüder Grimm (1999/1819): Kinder- und Hausmärchen (KHM), 1. Gesamtausgabe, 19. Aufl., Düsseldorf/Zürich (als Quelle für die Märchenzitate verwendet).
Brüder Grimm (1812): Der gestiefelte Kater (KHM 33), in: KHM, Bd. I, S. 148-155, Berlin.
Bundesministerium für Familie, Senioren, Frauen und Jugend (2006) (Hrsg.): Einstellungen zur Erziehung – Kurzbericht Institut für Demoskopie, Allensbach.
Butler, H. (1991): Towards Understanding and Measuring Conditions of Trust Inventory, in: Journal of Management 17, (3), S. 643-663.
Damann, G. (1999): Episode, in: Brednich, R. (Hrsg.): Enzyklopädie des Märchens, Bd. 5, Sp. 69-73.
Dickerhoff, H. (2007): Gerechtigkeit in der Welt, im Himmel und im Märchen, in: Lox, H. et al. (Hrsg.): a. a. O, S. 128-140.
Die schönsten Märchen der Gebrüder Grimm (2002), illustriert von Archipowa, A., 6. Auflage, Esslingen-Wien.
Franz, K. (Hrsg.) (2004): Märchenwelten, Baltmannsweiler.
Franz, K./Kahn, W. (Hrsg.) (2000): Märchen – Kinder – Medien – Zur medialen Adaption von Märchen und zum didaktischen Umgang, Hohengehren.
Frenzel, K. et al. (2004): Storytelling, Das Harun-al-Raschid-Prinzip – Die Kraft des Erzählens für das Unternehmen nutzen, München.
Gobrecht, B. (2006): Die Bauerntochter und der König oder Klugheit contra Macht, in: Märchenforum, Sommer, S. 11-14.
Görres, A./Rahner, K. (1982): Das Böse, Wege zu seiner Bewältigung in Psychotherapie und Christentum, Freiburg.
Grassl-Palten, E. (1994): Gewissen contra Vertragstreue im Arbeitsverhältnis, Wien.
Grimm, J. & W. (2004): Märchen, Kleine Ausgabe, illustriert von Born, A., Prag.
Heinrich, Chr. (2000): Formale Freiheit und materiale Gerechtigkeit, Tübingen.
Hermann, G. (2003): Sarbanes-Oxley 404: A Compliance Game Plan, in: Financial Executive, 6, S. 42 ff.
Hilb, M. (2009): Integrierte Corporate Governance, 3. Aufl., Berlin.
Höffe, O. (1981): Sittlich-politische Diskurse, Frankfurt.
Jahn, J. (2008): Manager sündigen, Unternehmen nicht, in: Frankfurter Allgemeine Zeitung, 16. 8. 2008.
Jellouschek, H. (2001): Ich liebe Dich, weil ich Dich brauche – Der Froschkönig, Stuttgart.
Jürgensmeier, G. (2007): (Hrsg.) Grimms Märchen, vollst. Ausgabe, illustriert von Dematons, Ch., Düsseldorf.
Kast, V. (1991): Familienkonflikte in Märchen, 3. Aufl., München.

Kloepfer, I. (2010): Das gespaltene Land, in: FAZ vom 17. 2., S. 33 mit einer GFK-Umfrage von 2009.
Kohlberg, L. (1984): The Philosophy of Morale Development, New York.
Lord, R./Emrich, C. (2001): Thinking outside the box by looking inside the box, in: Leadership Quaterly, 11, S. 551-579.
Lox, H. et al. (2007) (Hrsg.): Dunkle Mächte im Märchen und was sie bannt – Recht und Gerechtigkeit im Märchen, Forschungsbeiträge aus der Welt des Märchens, Krummwisch.
Luhmann, N. (1989): Vertrauen – ein Mechanismus zur Reduktion sozialer Komplexität, 3. Auflage, Stuttgart.
Machiavelli, N. (2009/1532): Il Principe/Der Fürst, Stuttgart.
Mallet, C.H. (1990): Kopf ab! Über die Faszination von Gewalt im Märchen, München.
Meyer, J./Allen, N. J. (1997): Commitment in the Workplace, Thousand Oaks.
Möhlenkamp, A. (2007): Rechtsinstitute und Vertragstypen in Grimms Märchen, in: Lox, H. et al., a. a. O., S. 234-253.
Montada, L. (2002): Moralische Entwicklung und moralische Sozialisation, in: Oerter, R./Montada, L. (Hrsg.): Entwicklungspsychologie, 5. Aufl., Weinheim et al., S. 619-647.
Neuberger, O. (2007): Mikropolitik und Moral in Organisationen, 2. Aufl., Stuttgart.
NZZ (2010): Siemens schließt Korruptionsaffäre ab, 27. 1., S. 30.
Perrault, Ch. (2006/1697): Sämtliche Märchen, Stuttgart.
Propp, W. (1987): Die historischen Wurzeln des Zaubermärchens, München/Wien.
Röhrich, L. (1987): Wage es, den Frosch zu küssen – Das Grimmsche Märchen Nr. 1 in seinen Wandlungen, Köln.
Röhrich, L. (1999): Froschkönig (AaTh 440), in: Brednich, R. et al., Bd. 5, Sp. 410-424.
Rölleke, H. (1985): Die Frau im Märchen, in: Früh, S./Wehse, R. (Hrsg.): Die Frau im Märchen, Kassel, S. 72-88.
Rölleke, H. (1997): »Dass unsere Märchen auch als ein Erziehungsbuch dienen«, in: Wardetzky, K./Zitzlsperger, H. (Hrsg.), a. a. O., S. 30-43.
Rölleke, H. (2001/1857): Nachwort, in: ders., Brüder Grimm, KHM Gesamtausgabe 1857 (Bd. III), Stuttgart, S. 593-621.
Rölleke, H. (2007): Die Brüder Grimm und das Recht, in: Lox et al., a. a. O., S. 109-127.
Roth, G. (2009): Persönlichkeit, Entscheidung und Verhalten – Warum es so schwierig ist, sich und andere zu ändern, 5. Aufl., Stuttgart.
Rotter, J. (1980): Interpersonal trust, trustworthiness, and gullibility, in: American Psychologist, S. 1-7.
Rutschky, K. (1993) (Hrsg.): Schwarze Pädagogik, 6. Aufl., Berlin.
Schede, H.-G. (2004): Die Brüder Grimm, München.
Schieder, B. (1997): Chancen ganzheitlicher Märchenarbeit in Kindergarten und Schule, in: Wardetzky, K./Zitzlsperger, H., a. a. O., S. 78-94.
Schläfli, A. (1986): Förderung der sozial-moralischen Kompetenz: Evaluation, Curriculum und Durchführung von Interventionsstudien, Frankfurt.
Solms, W. (1999): Die Moral von Grimms Märchen, Darmstadt.

Solms, W. (2009): Die Hochzeit: Beginn eines dauerhaften Glücks, in: Lox et. al., EMG, Band 34, (Hrsg.): Märchenhaftes Irland – Vom glücklichen Ende, S. 105-123, Königsfurt.
Stemmer, P. (2000): Handeln zugunsten anderer – eine moralphilosophische Untersuchung, Berlin.
St. Galler Tagblatt (2010): Zwölfjährige zieht Klage wegen Zwangsehe zurück, 3. 2., S. 8.
Thier, K. (2006): Storytelling – eine narrative Managementmethode, Berlin 2006.
Uther, H. J. (2004): Jacob und Wilhelm Grimm: Kinder- und Hausmärchen, S. 1 ff., Digitale Bibliothek Band 110: Europäische Märchen und Sagen, S. 1440 ff.
Uther, H. J. (2008): Handbuch zu den »Kinder- und Hausmärchen« der Brüder Grimm, Berlin.
Vonessen, F. (2007): Gerechtigkeit und Gnade im Märchen, in: Lox et al., a. a. O., S. 296-308.
Wardetzky, K./Zitzlsperger, H. (1997) (Hrsg.): Märchen in Erziehung und Unterricht heute, Rheine.
Wehse, R. (1999): Gerechtigkeit – Ungerechtigkeit, in: Brednich, R. et al., Bd. 5, a. a. O., Sp. 1050-1064.
Wellin, M. (2007): Managing Psychological Contract, Hampshire.
Wunderer, R. (1983) (Hrsg.): Führungsgrundsätze als Instrument der Unternehmens- und Betriebsverfassung, in: ders.: Führungsgrundsätze in Wirtschaft und öffentlicher Verwaltung, Stuttgart, S. 35-72.
Wunderer, R./Klimecki, R. (1995): Führungsleitbilder, Stuttgart.
Wunderer, R. (2004): Vom Selbst- zum Fremdvertrauen – Konzepte, Wirkungen, Märcheninterpretationen, in: Zeitschrift für Personalforschung, 18. Jg., H. 4, S. 454-469.
Wunderer, R. (2008): Der gestiefelte Kater als Unternehmer – Lehren aus Management und Märchen, Wiesbaden.
Wunderer, R. (2008a) (Hrsg.): Corporate Governance – Zur personalen und sozialen Dimension, Köln.
Wunderer, R. (2008b): »Walk Your Talk« in Management und Märchen, in: Blank, T. et al. (Hrsg.): Integrierte Soziologie, Festschrift für Hansjörg Weitbrecht, Mering, S. 205-225.
Wunderer, R. (2009): Führung und Zusammenarbeit, 8. Aufl., Köln.
Wunderer, R. (2009a): »Was du versprochen hast, das musst du auch halten« – »Walk Your Talk« in Management und Märchen, in: Märchenspiegel, 2009, Heft 3, S. 15-33.
Zitzlsperger, H. (2007): Über das Gerechtigkeitsempfinden von Kindern und Jugendlichen beim Hören von Märchen, in: Lox et al. (Hrsg.), S. 141-168.
Zitzlsperger, H. (2009): Märchen und ihre Bildungswerte, in: Märchenspiegel, 20. Jg., H. 4, S. 19-33.

Gesamtliteraturverzeichnis

Abraham, R. (2006): Emotionale Intelligenz am Arbeitsplatz: Literaturüberblick und Synthese, in: Schulze, R., a. a. O., S. 257-273.

Amann, M./Kruthaup, K. (2008): Sei immer lieb und tugendhaft, in: FAZ 2./3. 8. 2008, Bund C2.

Anderegg, W. (1997): Assessment nach dem Europäischen Qualitätsmodell – eine Chance für HR-Verantwortliche, in: Wunderer, R. et al., a. a. O., S. 213-233.

Andresen, M./Göbel, M. (2009): Reziprozitätsformen in psychologischen Verträgen, in: Zeitschrift für Personalforschung, 23(4), S. 312-335.

Archipowa, A. (2002)(Illustriert): Die schönsten Märchen der Brüder Grimm, 6. Aufl., Esslingen.

Asendorpf, J. (2004): Psychologie der Persönlichkeit, 3. Aufl., Berlin et al.

Axelrodt, R. (1985): Die Evolution der Kooperation, 3. Aufl., München.

Balthasar, v., H. U. (1980): Die großen Ordensregeln, 4. Aufl. Einsiedeln.

Bärsch, H. (1983): 140 Jahre Verhaltensleitsätze bei Krupp, in: Wunderer, R. (Hrsg.): Führungsgrundsätze in Wirtschaft und öffentlicher Verwaltung, Stuttgart.

Bass, B./Riggio, R. (2006): Transformational Leadership, 2. Aufl., Mawah, New Jersey.

Bauer, J. et al. (2003): Fehlerorientierung im betrieblichen Alltag, in: Forschungsbericht Nr. 5, Lehrstuhl für Lehr-Lernforschung und Medienpädagogik an der Universität Regensburg.

Berndt, R. (2000) (Hrsg.): Innovatives Management, Berlin/Heidelberg.

Berne, E. (1967): Spiele der Erwachsenen, Reinbek.

Bettelheim, B. (2000/1977): Kinder brauchen Märchen, 22. Aufl., München.

Bierhoff, H. W. (1980): Hilfreiches Verhalten, Darmstadt.

Bihl, G. (1995): Werteorientierte Personalarbeit, Strategie und Umsetzung in einem neuen Automobilwerk, München 1995.

Binswanger, H. Ch. (1998): Die Glaubensgemeinschaft der Ökonomen, München.

Bitzer, M. (1991): Intrapreneurship: Unternehmertum in der Unternehmung, Stuttgart u. a.

Bleicher, K. (1989): Leitbilder, Stuttgart.

Borkenau, P. (2005): Persönlichkeitsentwicklung: Biologische Einflussfaktoren, in: Weber, H., a. a. O., S. 39-52.

Born, A. (2004)(Illustriert): Brüder Grimm (2004/1858) (Hrsg.): Märchen, »Kleine Ausgabe«.

Bosma, H./Kunnen, E. (2001) (Hrsg.): Identity and Emotion, Cambridge.

Bourdieu, P. (1983): Ökonomisches Kapital – Kulturelles Kapital – Soziales Kapital, in: Kreckel, R. (Hrsg.): Soziale Ungleichheiten, Göttingen, S. 183-198.

Brahm, T. (2009): Entwicklung von Teamkompetenzen durch computergestützte kollaborative Lernprozesse, Dissertation 3678 St. Gallen, Bamberg.

Bretz, E./Hertel, G./Moser, K. (1998): Kooperation und Organizational Citizen Behavior, in: Spiess, E./Nerdinger, F. W. (Hrsg.): Kooperation in Unternehmen, München/Mering, S. 79-97.

Brodbeck, F./Frese, M. (2007): Societal Culture and Leadership in Germany, in: Chhokar, a. a. O., S.146-214.

Bruch, H. (2003): Leaders Action, Mering.

Bruch, H./Ghoshal, S. (2006): Entschlossen führen und handeln, Wiesbaden.

Bruch, H./Goshal, S. (2004): Drache und Prinzessin: Wie Unternehmen die Energiereserven ihrer Mitarbeiter mobilisieren, um strategische Ziele zu verwirklichen, in: Wirtschaftswoche, 32, S. 62-65.

Brüder Grimm (1812): Der gestiefelte Kater (KHM 33), in: KHM, Bd. I, S. 148-155, Berlin.

Brüder Grimm (2001/1857)(Hrsg.): Kinder- und Hausmärchen, Ausgabe letzter Hand mit den Originalanmerkungen der Brüder Grimm, hrsg. v. Rölleke, H. – mit einem Nachwort u. a. zur Entstehungsgeschichte, 3 Bände, Stuttgart.

Brüder Grimm (1997/1818) (Hrsg.): Deutsche Sagen – zwei Bände, Frankfurt a.M.

Brüder Grimm (1999/1819) (Hrsg.): Kinder- und Hausmärchen (KHM), 1. Gesamtausgabe 1819, 19. Aufl., Düsseldorf/Zürich.

Brüder Grimm (1957/1857) (Hrsg.): Vollständige Ausgabe letzter Hand, 27. Aufl.

Bundesministerium für Familie, Senioren, Frauen und Jugend (2006)(Hrsg.): Einstellungen zur Erziehung – Kurzbericht Institut für Demoskopie, Allensbach, S. 1-21.

Butler, H. (1991): Towards Understanding and Measuring Conditions of Trust Inventory, in: Journal of Management, 17 (3), S. 643-663.

Calvin, W. (2004): Wie das Gehirn denkt – Die Evolution der Intelligenz, München.

Chhokar, J. et al. (2007): Culture and Leadership Across the World – The Globe Book of In-Depth Studies of 25 Societies, Mahwa, New Jersey.

Czikszentmihalyi, M. (2003): Flow – Das Geheimnis des Glücks, Stuttgart.

Damann, G. (1999): Episode, in: Brednich, R. (Hrsg.): Enzyklopädie des Märchens, Bd. 5, Sp. 69-73.

de Bono, E. (1986): Laterales Denken für Führungskräfte, Hamburg.

Decurtins, C./Brunold-Bigler, U. (2002) (Hrsg.): Die drei Winde – Rätoromanische Märchen aus der Surselva, Chur (viele verweisen auf die KHM).

Dematons, Ch. (2007) (Illustriert): Grimms Märchen, vollst. Ausg., Düsseldorf.

Dickerhoff, H. (2007): Gerechtigkeit in der Welt, im Himmel und im Märchen, in Lox, H. et al. (Hrsg.): a. a. O., S. 128-140.

Die schönsten Märchen der Brüder Grimm (2002), illustriert von Archipowa, A., 6. Auflage, Esslingen/Wien, S. 142.

Die schönsten Märchen der Gebrüder Grimm (2001), illustriert von Svend Otto S., 2. Auflage, Oldenburg.

Disch, W. (2006): Gelebte Ethik, in: Wilens, a. a. O., S. 135-156.

Drewermann, E. (1993): Aschenputtel, Düsseldorf.

Engelberg, E./Sjöber, L. (2006): Emotionale Intelligenz und soziale Fertigkeiten, in: Schulze, R., a. a. O., S. 291-304.

Erpenbeck, J./Rosenstiel, L. v. (2003): Handbuch Kompetenzmessung, Stuttgart.

Erpenbeck, J./Rosenstiel, L. v. (1999) (Hrsg.): Handbuch Kompetenzmessung, Stuttgart.

Euler, D. (2009): Sozialkompetenzen in der beruflichen Bildung – Didaktische Förderung und Prüfung, Bern.

Euler, H./Mandl, H. (1983): Emotionspsychologie, Ein Handbuch in Schlüsselbegriffen, München.

Fischer, H. (1999): Förderung internen Unternehmertums in Großunternehmen, in: Wunderer, R. (Hrsg.): Mitarbeiter als Mitunternehmer, S. 274-287.

Flam, H. (2002): Soziologie der Emotionen, Konstanz.

Franz, K. (2004) (Hrsg.): Märchenwelten, Baltmannsweiler.

Franz, K./Kahn, W. (2000) (Hrsg.): Märchen – Kinder – Medien – Zur medialen Adaption von Märchen und zum didaktischen Umgang, Hohengehren.

Frenschowski, M. (2004): Religiöse Motive, in: Brednich, W. et al. (Hrsg.): Enzyklopädie des Märchens, Bd. 11, Sp. 537-551.

Frenzel, K./Müller, M./Sottong, H.(2004): Storytelling, Das Harun-al-Raschid-Prinzip – Die Kraft des Erzählens für das Unternehmen nutzen, München.

Gabele, E./Liebel, H./Oechsler, W. A. (1982): Führungsgrundsätze und Führungsmodelle, Bamberg.

Gächter, S./Fehr, E.: Altruistic punishment in humans, in: Nature 415, 2002, Nr. 6868, S. 137-140.

Gaugler, E. (1999): Mitarbeiter als Mitunternehmer: Die historischen Wurzeln eines Führungskonzepts und seine Gestaltungsperspektiven, in: Wunderer, R. (1999), a. a. O., S. 3-21.

Gobrecht, B. (2006): Die Bauerntochter und der König oder Klugheit contra Macht, in: Märchenforum, Sommer, S. 11-14.

Goetz, T. et al. (2006): Emotionale Intelligenz im Lern- und Leistungskontext, in: Schulze, R., a. a. O., S. 237-256.

Goleman, D. (2007): Emotionale Intelligenz, 19. Aufl., München/Wien.

Goleman, D./Boyatzis, R./McKee, A. (2005): Emotionale Führung, 3. Aufl., Berlin.

Goleman, D. (1997): Kreativität entdecken, Wien.

Görres, A./Rahner, K. (1982): Das Böse: Wege zu seiner Bewältigung in Psychotherapie und Christentum, Freiburg.

Gottman, J. (2006): Kinder brauchen emotionale Intelligenz, 6. Auflage, München/Zürich.

Grassl-Palten, E. (1994): Gewissen contra Vertragstreue im Arbeitsverhältnis, Wien.

Grimm, J. & W. (2004): Märchen, Kleine Ausgabe, illustriert von Born, A., Prag.

Guserl, R. (1973): Das Harzburger Modell – Idee und Wirklichkeit, Wiesbaden.

Guttropf, W. (1995): Warum dauert die Umsetzung einer guten Idee in der Schweiz so lange, Umiken.

Hartmann, R. (1990): Die anthropologische Konzeption des Genossenschaftswesens: Welche Chance hat der »homo cooperativus«?, in: Laurinkari, J. (Hrsg.): Genossenschaftswesen, München.

Hauschildt, J. (1993): Innovationsmanagement, München.

Heinrich, Chr. (2000): Formale Freiheit und materiale Gerechtigkeit, Tübingen.

Hermann, G. (2003): Sarbanes-Oxley 404: A Compliance Game Plan, in: Financial Executive, 6, S. 42 ff.

Hilb, M. (2006): New Corporate Governance, 2. Aufl., Berlin et al.

Hilb, M. (2009): Integrierte Corporate Governance, 3. Aufl., Berlin.

Hilb, M. (2009): Integriertes Personalmanagement: Ziele – Strategien – Instrumente, 18. Aufl., Köln.

Hilb, M./Oertig, M. (2010): HR Governance: Wirksame Führung und Aufsicht des Board- und Personalmanagements, Köln.

Hilti, M. (1999): Unternehmer in Unternehmen – Beispiel Hilti, in: Wunderer, R. (1999), a. a. O., S. 251-258.

Höffe, O. (1981): Sittlich-politische Diskurse, Frankfurt.

Hoffmann, F. (2005/1847): Der Struwwelpeter, in: Hoffmann, F./Busch, W. et al.: Der Struwwelpeter, Struwwelliese, Max und Moritz – Märchen für Kinder, die nicht brav sein wollen, 2. Aufl., Alsdorf.

Höhn, R. (1986): Stellenbeschreibung und Führungsrichtlinien, 9. Aufl., Bad Harzburg.

Hossiep, R./Mühlhaus, O. (2005): Personalauswahl und -entwicklung mit Persönlichkeitstests, Göttingen.

Humer, H. (1998): Emotional Intelligence, in: Human Relations, 57. Jg., 6, S. 719-740.

Jäger, U. (2001): Führungsethik – Mitarbeiterführung als Begünstigung humaner Leistung, Bern.

Jahn, J. (2008): Manager sündigen, Unternehmen nicht, in: Frankfurter Allgemeine Zeitung, 16. 8. 2008.

Jellouschek, H.(2001): Ich liebe Dich, weil ich Dich brauche – Der Froschkönig, Stuttgart.

Jürgensmeier, G. (2007) (Hrsg.): Grimms Märchen, vollständige Ausgabe, illustriert von Dematons, Ch., Düsseldorf.

Kanitz, A. v.: Emotionale Intelligenz, Freiburg.

Kang, S. M. et al. (2006): Soziale und emotionale Intelligenz: Gemeinsamkeiten und Unterschiede, in: Schulze et al., a. a. O., S. 101-115.

Kanning, U. (2002): Soziale Kompetenz – Definition, Strukturen, Prozesse, in: Zeitschrift für Psychologie, 210, S. 154-163.

Kast, V. (1989): Märchen als Therapie, 3. Aufl., Olten.

Kast, V. (1999): Familienkonflikte in Märchen, 3. Aufl., München.

Kirchgässner, G. (2000): Homo oeconomicus, 2. Aufl., Tübingen 2000.

Kirschner, S./Pavelec, B./Feinman, J. (1979): The Rule Book – Thousands of Reasonable, Raucous, Racy, Relevant, Remarkable, and Irresistible Rules to Read and Remember, New York.

Kloepfer, I. (2010): Das gespaltene Land, in: FAZ vom 17. 2., S. 33 mit einer GFK-Umfrage von 2009.

Knigge, A. (1991/1788): Über den Umgang mit Menschen, Stuttgart.

Knott, A./Posen, H. (2005): Is Failure Good?, in: Strategic Management Journal, 26, S. 617-641.

Kohlberg, L. (1984): The Philosophy of Morale Development, New York.

Kolodner, J. (1983): Toward an understanding of the role of experience in the evolution from novice to expert, in: International Journal of Man-Machine Studies, 19, S. 497-518.

Kotter, J./Rathgeber, H. (2005): Das Pinguin-Prinzip, München.

Kuhn, Th. (2000): Internes Unternehmertum, München.

Lamberg, J./Pajunen, K. (2005): Beyond the metaphor: The morphology of organizational decline and turnaround, in: Human Relations, Aufl., 2005, 58, 8, S. 947-980.

Langer, Th. (1996): Sozialprinzipien im Betrieb, Paderborn et al.

Lin, N. (2001): Social Capital: A Theory of Social Structure and Action, New York.

Lord, R./Emrich, C. (2001): Thinking outside the box by looking inside the box, in: Leadership Quaterly, 11, S. 551-579.

Lox, H. et al. (2007) (Hrsg.): Dunkle Mächte im Märchen und was sie bannt – Recht und Gerechtigkeit im Märchen, Forschungsbeiträge aus der Welt des Märchens, Krummwisch.

Ludewig, O./Sadowski, D. (2009): Measuring Organization Capital, in: Schmalenbach Business Review, Vol. 61, S. 393-412.

Luhmann, N. (1989): Vertrauen – ein Mechanismus zur Reduktion sozialer Komplexität, 3. Auflage, Stuttgart.

Lüthi, M. (1999): Dümmling, Dummling, in: Brednich, a. a. O., Sp. 937-946.

Machiavelli, N. (2009/1532): Il Principe/Der Fürst, Stuttgart.

Mahari, J. (1985): Codes of Conduct für multinationale Unternehmen, Wilmington.

Mallet, C. H. (1990): Kopf ab! Über die Faszination von Gewalt im Märchen, München.

Märchengesellschaft (Hrsg.): Forschungsbeiträge aus der Welt der Märchen, Bd. 1-33.

Martus, S. (2010): Die Brüder Grimm – Eine Biographie, 2. Aufl., Berlin.

Matiaske, W. (1999): Soziales Kapital in Organisationen: Eine tauschtheoretische Studie, München.

Matthews, G. et. al. (2004): Seven Myths About Emotional Intelligence, in: Psychological Inquiry, 15, Nr. 3, S.179-196.

Matussek, P. (1974): Kreativität als Chance – Der schöpferische Mensch in psychodynamischer Sicht, München.

Matussek, P. (1998): Was ist Kreativität, in: Durisch, W. et al.: Kreativität, Baden, S. 31-35.

Maucher, H. (2006): Wertorientierung als wichtiger Bestandteil moderner Unternehmensführung, in: Wilens, H., a. a. O., S. 77-87.

Meyer, J./Allen, N. J. (1997): Commitment in the Workplace, Thousand Oaks.

Möhlenkamp, A. (2007): Rechtsinstitute und Vertragstypen in Grimms Märchen, in: Lox, H. et al., a. a. O., S. 234-253.

Mohn, R. (2000): Erfolg durch Partnerschaft, Siedler.

Montada, L. (2002): Moralische Entwicklung und moralische Sozialisation, in: Oerter, R./Montada, L. (Hrsg.): Entwicklungspsychologie, 5. Aufl., Weinheim et al., S. 619-647.

Nerdinger, F. W. (1995): Extra-Rollenverhaltenn in Organisationen, in: Arbeit, 7 (1), S. 21-38.

Neubauer, A./Freudenthaler, H. (2006): Modelle emotionaler Intelligenz, in: Schulze, R. et al., a. a. O., S. 39-59.

Neuberger, O. (2007): Mikropolitik und Moral in Organisationen, 2. Aufl., Stuttgart.

NZZ (2010): Siemens schließt Korruptionsaffaire ab, 27. 1. 2010, S. 30.

Oser, F./Spychinger, M. (2005): Lernen ist schmerzhaft – Zur Theorie des Negativen Wissens und zur Praxis der Fehlerkultur, Weinheim 2005.

Osten, M. (2006): Die Kunst, Fehler zu machen, Frankfurt/M.
Otto, J./Euler, H./Mandl, H. (2000) (Hrsg.): Emotionspsychologie: Ein Handbuch, Weinheim.
o. V. (2007): Zahlen zum Ideenmanagement, in: Personalführung, 9, S. 10 f.
Perez, J. et al. (2006): Die Messung von emotionaler Intelligenz als Trait, in: Schulze, R., a. a. O., S.191-211.
Perrault, Ch. (2006/1697): Sämtliche Märchen, Stuttgart.
Peters, T. (1988): Kreatives Chaos, Hamburg.
Petrides, K./Furnham, A. (2001): Trait emotional intelligence: Psychometric investigation with reference to established trait taxonomies, in: European Journal of Personality, 17, S. 425-448.
Pinchot, G. (1988): Intrapreneuring – Mitarbeiter als Mitunternehmer, Wiesbaden.
Preiser, S. (1978): Sozialisationsbedingungen sozialen und politischen Handelns, in: Landeszentrale für politische Bildung (Hrsg.): Selbstverwirklichung und Selbstverantwortung in einer demokratischen Gesellschaft, 2. Aufl., Mainz, S. 126-135.
Propp, W. (1987): Die historischen Wurzeln des Zaubermärchens, München/Wien.
Ranke et al. (1999 ff.) (Hrsg.): Enzyklopädie des Märchens, Handwörterbuch zur historischen und vergleichenden Erzählforschung, Berlin/New York (bisher erschienen 11 Bände).
Riklin, A. (1996): Die Führungslehre von Niccolo Machiavelli, Bern.
Roberts, R. et al. (2006): Emotionale Intelligenz: Verstehen, Messen, Anwenden – ein Resümee, in: Schulze, R. (2006), a. a. O., S. 313-341.
Röhrich, L. (1987): Wage es, den Frosch zu küssen – Das Grimmsche Märchen Nr. 1 in seinen Wandlungen, Köln.
Röhrich, L. (1999): Froschkönig (AaTh 440), in: Brednich, R. et al., Bd. 5, Sp. 410-424.
Rölleke, H. (1985): Die Frau im Märchen, in: Früh, S./Wehse, R. (Hrsg.): Die Frau im Märchen/Kassel S. 72-88.
Rölleke, H. (1997): »Dass unsere Märchen auch als ein Erziehungsbuch dienen«, in: Wardetzky, K./Zitzlsperger, H. (Hrsg.), a. a. O., S. 30-43.
Rölleke, H. (1999): Entstehungs- und Veröffentlichungsgeschichte der Grimmschen Märchen, in: Brüder Grimm (1999/1812), a. a. O., S. 827-878.
Rölleke, H. (2001/1857): Nachwort, in: ders.: Brüder Grimm, KHM Gesamtausgabe 1857 (Bd. III), Stuttgart, S. 593-621.
Rölleke, H. (2007): Die Brüder Grimm und das Recht, in: Lox et al., a. a. O., S. 109-127.
Roth, G. (2003): Fühlen, Denken, Handeln – Wie das Gehirn unser Verhalten steuert, Frankfurt.
Roth, G. (2009): Persönlichkeit, Entscheidung und Verhalten – Warum es so schwierig ist, sich und andere zu verändern, 5. Aufl., Stuttgart.
Rotter, J. (1980): Interpersonal trust, trustworthiness, and gullibility, in: American Psychologist, S. 1-7.
Rowling, J. K. (2005): Harry Potter und der Halbblutprinz, Hamburg.
Rutschky, K. (1997) (Hrsg.): Schwarze Pädagogik, 6. Aufl., Berlin.
Rybowiak, V. et al. (1999): Error Orientation Questionnaire (EOQ): Reliability, validity, and different language equivalence, in: Journal of Organizational Behavior, 20, S. 527-547.

Sadowski, D. (2002): Personalökonomie und Arbeitspolitik, Stuttgart.
Saner, H. (1995): Geburt und Phantasie – Von der natürlichen Dissidenz des Kindes, Basel.
Schede, H.-G. (2004): Die Brüder Grimm, München.
Schieder, B. (1997): Chancen ganzheitlicher Märchenarbeit in Kindergarten und Schule, in: Wardetzky, K./Zitzlsperger, H., a. a. O., S. 78-94.
Schilling, J. (2005): Führungsgrundsätze auf dem Prüfstand – Was Unternehmen unter Führung verstehen, in: Zeitschrift für Personalpsychologie, 4, S. 123-131.
Schläfli, A. (1986): Förderung der sozial-moralischen Kompetenz: Evaluation, Curriculum und Durchführung von Interventionsstudien, Frankfurt.
Schneewind, K. (2005): Persönlichkeitsentwicklung: Einflüsse von Umweltfaktoren, in: Weber, H., a. a. O., S. 39-49.
Schreyögg, G./Dabitz, R. (1999) (Hrsg.): Unternehmenstheater, Wiesbaden.
Schuler, H. (2002): Emotionale Intelligenz – ein irreführender und unnötiger Begriff, in: Zeitschrift für Personalpsychologie, 1. Jg., H. 3, S. 138-140.
Schulze, R. et al. (2006): Theorie, Messung und Anwendungsfelder emotionaler Intelligenz: Rahmenkonzepte, in: Schulze, R., a. a. O., S. 11-35.
Schulze, R./Freund, A./Roberts, R. (2006)(Hrsg.): Emotionale Intelligenz – ein internationales Handbuch, Göttingen et al.
Schumpeter, J. (1912): Theorie der wirtschaftlichen Entwicklung, Leipzig.
Seghezzi, H. D. (2007): Integriertes Qualitätsmanagement, 3. Aufl., München.
Sieben, B. (2001): Emotionale Intelligenz – Golemans Erfolgsrezept auf dem Prüfstand, in: Schreyögg, G./Sydow, J. (Hrsg.): Emotionen und Management, in: Managementforschung, 1, Wiesbaden, S. 135-170.
Singer, W. (2003): Ein neues Menschenbild? – Gespräche über die Hirnforschung, Frankfurt.
Solms, W. (1999): Die Moral von Grimms Märchen, Darmstadt.
Solms, W. (2009): Die Hochzeit: Beginn eines dauerhaften Glücks, in: Lox et. al., EMG-Band 34 (Hrsg.): Märchenhaftes Irland – Vom glücklichen Ende, S. 105-123, Königsfurt.
Spitzer, M. (2002): Lernen – Gehirnforschung und die Schule des Lebens, Heidelberg.
Stemmer, P. (2000): Handeln zugunsten anderer – eine moralphilosophische Untersuchung, Berlin.
St. Galler Tagblatt (2010): Zwölfjährige zieht Klage wegen Zwangsehe zurück, 3. 2., S. 8.
Süss, H. M. et al. (2005): Soziale Kompetenzen, in: Weber, H./Rammsayer, Th. (Hrsg.): Handbuch der Persönlichkeitspsychologie und Differentiellen Psychologie, Göttingen u. a., S. 350-361.
Svend Otto S. (2001)(Illustriert): Die schönsten Märchen der Gebrüder Grimm, Oldenburg.
Taylor, W. (1913): Die Grundsätze wissenschaftlicher Betriebsführung, München.
Thier, K. (2006): Storytelling – eine narrative Managementmethode, Berlin 2006.
Thom, N. (1980): Grundlagen des betrieblichen Innovationsmanagements, Königstein.
Tolkien, J. R. R. (2001): Der Herr der Ringe, 13. Aufl., Stuttgart.

Ulich, D./Mayring, P. (1992): Psychologie der Emotionen, Stuttgart.

Ulrich, P./Thielemann, U. (1992): Ethik und Erfolg – Unternehmensethische Denkmuster von Führungskräften – eine empirische Studie, Bern.

Unzner, Chr. (2001) (Illustriert): Die beliebtesten Märchen der Gebrüder Grimm, Wien et al.

Uther, H. J. (2004): Jacob und Wilhelm Grimm: Kinder- und Hausmärchen, S. 1 ff., Digitale Bibliothek Band 110: Europäische Märchen und Sagen, S. 1440 ff.

Uther, H. J. (2008): Handbuch zu den »Kinder- und Hausmärchen« der Brüder Grimm, Berlin.

Vonessen, F. (2007): Gerechtigkeit und Gnade im Märchen, in: Lox et al., a. a. O., S. 296-308.

Wardetzki, K./Zitzelsperger, H. (1997)(Hrsg.): Märchen in Erziehung und Unterricht heute, Bd. II, Baltmannsweiler.

Wehse, R. (1999): Gerechtigkeit – Ungerechtigkeit, in: Brednich, R. et al., Bd. 5, a. a. O., Sp. 1050-1064.

Weibler, J./Wunderer, R. (2007): Leadership and Culture in Switzerland – Theoretical and Empirical Findings, in: Chhokar, J. et al. (Hrsg.): Culture and Leadership across the World, Mahwah, S. 251-296.

Weinrebe, H. (1997): Machen Medien müde Märchen munter? Grimms Märchen und die Medien, in: Wardetzky, K./Zitzelsperger, H., a. a. O., S. 147-158.

Weis, S. et al. (2006): Messkonzepte sozialer Intelligenz – Literaturübersicht und Ausblick, in: Schulze, R., a. a. O., S. 213-234.

Welch, J. (2003): Was zählt – die Autobiografie des besten Managers der Welt, Düsseldorf.

Wellin, M. (2007): Managing Psychological Contract, Hampshire.

Wilens, H. (Hrsg.): Führen mit Herz und Verstand, Münster.

Wille, F. (1992): Führungsgrundsätze in der Antike, Zürich.

Witte, E. (1973): Organisation für Innovationsentscheidungen, Göttingen.

Wunderer, R. (1983) (Hrsg.): Führungsgrundsätze als Instrument der Unternehmens- und Betriebsverfassung, in: ders.: Führungsgrundsätze in Wirtschaft und öffentlicher Verwaltung, Stuttgart, S. 35-72.

Wunderer, R. (1995): Verhaltensleitsätze, in: Kieser, A./Reber, G./Wunderer, R. (1995)(Hrsg.): Handwörterbuch der Führung, 2. Aufl. Stuttgart, Sp. 720-736.

Wunderer, R. (1999) (Hrsg.): Mitarbeiter als Mitunternehmer: Grundlagen, Förderinstrumente, Praxisbeispiele, Neuwied/Kriftel.

Wunderer, R. (2004): Vom Selbst- zum Fremdvertrauen – Konzepte, Wirkungen, Märcheninterpretationen, in: Zeitschrift für Personalforschung, 18. Jg., H. 4, S. 30-70.

Wunderer, R. (2007): Verhaltensleitsätze in Märchen und Management – ein Vergleich, in: Zeitschrift für Personalforschung (ZfP), 21(2), S. 138-167.

Wunderer, R. (2008): Der gestiefelte Kater als Unternehmer – Lehren aus Management und Märchen, Wiesbaden.

Wunderer, R. (2008a) (Hrsg.): Corporate Governance – Zur personalen und sozialen Dimension, Köln.

Wunderer, R. (2008b): »Walk Your Talk« in Management und Märchen, in: Blank, T. et al. (Hrsg.): Integrierte Soziologie, Festschrift für Hansjörg Weitbrecht, Mering, S. 205-225.

Wunderer, R. (2009): Führung und Zusammenarbeit – eine unternehmerische Führungslehre, 8. Aufl., Köln.

Wunderer, R. (2009a): »Was du versprochen hast, das musst du auch halten« – »Walk Your Talk« in Management und Märchen, in: Märchenspiegel, 2009, Heft 3, S. 15-33.

Wunderer, R. (2009b): Wort- und Vertragstreue in Management und Märchen, IFPM-Sonderdruck.

Wunderer, R. (2009c): Kreativität in Management und Märchen, in: Papmehl, A. et al. (Hrsg.): Die kreative Organisation, Wiesbaden, S. 229-242.

Wunderer, R./Bruch, H. (2000): Umsetzungskompetenz, München.

Wunderer, R./Dick, P. (2007): Personalmanagement – Quo Vadis?, 5. Aufl., Köln.

Wunderer, R./Dick, P. (2002): Sozialkompetenz – eine mitunternehmerische Schlüsselkompetenz, in: Die Unternehmung, Heft 6, 2002, S. 269-299.

Wunderer, R./Heibült, U. (1986): Entwicklung und Einführung von Leitsätzen zur Führung und Zusammenarbeit, Schriftenreihe Verwaltungsorganisation, Bonn.

Wunderer, R./Jaritz, A. (2007): Personal-Controlling – Evaluation der Wertschöpfung im Personalmanagement, 4. Aufl., Köln.

Wunderer, R./Klimecki, R. (1995): Führungsleitbilder, Stuttgart.

Wunderer, R./Küpers, W. (2003): Demotivation – Remotivation, Neuwied.

Wunderer, R./Weibler, J. (2002): Risikovermeidung und Vorsorge als Schlüssel der schweizerischen Nationalkultur?, in: Auer-Rizzi et al. (Hrsg.): Management in einer Welt der Globalisierung und Diversität, Stuttgart, S. 159-178.

Wunderer, R./Gerig, V./Hauser, R. (1997) (Hrsg.): Qualitätsorientiertes Personalmanagement, Das Europäische Qualitätsmodell als unternehmerische Herausforderung, München.

Wüthrich, H. et al. (2006): Musterbrecher – Führung neu leben, Wiesbaden.

Zaugg, R. (2006) (Hrsg.): Handbuch Kompetenzmessung, Bern 2006.

Zeidner, M. et al. (2002): Can emotional intelligence be schooled? A critical review, in: Educational Psychologist, 37, S. 215-231.

Zeidner, M. et al. (2003): Development of emotional intelligence: Toward a multilevel investment model, in: Human Development, 46, S. 69-96.

Zitzlsperger, H. (2007): Über das Gerechtigkeitsempfinden von Kindern und Jugendlichen beim Hören von Märchen, in: Lox et al. (Hrsg.), S. 141-168.

Zitzlsperger, H. (2009): Märchen und ihre Bildungswerte, in: Märchenspiegel, 20. Jg., H. 4, S. 19-33.

Zitzlsperger, H. (2007): Märchenhafte Wirklichkeiten, Weinheim/Basel.

Stichwortverzeichnis

A

Antihelden 54, 106, 120, 131, 153 f., 162 f., 169 f., 184, 191
Assessments
    Freierproben 132 ff.
    Mut-/Kampfproben 17, 97, 196, **201**
    Rätselproben 21 ff., 101, 105, 201, 106
    Sozio-emotionale Proben 98, 131, 134

B

Behaviorismus 165, 171
Bescheidenheit 80, 117, 123, 139, **200**
Beurteilungskriterien
    Eigenschaften 62 f., 90
    Ergebnisse 91
    Verhalten 59 ff., 90
Beziehungsmanagement, *siehe Führung, Kooperation, Managing the Boss*
Bindung, freiwillige, *siehe Commitment*

C

Commitment (Selbstverpflichtung)
    affektives 111, 189
    emotionales 4, **111**, 131, 151, 161, 186, 197
    ethisches 55, **111**, 161, 189, 194, 196
    kalkulatives **111**, 189, 196
    normatives **111**, 189
    sozio-emotionales 141 f., 146
Compliance (rechtliche Bindung) 179, 187 f.
Continuous Improvement 62, 91
Co-opetition 66, 161, 170

D

Demotivatoren
    aktuelle 101, 187, 200
    potenzielle 101, 187, 200
Demut 80, 83, 135

E

Emanzipation 3, 4, 55, 134, 195, 197
»Endure it« als Märchenmaxime
    Aschenputtel **5 ff.**, 55, **98**, 121, 163

Die weiße Schlange **132 ff.**, 34, 136
Schneewittchen 155
Europäische Märchengesellschaft X, 51
Extra-Rollenverhalten 158, 161, 170
Extraversion 158, 161, 170

F

Fehlerkultur
    chancenorientierte 103, 124
    risikoorientierte 103, 124
    Zitate aus der Literatur 115
Fehlerlernen
    Definition 106
    Lernansätze 110
    Märchenleitsätze zu Lernen 110
    Selbstentwicklung 110 f., 151
    Theorien zum Fehlerlernen
    – beneficial failure 106
    – negatives Wissen 106
    – Vertragstheorie 106
    Unternehmensleitsätze zu Lernen 108 f.
Firmenbeispiele
    3M 91, 109, 113 f., 120
    amd 186
    Audi 60
    BASF 81, 108, 142 f., 186
    Bewag 109
    BMW 109, 112
    Breuninger 142 f.
    Ciba 108, 186
    Daimler/Chrysler 60
    Douglas 108
    Dräger 142
    Elektrizitätswerke Kanton Zürich 108
    Groß-Gerauer Volksbank 142, 186
    GTZ 186
    Haspa 142
    Hilti 71, 81, 142 f., 186
    Hoechst 143
    HP 81, 143, 186
    IBM 57, 96, 157
    Isar-Amper-Werke 142
    Kambly 186
    Mövenpick 57

Metro 143
Novartis 186
Sanacorp 81, 142
Siemens 188
SØR 143
Spar Management 143
SV Versicherung 143
Universität St. Gallen 63
Veba Oel 109
VW 60 f.
VW-Porsche 136
Wolters Kluwer 143
Zug 81, 143
Fördermöglichkeiten
  Coaching 3, **112 ff.**, 120, 125
  Counselling 111 ff.
  near-the-job 114
  on-the-job 114
Früherziehung/-sozialisierung,
  siehe Neurowissenschaften
Führungsbeziehungen/-stile
  autokratische Führung 4, 123, 196
  autonome Führungsbeziehung 63, 155 f., 161, **170 f.**, 192
  delegative Führung 68, 74
  konsultative Führung 68
  kooperative Führung 68
  patriarchalische Führung 193
  transaktionale Führung 68, 147
  transformative Führung 68, 147
Führungsdimensionen
  interaktive Dimension 67 f., 75
  strukturelle Dimension 67, 94, 172
Führungsforschung 53, 74, 100, 144
  Globeprojekt 146 f.
  Unternehmertum, internes, *siehe Mitunternehmertum*
Führungs- und Kooperationsleitsätze, *siehe Leitsätze*

G

Gehorsam 79 f., 90, 188, 191, 196 f.
Glücksökonomie 55, 131
goldene Regel 4, 55, 82, 120, 135 f., 200
Governance **65**, 80, 83, 161 ff., 187, 198, 200

Gratifikationen **50, 55**, 79, 82, 84, 101, 123 f., 138 f., 159, 184, 186 f., 200 f.
Groupthink 3, 55, 101, 151, 155

H

Harassment 4, 173, 179, 195, 197
Hitparade der Märchen 52

I

Ideenmanagement 91
Integrität **147**, 149, 179, 186 ff., 195, 197, 200
Intelligenz, ethische, *siehe Kompetenz, ethische*
Interventionsstrategien 166
Intraorganisational Entrepreneur, *siehe Intrapreneur, Mitunternehmer*
Intrapreneur 3, 55, **58 f.**, 63, 71, 86, 95, 98, 102, 207, 212

K

Kernleitsätze in Management und Märchen
  Assessments/Prüfungen und Gratifikationen 79, 138, 184
  emotionale Intelligenz 80 f.
  Lerne aus Fehlern 108 f., 110
  Sanktionen 51, 79 ff.
  sozio-emotionale Intelligenz 139 ff.
  Wort-/Vertragstreue (Walk the talk) 51, 179 ff., 183 ff., 191 ff., 200
Kompetenzen, generelle
  Definition 62
  Fachkompetenzen 60 f., 117, 153, 162, 173
  kreative Problemlösung 89, 92 f., 96
  Persönlichkeitskompetenzen
  – ethische 4, 49, 177 ff.
  – mentale 3, 49, 119, 151, 173
  – sozio-emotionale 4, 49, 80, 129 ff., 131, 135 f., 139, 146, 150, 152, 157, 165, 170 ff.
  Schlüsselqualifikationen
  – Übersichten 62, 92, 116

sozio-emotionale Kompetenz 80 f.,
129 ff.
Umsetzungs-/Handlungskompetenz
55, 62, 70, 92, 116, 117, 118
Kompetenz/Intelligenz, ethische
Der Froschkönig als Leitmärchen
180 ff.
Erziehungsziele 191, 200
Interpretationen 191
Leitsätze zu ethischer Kompetenz
46, 185 f.
Verantwortungsethik 196
Kompetenz/Intelligenz, mentale
Definition 89 ff.
Der gestiefelte Kater als Leitmärchen
93 ff.
Die kluge Bauerntochter als
Leitmärchen 103 ff.
Ideenmanagement 91
Investmentmodell emotionalen
Verhaltens 167 f.
Kreativität (unternehmerische) 89 ff.,
98
Leitsätze zu Problemlösungskompetenz
120 ff.
mental-soziale Dimension, *siehe
Portfolio, Lernportfolio*
Problemlösungskompetenz, kreative
21 f., 93 ff., 98 ff., 103 ff., 141
Kompetenz/Intelligenz, sozio-emotionale
Beziehungsmanagement **149 f.**, 151 ff.,
170, 198
Definition 146
Die weiße Schlange als Leitmärchen
132 ff.
emotionale Intelligenz (EI) 80, 142,
146
emotionale Führung 167 ff., 148 ff.
emotionale Stabilität 146, 132
emotionaler Quotient (EQ),
siehe Testinventare
emotionales Commitment, *siehe
Commitment*
emotionales Temperament 153, 168
Emotionen 145
Leitsätze zu sozio-emotionaler
Intelligenz 157

Neurowissenschaften
– Frühsozialisation/Persönlichkeits-
prägung 7, 54, 125, 145, 153
neurowissenschaftliche Ansätze (EI)
– Definitionen 144 ff.
psychologische Ansätze (der EI)
– Globestudie zu EI 146 ff.
– sozial kompetentes Handeln 145 ff.
– transformationale Führung 147 f.
soziale Intelligenz 105, 157, 162
soziales Bewusstsein 149 ff.
Sozialkompetenz **62 f.**, 117, 154, 156,
165
Stimmungs- und Affektdimensionen
– affektive, basale 145
– Konzepte 145 ff.
Kompetenzen, mitunternehmerische,
siehe Unternehmertum, internes
Kultur
Ist-Kultur 84
Soll-Kultur 83 f., 184

L

Leitsätze in Management und Märchen
Entwicklungsgeschichte 74
Ergebnisübersichten zu Kernleitsätzen
– Leitsätze aus Märchen **50 f.**, 79, 110,
139 ff., 185
– Leitsätze aus Unternehmen **50 f.**,
80 f., 91, 108, 142 f., 186
Reflexion 139 f.
Sanktionen, Strafen, Bestrafung 79 f.
soziales Engagement 139 f.
Sozialkultur 140
sozio-emotionales Verhalten 173
Teamorientierung 141
Lessons Learned, Lessons to Learn 83 f.,
100 f., 169 ff., 197 f., 200 ff.

M

Management und Märchen
Entwicklungsgeschichte 49 ff.
Erzählforscher 49 f., 83, 19
Erzählforschung 49 f.
Ziele 53 f.

Managing the Boss
  Beziehungsspezialist **98**, 101, 136
  Bystander 99
Märchenbeispiele
  kommentierte Beispiele
  – Aschenputtel 3, **5 ff.**, 52, 55, 78, 85, 97 ff., 117, 119, 121, 147, 149 f., 159, 163, 166
  – Das Meerhäschen 3, **21 f.**, 55, 99, 116, 121
  – Das tapfere Schneiderlein 3, **9 ff.**, 52, 55, 97 f., 113, 116, 119 ff., 125, 135, 147 ff., 155, 159, 161, 163, 165, 173, 184 ff.
  – Der alte Großvater und der Enkel 4, **46**, 55, 115, 120, 140, 155, 200
  – Der Froschkönig oder der eiserne Heinrich 2, 4, 52, 55, 119, **179 ff.**, 185, 189, 191ff.
  – Der gestiefelte Kater 2, 3, 52, 55 f., 86, **93 ff.**, 97 f., 102, 113, 116, 120 f., 126 f., 147 ff., 159, 176
  – Der Hase und der Igel 3, **19 f.**, 55, 60, 78, 98, 100, 107, 116, 122, 140, 182, 193, 197
  – Die Bremer Stadtmusikanten 4, **28 f.**, 52, 55, 114, 121, 150, 202
  – Die drei Brüder 4, **27**, 55, 141, 149
  – Die kluge Bauerntochter 2, 3, 55, 97, **103 ff.**, 105, 110, 116, 119, 121, 147, 149 f., 173
  – Die sieben Schwaben 3, **17 f.**, 55, 98, 100, 110, 120 f., 149 ff., 155
  – Die weiße Schlange 2, 3, 55, 97, 99, 117, 121, **132 ff.**, 140, 149, 150, 173
  – Frau Holle 4, **44 ff.**, 55, 80, 99, 115, 149, 151
  – Hans im Glück 3, **14 ff.**, 52 f., 55, 78, 107, 120 f., 148 f., 189
  – Hänsel und Gretel 3, **23 ff.**, 52, 55, 119, 189, 219, 220
  – König Drosselbart 3, **31 ff.**, 55, 110 f., 120, 139, 149, 189
  – Meister Pfriem 4, **34 ff.**, 55, 115, 149 ff.
  – Rotkäppchen 4, **30 f.**, 52, 55, 106 f., 110, 113, 117, 119, 121, 139, 150, 151, 163 f., 185, 187, 189
  – Sechse kommen durch die ganze Welt 4, **41 ff.**, 55, 99, 116, 121, 141, 162, 189
  – Von dem Fischer und seiner Frau 4, **36 ff.**, 55, 98, 110, 120, 155
  zitierte Beispiele
  – Das eigensinnige Kind 79, 191
  – Das Lumpengesindel 110
  – Das singende springende Löweneckerchen 142, 185
  – Das Waldhaus 80, 140
  – Das Wasser des Lebens 140
  – Der Bärenhäuter 159
  – Der gescheite Hans 100
  – Der gestohlene Heller 79
  – Der Grabhügel 185
  – Der Krautesel 140
  – Der Meisterdieb 98, 110, 114 ff., 120, 139, 159, 161, 179
  – Der Teufel mit den drei goldenen Haaren 99, 120
  – Der treue Johannes 142, 149, 164, 185, 187, 189
  – Der Trommler 80, 184
  – Der Wolf und die sieben Geißlein 52
  – Des Teufels rußiger Bruder 141
  – Die Bienenkönigin 149, 160 f.
  – Die drei Handwerksburschen 141
  – Die drei Spinnerinnen 99
  – Die Geschenke des kleinen Volkes 110
  – Die goldene Gans 88, 110 f., 140, 159
  – Die kluge Else 100
  – Die Rabe 184
  – Die Sterntaler 52 f., 140
  – Die Stiefel vom Büffelleder 141
  – Einäuglein, Zweiäuglein, Dreiäuglein 80, 139
  – Frau Trude 191
  – Hans mein Igel 141, 185
  – Rumpelstilzchen 52, 111, 121, 150, 160, 186, 189, 193
  – Schneeweißchen und Rosenrot 52
  – Schneewittchen 52, 99, 117, 149, 155, 162, 166, 171, 221

– Vom klugen Schneiderlein 98, 16, 125, 135, 185
Märcheninterpretationen
  nach Disziplinen 191
  nach Episoden 260 ff.
Märchenleitsätze, *siehe Leitsätze*
Märchenportfolios mit Märchenbeispielen
  Co-opetition 163 f.
  Kreativität/Problemlösung 97 ff.
  Lernkompetenzen 119 f.
  mentale, sozio-emotionale Kompetenz 150 ff.
  mitunternehmerische Sozialkompetenz 155 f.
Menschenbilder zum homo oeconomicus 58, **64**
Mitarbeitergespräche 81, 84, 112, 124, 202
Mitarbeitertypen, *siehe Portfolio*
Mitunternehmertum, *siehe Unternehmertum, internes*
Mobbing **98 ff.**, 122, 155, 166, 171, 173
Motivation
  Demotivation (aktuelle, potenzielle) 101, 187, 200
  Grundmotivation 62, 64
  Situationsmotivation 64

N

Netzwerke
  Konzepte
  – Bourdieu 158 ff.
  – Lin 160 ff.
Netzwerke(r) in Management und Märchen
  sozio-emotionale 98, 99, **158 ff.**
  unternehmerische 161 ff.
Neurowissenschaften
  Frühsozialisierung 54, 125, 145, 153, 171, 202

P

Personalentwicklung
  Beurteilungskriterien 90 ff.
  Coaching 111 ff.
  Counselling 3, **111 ff.**, 120, 125
  Früherziehung/-sozialisation 166, 173
  Lernansätze 110
  Lernen, soziales 109, 111 ff., 124

Lernkompetenzen 119
Lernkultur 120
Märchenportfolio zu Lernen 119 f.
Modelle
  – neurowissenschaftliche 145 f.
  – Investmentmodell 167 f.
  organisationales Lernen
  – Verbesserungslernen 103, 107, 116, 122
  – Vermeidungslernen 107, 116, 145, 171
Schwarze Pädagogik, *siehe Sanktionen*
Vermittlungsformen
  – Aus- und Weiterbildung 125, 159, 179, 202
  – Lernen und Entwickeln 115
  – Märchen und Früherziehung 166
  – pädagogische Folgerungen 199
  – Werteerziehung im Elternhaus 199
Persönlichkeitsmerkmale, Neurobiologie 166, 170
Persönlichkeitstypen 153
Portfolio
  Verbreitung in Märchen
  – Co-opetition 163 f.
  – Kreativität, Problemlösungskompetenz 97 ff.
  – Lernportfolio 119 f.
  – mitunternehmerisches 155 f.
  – sozio-emotionales 150 ff.
  Verbreitung in Unternehmen
  – Kreativität, Problemlösungskompetenz 96 f.
  – Mitarbeitertypen 69 f.

Q

Qualitätsmanagement 91, **114 ff.**

R

Reziprozität 135 f., 160, **169**
  Tit for tat 3, 55, 82, 162, 189 f., 195

S

Sanktionen (Strafen/Bestrafung)
  in Märchen **50**, 73, 79 f., 124, 139, 162, 187, 191
  in Märchenleitsätzen 55, **79 ff.**, 82

in Ordensregeln 80
in Unternehmensleitsätzen 187
Schwarze Pädagogik 79, 124, 188
Schweizerische Märchengesellschaft (SMG) X, 51, 54
Selbstverpflichtung, *siehe Commitment*
Sozialkapital, *siehe Netzwerke*
Steuerungskonfigurationen, *siehe Co-opetition*

T

Testinventare
    Big-Five-Persönlichkeitsmodell 152 ff., 165
    Error Orientation Questionnaire 106
    Multifactor Leadership Questionnaire 137
    soziale Kompetenz 156
    Trait Emotional Intelligence Questionnaire (TEIQUE) 153
    Trust Inventory 190
Tit for tat, *siehe Reziprozität*
Transaktionspsychologie
    Kindheits-, Eltern-/Erwachsenen-Ich 51, 90, 78

U

Unternehmertum, internes/Mitunternehmertum
    Begriff 58
    Bezugsrahmen 61
    Definitionen 58 ff.
    Führungsdimensionen (strukturell, interaktiv) 67
    Führungsstile, *siehe Führungsbeziehungen*

Kulturentwicklung **67**, 69
Organizational Citizenship 81, 161
Portfolio (von Führungs- und Nichtführungskräften) 70, 96
Problemlösung/Gestaltungskompetenz 62 ff., 116 ff., 92 f.
Schlüsselqualifikationen
– Sozialkompetenz 62 ff., 116 ff., 92 f.
– Umsetzungskompetenz 62 ff., 116 ff., 92 f.
Unternehmerische Metaphern
– Ich-AG, Selbst-GmbH 81
– Wir-GmbH 4, 55, **81**
Verbreitung 20, 92
Verhaltensziele 59
Verhaltens- und Ergebniskriterien 116 ff.

V

Vertragstheorien 190 f.
Vertragstreue
    asymmetrischer Vertrag 4, 193, 195, 197
    Grundlagen, *siehe Vertragstheorien*
    Werkvertrag, bereuter 191
    Whistleblowing 54 f., 195, 197

W

Walk the talk 55, 65, 82, 101, 122, **179**, 184, 187 ff., 195, 197, 200
Worttreue 65, 146, 184, 187 f.
    Grundlagen 179 ff.
Wort- und Vertragstreue
    in Führungsgrundsätzen 186
    in Märchenleitsätzen 185

Bildnachweis der Märchenillustrationen

Die in diesem Buch (teilweise als stark verkleinerte Ausschnitte) verwendeten Märchenillustrationen stammen aus den nachfolgend aufgeführten Quellen. Wir danken den Märchenbuchverlagen respektive den Künstlerinnen und Künstlern für die freundliche Erteilung der Abdruckgenehmigungen.

S. 2   *Der gestiefelte Kater*, Quelle: Die schönsten Märchen der Gebrüder Grimm, illustriert von Svend Otto S., 4. Auflage, Lappan Verlag, Oldenburg 2005, S. 64.

S. 13   *Das tapfere Schneiderlein*, Quelle: Brüder Grimm, Das Tapfere Schneiderlein, Bilder von Herbert Leupin, Friedrich Reinhardt Verlag, Basel/Berlin 1993, vorletzte Seite, nicht paginiert.

S. 18   *Die sieben Schwaben*, Quelle: Nachdruck der Originalausgabe von 1908 nach einem Exemplar aus Privatbesitz, Melchior Historischer Verlag, Wolfenbüttel, ohne Jahresangabe, S. 42, Illustration von Max Wulff.

S. 26   *Hänsel und Gretel*, Quelle: Die schönsten Märchen der Gebrüder Grimm, illustriert von Svend Otto S., 4. Auflage, Lappan Verlag, Oldenburg 2005, S. 188.

S. 29   *Die Bremer Stadtmusikanten*, Quelle: Die schönsten Märchen der Gebrüder Grimm, illustriert von Svend Otto S., 4. Auflage, Lappan Verlag, Oldenburg 2005, S. 141.

S. 34   *Meister Pfriem*, Quelle: Waldorf-Ideen-Pool, »Meister Pfriem«-Scherenschnitte, Abbildung Nr. 9, von Andreas Geiger, online: http://waldorf-ideen-pool.de/index.php?katid=470, abgerufen am 31. März 2010.

S. 38   *Der Fischer und seine Frau*, Quelle: Die beliebtesten Märchen der Gebrüder Grimm, bearbeitet von Friedl Hofbauer, illustriert von Christa Unzner, Annette Betz Verlag, Wien 2001, S. 71.

S. 45   *Pechmarie*, Quelle: Die schönsten Märchen der Brüder Grimm, mit Bildern von Anastassija Archipowa, Nacherzählung: Arnica Esterl, Esslinger Verlag J. F. Schreiber GmbH, Esslingen/Wien 2002, S. 190.

S. 46   *Der alte Großvater und der Enkel*, Quelle: The Brothers Grimm, The Complete Fairy Tales, Wordsworth Editions, Ware (Hertfordshire) 2007, S. 79, Illustration von Arthur Rackham.

S. 73   *Mutter der sieben Geißlein*, Quelle: Jacob und Wilhelm Grimm – Märchen, mit Bildern von Adolf Born, Brio/cjb Kinder- und Jugendbücher, Prag/München 2004, S. 71.

S. 95   *Der gestiefelte Kater*, Quelle: Die schönsten Märchen der Brüder Grimm, mit Bildern von Anastassija Archipowa, Nacherzählung: Arnica Esterl, Esslinger Verlag J. F. Schreiber GmbH, Esslingen/Wien 2002, S. 54.

Bildnachweis der Märchenillustrationen

S. 98 *Aschenputtel*, Quelle: Die schönsten Märchen der Gebrüder Grimm, illustriert von Svend Otto S., 4. Auflage, Lappan Verlag, Oldenburg 2005, S. 15.

Der gestiefelte Kater, Quelle: Die schönsten Märchen der Gebrüder Grimm, illustriert von Svend Otto S., 4. Auflage, Lappan Verlag, Oldenburg 2005, S. 59.

Das tapfere Schneiderlein, Quelle: Brüder Grimm, Das Tapfere Schneiderlein, Bilder von Herbert Leupin, Friedrich Reinhardt Verlag, Basel/Berlin 1993, vorletzte Seite, nicht paginiert.

Die sieben Schwaben, Quelle: Nachdruck der Originalausgabe von 1908 nach einem Exemplar aus Privatbesitz, Melchior Historischer Verlag, Wolfenbüttel, ohne Jahresangabe, S. 42, Illustration von Max Wulff.

Dornröschen, Quelle: Die schönsten Märchen der Gebrüder Grimm, illustriert von Svend Otto S., 4. Auflage, Lappan Verlag, Oldenburg 2005, S. 177.

Der Fischer und seine Frau, Quelle: Die beliebtesten Märchen der Gebrüder Grimm, bearbeitet von Friedl Hofbauer, illustriert von Christa Unzner, Annette Betz Verlag, Wien 2001, S. 71.

S. 104 *Die kluge Bauerntocher*, Quelle: Die beliebtesten Märchen der Gebrüder Grimm, bearbeitet von Friedl Hofbauer, illustriert von Christa Unzner, Annette Betz Verlag, Wien 2001, S. 101.

S. 119 *Das tapfere Schneiderlein*, Quelle: Brüder Grimm, Das Tapfere Schneiderlein, Bilder von Herbert Leupin, Friedrich Reinhardt Verlag, Basel/Berlin 1993, vorletzte Seite, nicht paginiert.

Hänsel und Gretel, Quelle: Die schönsten Märchen der Gebrüder Grimm, illustriert von Svend Otto S., 4. Auflage, Lappan Verlag, Oldenburg 2005, S. 188.

Rotkäppchen, Quelle: Die beliebtesten Märchen der Gebrüder Grimm, bearbeitet von Friedl Hofbauer, illustriert von Christa Unzner, Annette Betz Verlag, Wien 2001, S. 36.

Froschkönig und Prinzessin, Cover-Illustration von Ute Helmbold.

S. 132 *König und Diener*, Quelle: Die beliebtesten Märchen der Gebrüder Grimm, bearbeitet von Friedl Hofbauer, illustriert von Christa Unzner, Annette Betz Verlag, Wien 2001, S. 78.

S. 137 *Prinzessin und Diener*, Quelle: Die beliebtesten Märchen der Gebrüder Grimm, bearbeitet von Friedl Hofbauer, illustriert von Christa Unzner, Annette Betz Verlag, Wien 2001, S. 83.

S. 150 *Rotkäppchen*, Quelle: Die beliebtesten Märchen der Gebrüder Grimm, bearbeitet von Friedl Hofbauer, illustriert von Christa Unzner, Annette Betz Verlag, Wien 2001, S. 36.

Bildnachweis der Märchenillustrationen

S. 150 *Prinzessin und Diener*, Quelle: Die beliebtesten Märchen der Gebrüder Grimm, bearbeitet von Friedl Hofbauer, illustriert von Christa Unzner, Annette Betz Verlag, Wien 2001, S. 83.

Das tapfere Schneiderlein, Quelle: Brüder Grimm, Das Tapfere Schneiderlein, Bilder von Herbert Leupin, Friedrich Reinhardt Verlag, Basel/Berlin 1993, vorletzte Seite, nicht paginiert.

Die sieben Schwaben, Quelle: Nachdruck der Originalausgabe von 1908 nach einem Exemplar aus Privatbesitz, Melchior Historischer Verlag, Wolfenbüttel, ohne Jahresangabe, S. 42, Illustration von Max Wulff.

Pechmarie, Quelle: Die schönsten Märchen der Brüder Grimm, mit Bildern von Anastassija Archipowa, Nacherzählung: Arnica Esterl, Esslinger Verlag J. F. Schreiber GmbH, Esslingen/Wien 2002, S. 190.

Meister Pfriem, Quelle: Waldorf-Ideen-Pool, »Meister Pfriem«-Scherenschnitte, Abbildung Nr. 9, von Andreas Geiger, online: http://waldorf-ideen-pool.de/index.php?katid=470, abgerufen am 31. März 2010.

S. 155 *Schneewittchen*, Quelle: Die schönsten Märchen der Brüder Grimm, mit Bildern von Anastassija Archipowa, Nacherzählung: Arnica Esterl, Esslinger Verlag J. F. Schreiber GmbH, Esslingen/Wien 2002, S. 77.

Der alte Großvater und der Enkel, Quelle: The Brothers Grimm, The Complete Fairy Tales, Wordsworth Editions, Ware (Hertfordshire) 2007, S. 79, Illustration von Arthur Rackham.

Das tapfere Schneiderlein, Quelle: Brüder Grimm, Das Tapfere Schneiderlein, Bilder von Herbert Leupin, Friedrich Reinhardt Verlag, Basel/Berlin 1993, vorletzte Seite, nicht paginiert.

Die sieben Schwaben, Quelle: Nachdruck der Originalausgabe von 1908 nach einem Exemplar aus Privatbesitz, Melchior Historischer Verlag, Wolfenbüttel, ohne Jahresangabe, S. 42, Illustration von Max Wulff.

S. 158 *Aschenputtel*, Quelle: Die schönsten Märchen der Gebrüder Grimm, illustriert von Svend Otto S., 4. Auflage, Lappan Verlag, Oldenburg 2005, S. 15.

S. 163 *Rotkäppchen*, Quelle: Die beliebtesten Märchen der Gebrüder Grimm, bearbeitet von Friedl Hofbauer, illustriert von Christa Unzner, Annette Betz Verlag, Wien 2001, S. 36.

Aschenputtel und Prinz, Quelle: Die schönsten Märchen der Gebrüder Grimm, illustriert von Svend Otto S., 4. Auflage, Lappan Verlag, Oldenburg 2005, S. 22.

Das tapfere Schneiderlein, Quelle: Brüder Grimm, Das Tapfere Schneiderlein, Bilder von Herbert Leupin, Friedrich Reinhardt Verlag, Basel/Berlin 1993, vorletzte Seite, nicht paginiert.

Bildnachweis der Märchenillustrationen

S. 163   *Dornröschen*, Quelle: Die schönsten Märchen der Gebrüder Grimm, illustriert von Svend Otto S., 4. Auflage, Lappan Verlag, Oldenburg 2005, S. 177.

S. 180   *Froschkönig und Prinzessin*, Cover-Illustration von Ute Helmbold.

S. 194   *Der Frosch bei Tisch*, Quelle: Jacob und Wilhelm Grimm – Märchen, mit Bildern von Adolf Born, Brio/cjb Kinder- und Jugendbücher, Prag/München 2004, S. 33.

S. 198   *Prinzessin und Frosch*, Cartoon aus der Serie »Frogs – Märchenprinzen«, Illustration von Kim Schmidt, online: www.kim-cartoon.com.

S. 202   *Der eiserne Heinrich*, Quelle: Die schönsten Märchen der Brüder Grimm, mit Bildern von Anastassija Archipowa, Nacherzählung: Arnica Esterl, Esslinger Verlag J. F. Schreiber GmbH, Esslingen/Wien 2002, S. 142.

Führung unternehmerisch definieren

Die komplexen Anforderungen, die der globale Wettbewerb an Unternehmenslenker und Manager stellt, beschreibt Prof. Dr. Rolf Wunderer mit zwei erfolgskritischen Einflussgrößen: Führung und Zusammenarbeit. In Netzwerkorganisationen müssen Führungskräfte heute Mitarbeiter anleiten, aber auch gleichberechtigt mit ihnen zusammenarbeiten können. Wunderer präsentiert in diesem Buch eine moderne Führungslehre, die sich dem internen Mitunternehmertum verpflichtet weiß. Die Zielsetzung lautet: Mitwissen und Mitdenken, Mitfühlen und Mitverantworten, Mithandeln und Mitbeteiligen der Mitarbeiter verstärken. Neueste Forschungsergebnisse werden dabei ebenso präsentiert wie moderne Instrumente zur Führung und Zusammenarbeit.

Prof. Dr. Rolf Wunderer
Führung und Zusammenarbeit
Eine unternehmerische Führungslehre
8., aktualisierte und erweiterte Auflage 2009, 672 Seiten
45,00 EUR, ISBN 978-3-472-07607-0

Ihre Bestellwege:
Tel.:   02631-801 22 11
Fax: 02631-801 22 23
E-Mail: info@wolterskluwer.de

Kostenlose Leseprobe und Bestellung: www.personal-buecher.de

Das führt zum Erfolg.   **Personal**wirtschaft **Buch**

Aspekte guter Unternehmensführung

Die aktuelle Diskussion zur Corporate Governance fokussiert nur auf die Interessen der Shareholder und lässt die sozialen und personellen Aspekte einer guten Unternehmensführung außen vor. Expertinnen und Experten aus unterschiedlichen Bereichen zeigen in knappen Statements Lösungen u. a. zu Themen wie ethischer, rechtlicher und sozialer Compliance, Länderspezifika, personaler Governance bei spezifischen Institutionen (zum Beispiel Banken, Familienbetrieben) sowie HR Governance-Kompetenzen allgemein. Darüber hinaus ehrt dieses Buch Prof. Dr. Martin Hilb, Universität St. Gallen, als führenden Vertreter einer humanen Corporate Governance in Wissenschaft und Praxis.

Prof. Dr. Rolf Wunderer (Hrsg.)
**Corporate Governance –
zur personalen und sozialen Dimension**
44 Statements aus Wissenschaft und Praxis
2008, 200 Seiten, gebunden
EUR 35,00, ISBN 978-3-472-07138-9

Ihre Bestellwege:
Tel.:　02631-801 22 11
Fax:　02631-801 22 23
E-Mail:　info@wolterskluwer.de

Kostenlose Leseprobe und Bestellung: www.personal-buecher.de

Das führt zum Erfolg.　　**Personal**wirtschaft **Buch**